建筑安装工程施工工长丛书

防水工长

张　彬　主编

金盾出版社

内容提要

本书依据现行的防水施工操作标准和规范进行编写，主要介绍了防水工基础知识，防水工程施工管理，卷材防水施工，涂膜防水施工，刚性防水施工，厕浴间、厨房防水施工，保温隔热屋面防水施工，其他防水和排水工程施工，防水工程质量控制及防水工程工料计算等内容。

本书体例新颖，脉络清晰，重点突出，可作为防水工长的职业培训教材，也可作为施工现场防水工长的常备参考书和自学用书。

图书在版编目(CIP)数据

防水工长/张　彬主编. —北京：金盾出版社，2014.2
(建筑安装工程施工工长丛书)
ISBN 978-7-5082-8964-9

Ⅰ.①防…　Ⅱ.①张…　Ⅲ.①建筑防水—工程施工—基本知识　Ⅳ.①TU761.1

中国版本图书馆 CIP 数据核字(2013)第 261255 号

金盾出版社出版、总发行
北京太平路 5 号(地铁万寿路站往南)
邮政编码：100036　电话：68214039　83219215
传真：68276683　网址：www.jdcbs.cn
封面印刷：北京精美彩色印刷有限公司
正文印刷：北京万博诚印刷有限公司
装订：北京万博诚印刷有限公司
各地新华书店经销

开本 850×1168 1/32　印张：12.875　字数：345 千字
2014 年 2 月第 1 版第 1 次印刷
印数：1～6 000 册　定价：32.00 元

编 委 会

主 编 张 彬

副主编 王笑冰 赵文华

参 编（按姓氏笔画排序）

于 涛 刘艳君 刘书贤 齐丽娜

李 东 李 丹 郑大为 赵 慧

夏 怡 陶红梅

前　　言

近年来，随着我国改革开放的深入，城市建设正在蓬勃发展，建筑业作为国民经济的支柱产业，也随之迅速地发展起来。工程建设过程中，防水工程是主体结构的一个重要分项工程，防水工程质量直接影响到建筑物的使用功能和寿命，关系着人民生活和生产能否正常进行，一直备受人们的重视。防水工程是一个系统工程，它涉及材料、设计、施工、管理等各个方面，防水工长在工程建设中就显得尤为重要，他们的管理控制能力、操作技术水平、安全意识直接关系到施工现场工程施工的质量、进度、成本、安全以及工程项目的工期。

为了适应建筑业发展的新形势以及施工管理技术的新动向，不断提高施工现场管理人员素质和工作水平，我们根据国家最新颁布实施的国家标准、规范、规程及行业标准，组织多年来从事建筑防水施工和现场管理的工程师，汇集他们的实际工作经验以及工长工作时所必需的参考资料，编写了此书。

书中编入了多种新工艺、新技术，具有很强的针对性、实用性和可操作性。内容深入浅出、通俗易懂。

本书体例新颖，包含“本节导读”和“技能要点”两个模块，“本节导读”部分对该节内容进行了概括，并绘制出内容关系框图；“技能要点”部分对框图中涉及的内容进行了详细的说明与分析。力求能够使读者快速把握章节重点，理清知识脉络，提高学习效率。

本书在编写过程中得到了有关领导和专家的帮助，在此一并致谢。由于时间仓促，加之作者水平有限，虽然在编写过程中反复推敲核实，但仍不免有疏漏之处，恳请读者热心指正，以便进一步修改和完善。

编　者

目　　录

第一章　防水工基础知识

第一节　防水工制图与识图

本节导读：

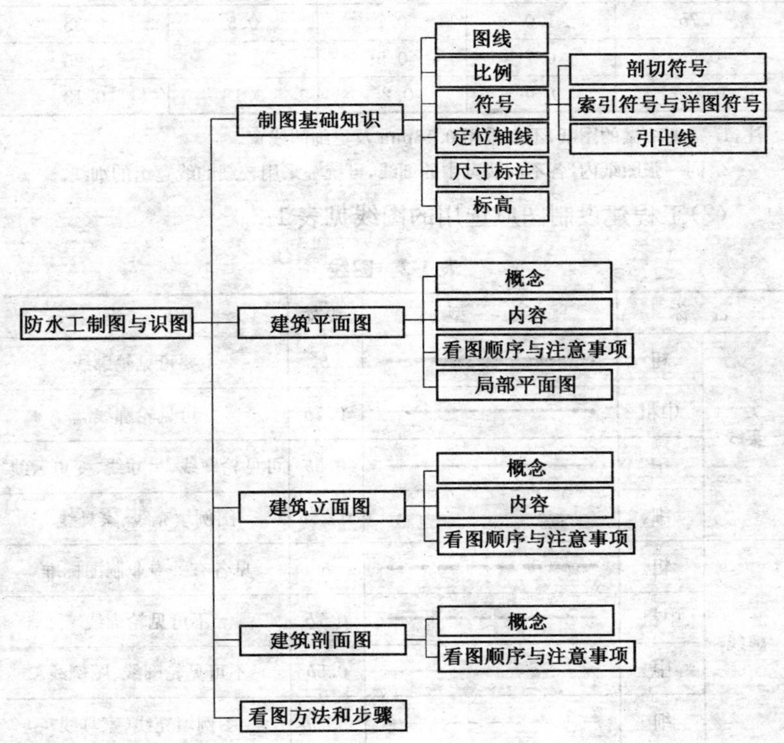

技能要点1:制图基础知识

1. 图线

(1)图线的宽度 b,宜从1.4、1.0、0.7、0.5、0.35、0.25、0.18、0.13(单位均为mm)线宽系列中选取。图线宽度不应小于0.1mm。每个图样,应根据复杂程度与比例大小,先选定基本线宽 b,再选用相应的线宽组,见表1-1。

表1-1 线宽组 (单位:mm)

线宽比	线宽组			
b	1.4	1.0	0.7	0.5
$0.7b$	1.0	0.7	0.5	0.35
$0.5b$	0.7	0.5	0.35	0.25
$0.25b$	0.35	0.25	0.18	0.13

注:1. 需要缩微的图纸,不宜采用0.18mm及更细的线宽。
2. 同一张图纸内,各不同线宽中的细线,可统一采用较细的线宽组的细线。

(2)工程建设制图应选用的图线见表1-2。

表1-2 图线

名称		线型	线宽	用途
实线	粗	————	b	主要可见轮廓线
	中粗	————	$0.7b$	可见轮廓线
	中	————	$0.5b$	可见轮廓线、尺寸线、变更云线
	细	————	$0.25b$	图例填充线、家具线
虚线	粗	- - - - - -	b	见各有关专业制图标准
	中粗	- - - - - -	$0.7b$	不可见轮廓线
	中	- - - - - -	$0.5b$	不可见轮廓线、图例线
	细	- - - - - -	$0.25b$	图例填充线、家具线

续表 1-2

名称		线型	线宽	用途
单点长画线	粗		b	见各有关专业制图标准
	中		$0.5b$	见各有关专业制图标准
	细		$0.25b$	中心线、对称线、轴线等
双点长画线	粗		b	见各有关专业制图标准
	中		$0.5b$	见各有关专业制图标准
	细		$0.25b$	假想轮廓线、成型前原始轮廓线
折断线	细		$0.25b$	断开界线
波浪线	细		$0.25b$	断开界线

(3)工程建设制图图线的其他要求应符合《房屋建筑制图统一标准》(GB/T 50001—2010)的相关规定。

2. 比例

(1)图样的比例,应为图形与实物相对应的线性尺寸之比。

(2)比例的符号应为":",比例应以阿拉伯数字表示。

(3)比例宜注写在图名的右侧,字的基准线应取平;比例的字高宜比图名的字高小一号或二号,如图 1-1 所示。

平面图 1:100　　⑥ 1:20

图 1-1 比例的注写

(4)绘图所用的比例应根据图样的用途与被绘对象的复杂程度,从表 1-3 中选用,并应优先采用表中常用比例。

表 1-3 绘图所用的比例

常用比例	1∶1、1∶2、1∶5、1∶10、1∶20、1∶30、1∶50、1∶100、1∶150、1∶200、1∶500、1∶1000、1∶2000
可用比例	1∶3、1∶4、1∶6、1∶15、1∶25、1∶40、1∶60、1∶80、1∶250、1∶300、1∶400、1∶600、1∶5000、1∶10000、1∶20000、1∶50000、1∶100000、1∶200000

(5)一般情况下，一个图样应选用一种比例。根据专业制图需要，同一图样可选用两种比例。

(6)特殊情况下也可自选比例，这时除应注出绘图比例外，还应在适当位置绘制出相应的比例尺。

3. 符号

(1)剖切符号。

1)剖切位置线的长度宜为 6～10mm；剖视方向线应垂直于剖切位置线，长度应短于剖切位置线，宜为 4～6mm，如图 1-2 所示，也可采用国际统一和常用的剖视方法，如图 1-3 所示。绘制时，剖视剖切符号不应与其他图线相接触。

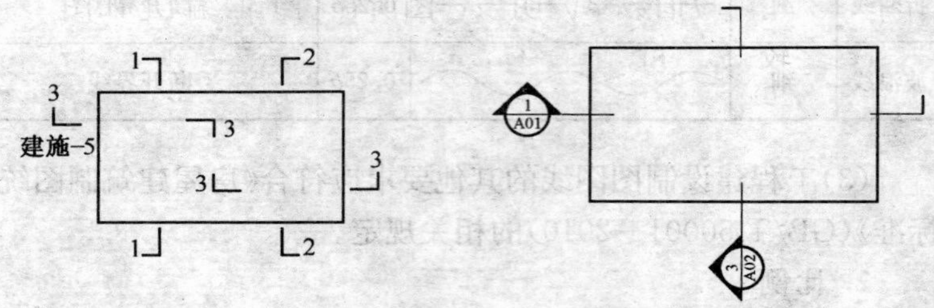

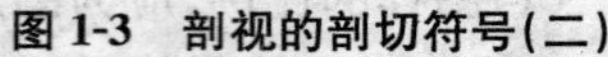

图 1-2 剖视的剖切符号(一)　　图 1-3 剖视的剖切符号(二)

2)断面的剖切符号应只用剖切位置线表示，并应以粗实线绘制，长度宜为 6～10mm。断面剖切符号的编号宜采用阿拉伯数字，按顺序连续编排，并应注写在剖切位置线的一侧；编号所在的一侧应为该断面的剖视方向，如图 1-4 所示。

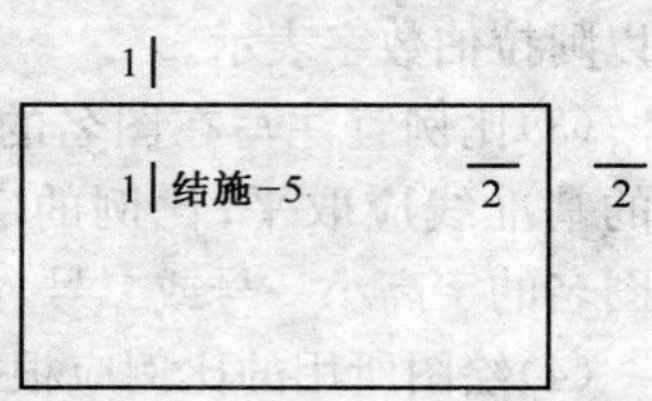

图 1-4 断面的剖切符号

3)剖面图或断面图，当与被剖切图样不在同一张图内，应在剖切位置线的另一侧注明其所在图纸的编号，也可以在图上集中说明。

(2)索引符号与详图符号。

1)图样中的某一局部或构件,如需另见详图,应以索引符号索引,如图 1-5a 所示。索引符号是由直径为 8～10mm 的圆和水平直径组成,圆及水平直径应以细实线绘制。索引符号应按下列规定编写:

①索引出的详图,如与被索引的详图同在一张图纸内,应在索引符号的上半图中用阿拉伯数字注明该详图的编号,并在下半圆中间画一段水平细实线,如图 1-5b 所示。

②索引出的详图,如与被索引的详图不在同一张图纸内,应在索引符号的上半圆中用阿拉伯数字注明该详图的编号,在索引符号的下半圆用阿拉伯数字注明该详图所在图纸的编号,如图 1-5c 所示。数字较多时,可加文字标注。

③索引出的详图,如采用标准图,应在索引符号水平直径的延长线上加注该标准图集的编号,如图 1-5d 所示。需要标注比例时,文字在索引符号右侧或延长线下方,与符号下对齐。

图 1-5 索引符号

2)当索引符号用于索引剖视详图,应在被剖切的部位绘制剖切位置线,并以引出线引出索引符号,引出线所在的一侧应为剖视方向。索引符号的编写应符合 1)中的规定,如图 1-6 所示。

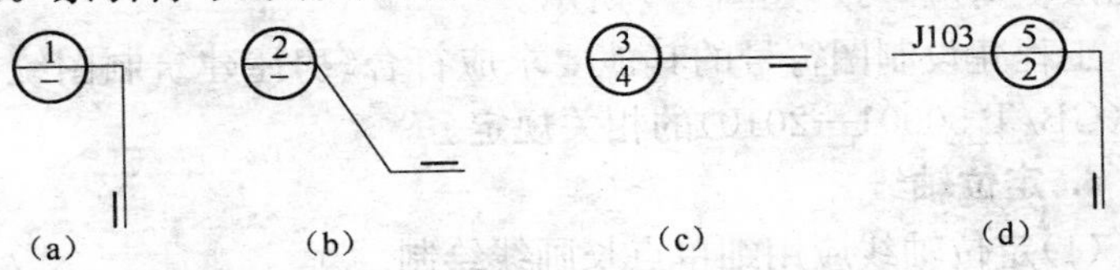

图 1-6 用于索引剖面详图的索引符号

(3)引出线。

1)引出线应以细实线绘制,宜采用水平方向的直线,与水平方向成30°、45°、60°、90°的直线,或经上述角度再折为水平线。文字说明宜注写在水平线的上方,如图1-7a所示,也可注写在水平线的端部,如图1-7b所示。索引详图的引出线,应与水平直径线相连接,如图1-7c所示。

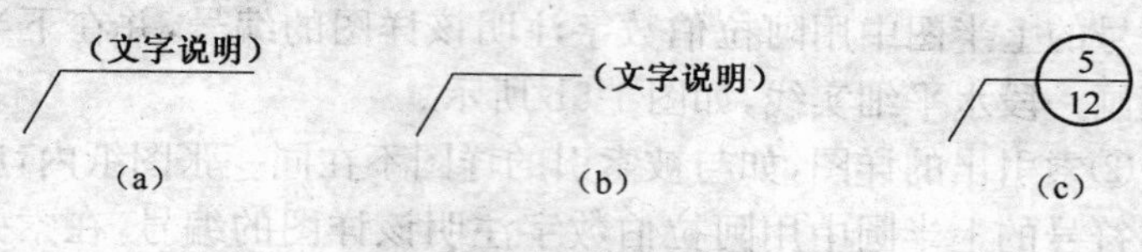

图1-7　引出线

2)同时引出的几个相同部分的引出线,宜互相平行,如图1-8a所示,也可画成集中于一点的放射线,如图1-8b所示。

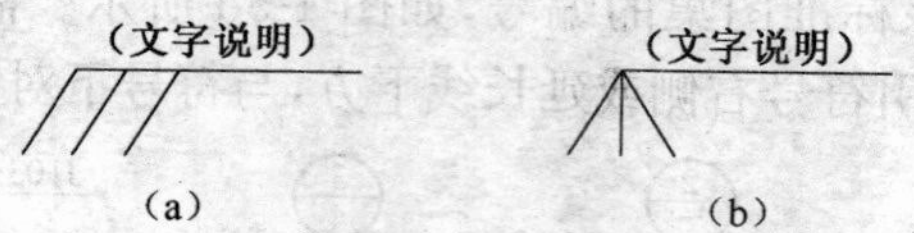

图1-8　共享引出线

3)多层构造或多层管道共享引出线,应通过被引出的各层,并用圆点示意对应各层次。文字说明宜注写在水平线的上方,或注写在水平线的端部,说明的顺序应由上至下,并应与被说明的层次对应一致;如层次为横向排序,则由上至下的说明顺序应与由左至右的层次对应一致,如图1-9所示。

工程建设制图符号的其他要求应符合《房屋建筑制图统一标准》(GB/T 50001—2010)的相关规定。

4. 定位轴线

(1)定位轴线应用细单点长画线绘制。

(2)定位轴线应编号,编号应注写在轴线端部的圆内。圆应用细实线绘制,直径为8～10mm。定位轴线圆的圆心应在定位轴线的延长线上或延长线的折线上。

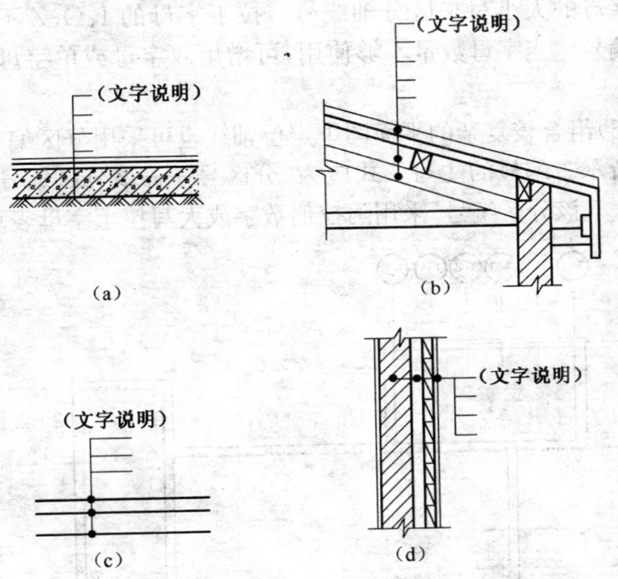

图 1-9　多层共享引出线

(3)除较复杂需采用分区编号或圆形、折线形外，平面图上定位轴线的编号，宜标注在图样的下方或左侧。横向编号应用阿拉伯数字，从左至右顺序编写；竖向编号应用大写拉丁字母，从下至上顺序编写，如图 1-10 所示。

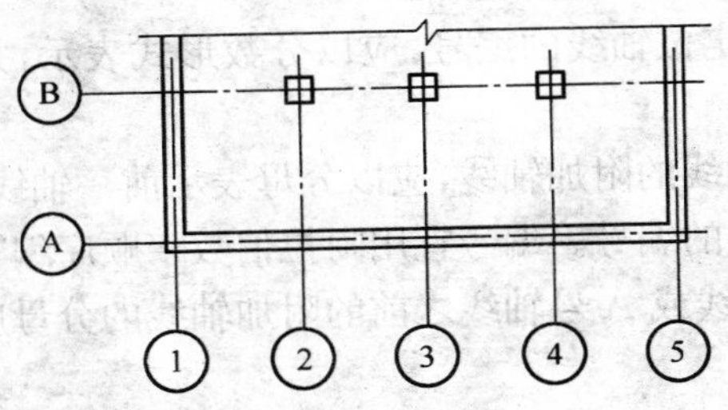

图 1-10　定位轴线的编号顺序

(4)拉丁字母作为轴线号时,应全部采用大写字母,不应用同一个字母的大小写来区分轴线号。拉丁字母的I、O、Z不得用做轴线编号。当字母数量不够使用,可增用双字母或单字母加数字注脚。

(5)组合较复杂的平面图中定位轴线也可采用分区编号,如图1-11所示。编号的注写形式应为"分区号——该分区编号"。"分区号——该分区编号"采用阿拉伯数字或大写拉丁字母表示。

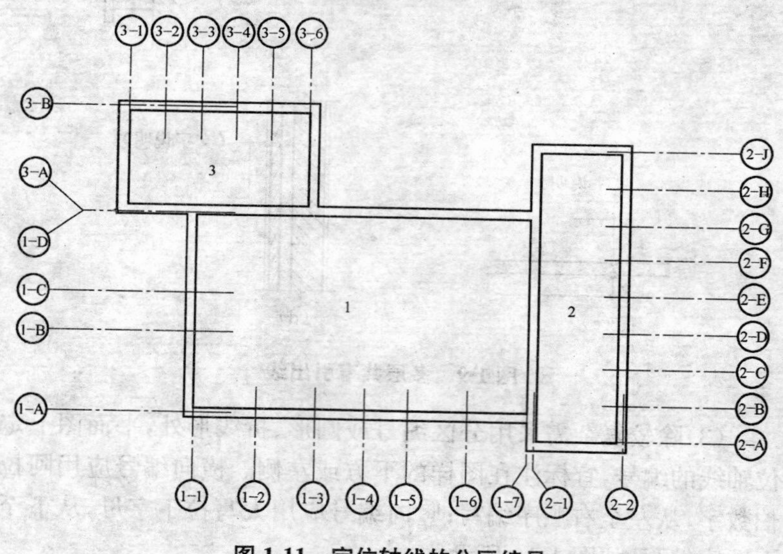

图1-11 定位轴线的分区编号

(6)附加定位轴线的编号,应以分数形式表示,并应符合下列规定:

1)两根轴线的附加轴线,应以分母表示前一轴线的编号,分子表示附加轴线的编号。编号宜用阿拉伯数字顺序编写。

2)1号轴线或A号轴线之前的附加轴线的分母应以01或0A表示。

(7)一个详图适用于几根轴线时,应同时注明各有关轴线的编号，如图 1-12 所示。

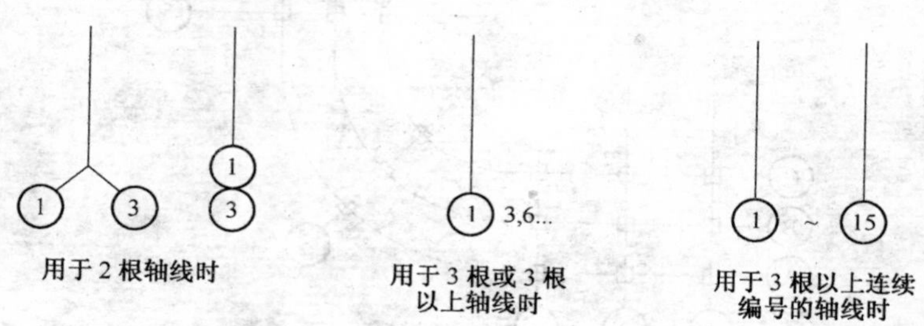

图 1-12　详图的轴线编号

(8)通用详图中的定位轴线，应只画圆，不注写轴线编号。

(9)圆形与弧形平面图中的定位轴线，其径向轴线应以角度进行定位，其编号宜用阿拉伯数字表示，从左下角或－90°(若径向轴线很密，角度间隔很小)开始，按逆时针顺序编写；其环向轴线宜用大写阿拉伯字母表示，从外向内顺序编写，如图 1-13、图 1-14 所示。

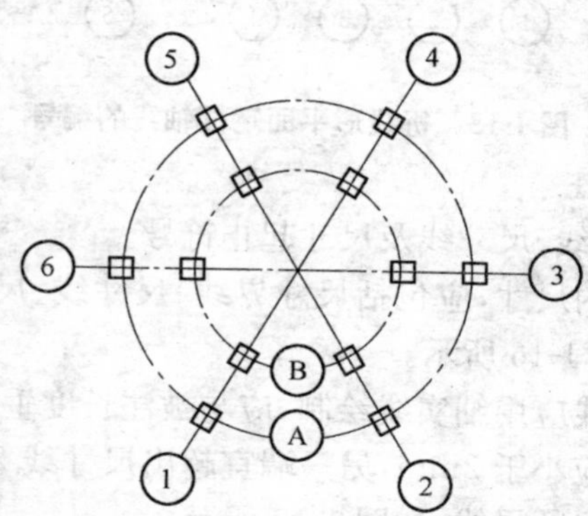

图 1-13　圆形平面定位轴线的编号

(10)折线形平面图中定位轴线的编号可按图 1-15 的形式编写。

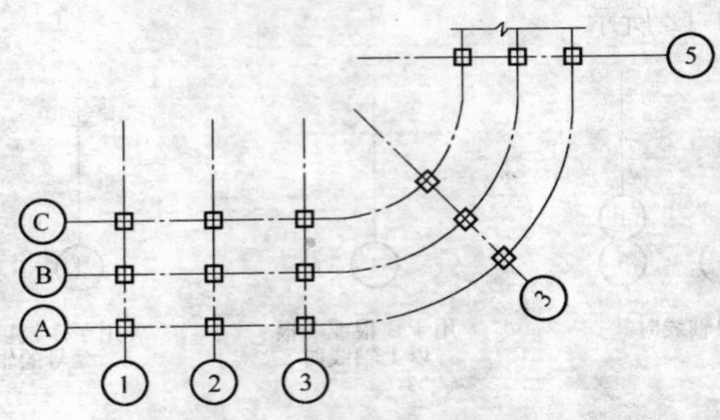

图 1-14 弧形平面定位轴线的编号

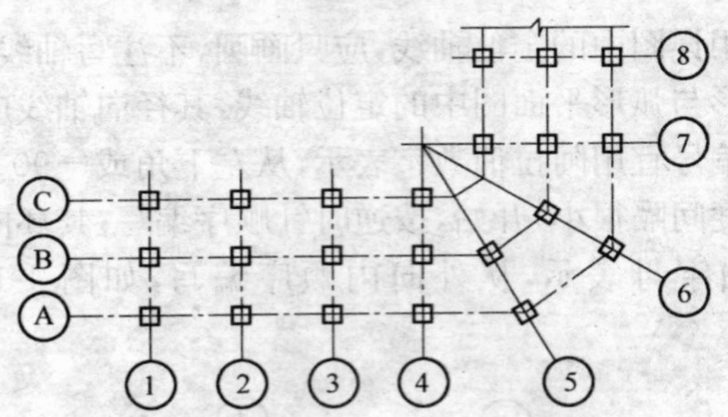

图 1-15 折线形平面定位轴线的编号

5. 尺寸标注

(1)尺寸界线、尺寸线及尺寸起止符号。

1)图样上的尺寸,应包括尺寸界线、尺寸线、尺寸起止符号和尺寸数字,如图 1-16 所示。

2)尺寸界线应用细实线绘制,应与被注长度垂直,其一端离开图样轮廓线不应小于 2mm,另一端宜超出尺寸线 2～3mm。图样轮廓线可用作尺寸界线,如图 1-17 所示。

3)尺寸线应用细实线绘制,应与被注长度平行。图样本身的任何图线均不得用作尺寸线。

4)尺寸起止符号用中粗斜短线绘制,其倾斜方向应与尺寸界线成顺时针 45°角，长度宜为 2～3mm。半径、直径、角度与弧长的尺寸起止符号，宜用箭头表示，如图 1-18 所示。

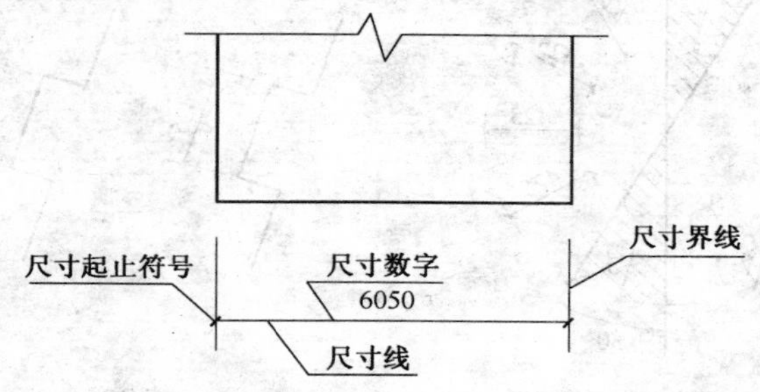

图 1-16　尺寸的组成

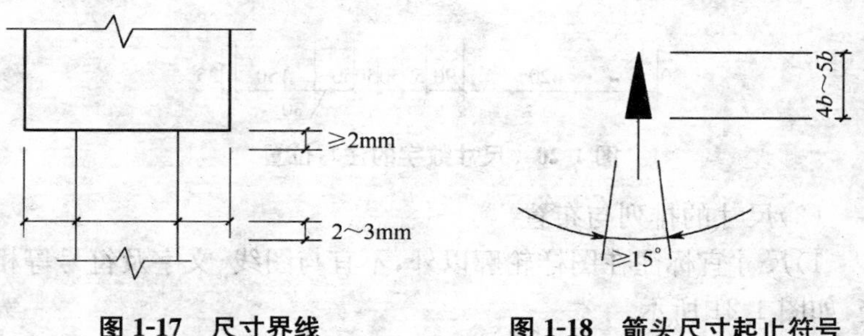

图 1-17　尺寸界线　　图 1-18　箭头尺寸起止符号

(2)尺寸数字。

1)图样上的尺寸，应以尺寸数字为准，不得从图上直接量取。

2)图样上的尺寸单位，除标高及总平面以米为单位外，其他必须以毫米为单位。

3)尺寸数字的方向，应按图 1-19a 的规定注写。若尺寸数字在 30°斜线区内，也可按图 1-19b 的形式注写。

4)尺寸数字应依据其方向注写在靠近尺寸线的上方中部。如没有足够的注写位置，最外边的尺寸数字可注写在尺寸界线的外侧，中间相邻的尺寸数字可上下错开注写，引出线端部用圆点表示标注尺寸的位置，如图 1-20 所示。

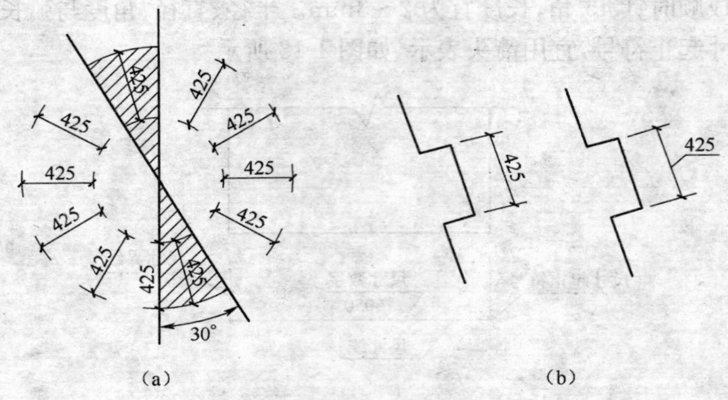

图 1-19 尺寸数字的注写方向

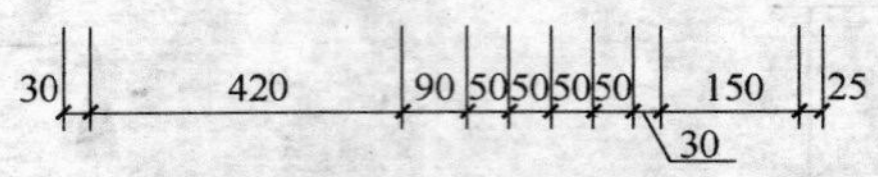

图 1-20 尺寸数字的注写位置

(3)尺寸的排列与布置。

1)尺寸宜标注在图样轮廓以外,不宜与图线、文字及符号等相交,如图 1-21 所示。

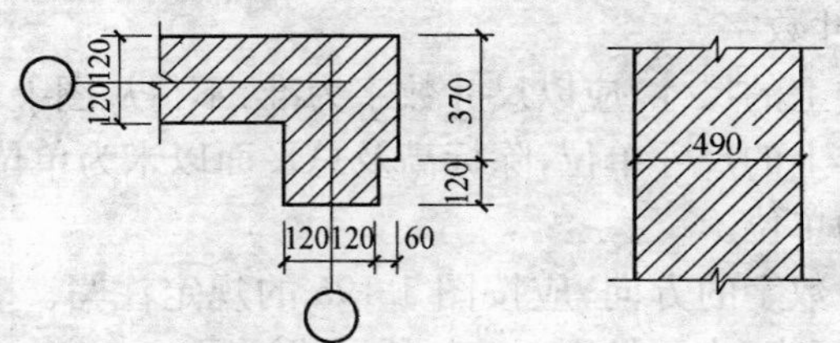

图 1-21 尺寸数字的注写

2)互相平行的尺寸线,应从被注写的图样轮廓线由近向远整齐排列,较小尺寸应离轮廓线较近,较大尺寸应离轮廓线较远,如

图 1-22 所示。

3)图样轮廓线以外的尺寸界线，距图样最外轮廓之间的距离，不宜小于 10mm。平行排列的尺寸线的间距，宜为 7～10mm，并应保持一致(图 1-22)。

4)总尺寸的尺寸界线应靠近所指部位，中间的分尺寸的尺寸界线可稍短，但其长度应相等(图 1-22)。

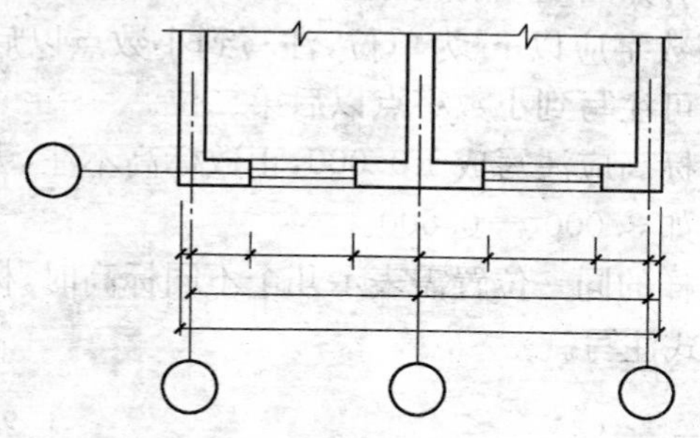

图 1-22 尺寸的排列

工程建设制图尺寸标注的其他要求应符合《房屋建筑制图统一标准》(GB/T 50001—2010)的相关规定。

6. 标高

(1)标高符号应以直角等腰三角形表示，按图 1-23a 所示形式用细实线绘制，当标注位置不够，也可按图 1-23b 所示形式绘制。标高符号的具体画法应符合图 1-23c、d 的规定。

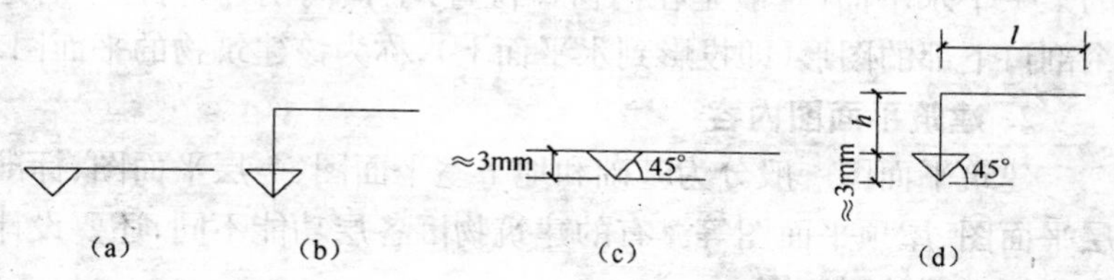

图 1-23 标高符号

L. 取适当长度注写标高数字 *h*. 根据需要取适当高度

(2)总平面图室外地坪标高符号，宜用涂黑的三角形表示，具体画法应符合图 1-24 的规定。

图 1-24 总平面图室外地坪标高符号

(3)标高符号的尖端应指至被注高度的位置。尖端宜向下，也可向上。标高数字应注写在标高符号的上侧或下侧，如图 1-25 所示。

(4)标高数字应以 m 为单位，注写到小数点以后第三位。在总平面图中，可注写到小数字点以后第二位。

(5)零点标高应注写成±0.000，正数标高不注“＋”，负数标高应注“－”，例如 3.000、－0.600。

(6)在图样的同一位置需表示几个不同标高时，标高数字可按图 1-26 的形式注写。

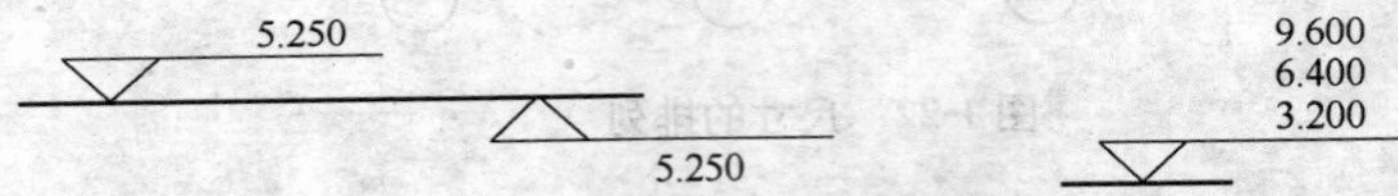

图 1-25 标高的指向　　图 1-26 同一位置注写多个标高数字

技能要点 2:建筑平面图

1. 建筑平面图的概念

建筑平面图也可称为建筑平剖面图，其表达意思是沿建筑物的某一个水平面(一般是在门窗口位置)上横向剖开，再往下看这个剖口下部的图形(即投影到水平面上)，称为该建筑物的平面图。

2. 建筑平面图内容

建筑平面图一般分为基础和地下室平面图、一层平面图、标准层平面图、屋顶平面图等。有的建筑物因各层功能不同，还要设计出非标准层的平面图。

屋顶平面图与一般建筑平面图不同，它主要表示屋面建筑构配件的位置与构造，屋顶结构剖面、各层作法，屋面分水、排水及坡度，女儿墙、伸缩缝、挑檐的构造作法等；有时还配合建筑详图加以表示。作为一名防水工长，与屋面防水关系密切，必须看懂屋顶平面图，才能进行屋面防水的施工。

3. 看图顺序与注意事项

（1）先看图标，了解图名、图号，是哪一层平面图，比例等。

（2）看房屋内部布局，房屋用途，地面标高，内墙位置、厚度，内门、窗的位置、尺寸和编号，有关详图的编号、内容等。

（3）看房屋的朝向、外围尺寸、有几道轴线、轴线间距尺寸、外门窗的尺寸和编号、有无墙垛、外墙厚度。

（4）看剖切线的位置、编号，以便看剖面图时互相对照。

（5）看与水、暖、电、安装等有关部位、内容，如暖气、电表箱位置、预留孔洞等。

（6）选用哪几种标准图集、编号。

4. 局部平面图

看局部平面图首先要把局部图和整体平面图的位置核对准确（主要看轴线关系），避免把方向弄错或者与其他平面图混淆。

技能要点 3：建筑立面图

1. 建筑立面图的概念

建筑立面图是建筑物外貌的真实写照。它通过各个侧面，与它平行的竖直平面所作的正投影而得到的侧视图，一般分为正立面图、背立面图和侧立面图。有时按朝向称为南立面、北立面、东立面、西立面等。

2. 建筑立面图内容

它标明建筑物的总高度、楼层高度与层数，外立面图的装饰作法以及檐口、门窗套、腰线、雨罩、阳台、门廊、勒脚等的位置及作法。

3. 看图顺序与注意事项

（1）看图标。先辨明是什么立面图，是正立面还是背立面，是东立面还是西立面。还可以看立面图的轴线来辨明是哪一个立面图。

(2)看外观造型,门窗在立面图上的位置。

(3)看标高、层数、竖向尺寸。

(4)看外墙装饰做法。如有无出檐,墙面是清水还是抹灰,勒脚高度和装饰作法等。

(5)在立面图上还可以看到落水管、外墙爬梯、伸缩缝位置等。

技能要点 4:建筑剖面图

1. 建筑剖面图的概念

建筑剖面图是从建筑物的某一部位(一般在楼梯间和外墙门窗口位置)竖向剖开,其剖切部位的立面构造图即为剖面图。通过建筑剖面图,我们可以从中了解建筑物竖向的内部构造。

2. 看图顺序和注意事项

(1)看平面图上的剖切位置和剖面编号,按剖面编号找到相同编号的剖面图。

(2)看楼层标高及竖向尺寸(看图顺序一般是从底层往上看),楼板的构造形式,外墙及内墙门、窗的标高及竖向尺寸,最高处标高等。

(3)看外墙突出构造部分的标高,如阳台、雨篷、挑檐等;而对墙内构造部位,则要了解圈梁、过梁的标高以及其他竖向尺寸等。

(4)看地面、楼面、墙面、屋面的作法。在剖切处还可看出室内的附属物如教室的黑板、讲台等。

(5)需用建筑详图表示的地方,则在剖面图中用圆圈划出,以便查找。

(6)作为防水工,则应着重弄清屋面构造及作法。如屋面坡度、女儿墙、挑檐、烟道、风道,突出屋面的各种管道构造及防水作法。

技能要点 5:看图方法和步骤

(1)看图的顺序一般是:先建筑,后结构;先平面,后立(剖)面;先轮廓,后细部;先粗后细,不要东看一下西看一下,要有规律循序渐进地看。

(2)先看图纸目录，了解工程名称、业主、设计单位，共有多少张图纸，选用哪些标准图，并按图纸编号核对是否齐全。

(3)通读设计说明，了解工程概况、建筑面积、使用功能、技术和质量要求、使用材料以及有关装饰、防水等情况。

(4)按图纸目录的顺序依次看图。先看平面图，了解建筑物的长度、宽度、房间布局，开间、进深多大，轴线尺寸等；再看立面图、剖面图。一般说，看完平、立、剖面后，就对整个建筑物有一个立体形象，并能想象出它的规模和轮廓。有了整体概念以后，可沿着建筑、结构详图的顺序看图。

(5)在通读全图以后，再侧重于重点阅图，详细熟悉与自己工作相关的那一部分图纸，其中还要先熟悉马上要施工的那一部分。

(6)在熟悉图纸过程中，还要把建筑图与结构图相互对照审视，各项尺寸是否相符，操作中是否有难度，有些问题应做好记录，及时向有关人员反映。

第二节　常用防水材料选用

本节导读：

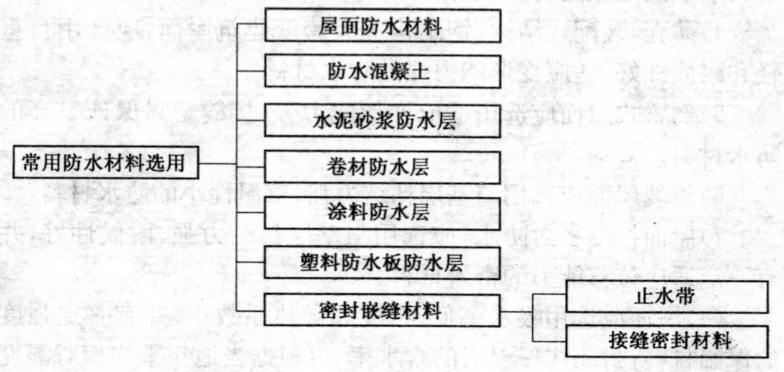

技能要点1:屋面防水材料选用

(1)屋面工程选用的防水材料应符合下列要求:

1)图纸应标明防水材料的品种、型号、规格,其主要物理性能应符合本规范对该材料质量指标的规定。

2)考虑施工环境的条件和工艺的可操作性。

(2)屋面工程所使用的防水材料在下列情况下应具相容性:

1)卷材或涂料与基层处理剂。

2)卷材与胶粘剂或胶粘带。

3)卷材与卷材复合使用。

4)卷材与涂料复合使用。

5)密封材料与接缝基材。

(3)根据建筑物的性质和屋面使用功能选择防水材料,除应符合上述规定外,还应符合以下要求:

1)外露使用的防水层,应选用与基层粘结力强和耐紫外线、耐老化、耐候性好的防水材料。

2)上人屋面应选用耐穿刺、耐霉烂性能好和拉伸强度高的防水材料。

3)长期处于潮湿环境的屋面,应选用耐腐蚀、耐霉变、耐穿刺、耐长期水浸等性能的防水材料。

4)薄壳、装配式结构、钢结构等大跨度建筑屋面,应选用自重轻和耐候性好、适应变形能力强的防水材料。

5)倒置式屋面应选用适应变形能力强、接缝密封保证率高的防水材料。

6)斜坡屋面应选用与基层粘结力强、感温性小的防水材料。

7)屋面接缝密封防水,应选用与基层粘结力强、耐候性好,并有一定适应位移能力的密封材料。

(4)屋面应选用吸水率低、密度和导热系数小,并有一定强度的保温材料;封闭式保温层的含水率,可根据当地年平均相对湿度所对应的相对含水率以及该材料的质量吸水率，通过计算确定。

技能要点 2：防水混凝土选用

(1)用于防水混凝土的水泥应符合下列规定：

1)水泥品种宜采用硅酸盐水泥、普通硅酸盐水泥，采用其他品种水泥时应经试验确定。

2)在受侵蚀性介质作用时，应按介质的性质选用相应的水泥品种。

3)水泥品种应按设计要求选用，其强度等级不应低于42.5MPa，不得使用过期或受潮结块的水泥，并不得将不同品种或强度等级的水泥混合使用。

(2)防水混凝土选用矿物掺和料时，应符合下列规定：

1)粉煤灰的品质应符合现行国家标准《用于水泥和混凝土中的粉煤灰》(GB/T 1596—2005)的有关规定，粉煤灰的级别不应低于Ⅱ级，烧失量不应大于5%，用量宜为胶凝材料总量的20%～30%，当水胶比小于0.45时，粉煤灰用量可适当提高。

2)硅粉的品质应符合表1-4的要求，用量宜为胶凝材料总量的2%～5%。

表 1-4　硅粉品质要求

项　目	比表面积(m^2/kg)	二氧化硅含量(%)
指　标	≥15000	≥85

3)粒化高炉矿渣粉的品质要求应符合现行国家标准《用于水泥和混凝土中的粒化高炉矿渣粉》(GB/T 18046—2008)的有关规定。

4)使用复合掺和料时，其品种和用量应通过试验确定。

(3)用于防水混凝土的砂、石，应符合下列规定：

1)宜选用坚固耐久、粒形良好的洁净石子；最大粒径不宜大于40mm，泵送时其最大粒径不应大于输送管径的1/4；吸水率不应大于1.5%；不得使用碱活性骨料；石子的质量要求应符合国家现行标准《普通混凝土用砂、石质量及检验方法标准》(JGJ 52—2006)的有关规定。

2)砂宜选用坚硬、抗风化性强、洁净的中粗砂，不宜使用海砂；砂的质量要求应符合国家现行标准《普通混凝土用砂、石质量及检验方法标准》(JGJ 52—2006)的有关规定。

(4)用于拌制混凝土的水，应符合国家现行标准《混凝土用水标准》(JGJ 63—2006)的有关规定。

(5)防水混凝土可根据工程需要掺入减水剂、膨胀剂、防水剂、密实剂、引气剂、复合型外加剂及水泥基渗透结晶型材料，其品种和用量应经试验确定，所用外加剂的技术性能应符合国家现行有关标准的质量要求。

(6)防水混凝土可根据工程抗裂需要掺入合成纤维或钢纤维，纤维的品种及掺量应通过试验确定。

(7)防水混凝土中各类材料的总碱量(Na_2O当量)不得大于$3kg/m^3$；氯离子含量不应超过胶凝材料总量的0.1%。

技能要点3：水泥砂浆防水层选用

(1)用于水泥砂浆防水层的材料，应符合下列规定：

1)应使用硅酸盐水泥、普通硅酸盐水泥或特种水泥，不得使用过期或受潮结块的水泥。

2)砂宜采用中砂，含泥量不应大于3%，硫化物和硫酸盐含量不应大于1%。

3)拌制水泥砂浆用水，应符合国家现行标准《混凝土用水标准》(JGJ 63—2006)的有关规定。

4)聚合物乳液的外观：应为均匀液体，无杂质、无沉淀、不分层。聚合物乳液的质量要求应符合国家现行标准《建筑防水涂料用聚合物乳液》(JC/T 1017—2006)的有关规定。

5)外加剂的技术性能应符合现行国家有关标准的质量要求。

(2)防水砂浆主要性能应符合表 1-5 的要求。

表 1-5 防水砂浆主要性能要求

防水砂浆种类	粘结强度(MPa)	抗渗性(MPa)	抗折强度(MPa)	干缩率(%)	吸水率(%)	冻融循环(次)	耐碱性	耐水性(%)
掺外加剂、掺和料的防水砂浆	>0.6	≥0.8	同普通砂浆	同普通砂浆	≤3	>50	10%NaOH 溶液浸泡 14 天无变化	—
聚合物水泥防水砂浆	>1.2	≥1.5	≥8.0	≤0.18	≤4	>50	—	≥80

注:耐水性指标是指砂浆浸水 168h 后材料的粘结强度及抗渗性的保持率。

技能要点 4:卷材防水层材料选用

1. 地下防水工程用材料

(1)卷材防水层应采用高聚物改性沥青防水卷材和合成高分子防水卷材。所选用的基层处理剂、胶粘剂、密封材料等配套材料均应与铺贴的卷材材性相容。

(2)防水卷材和胶粘剂的质量应符合以下规定:

1)高聚物改性沥青防水卷材的主要物理性能应符合表 1-6 的要求。

表 1-6 高聚物改性沥青防水卷材主要物理性能

<table>
<tr><td rowspan="3">项 目</td><td colspan="5">性能要求</td></tr>
<tr><td colspan="3">弹性体改性沥青防水卷材</td><td colspan="2">自粘聚合物改性沥青防水卷材</td></tr>
<tr><td>聚酯毡胎体</td><td>玻纤毡胎体</td><td>聚乙烯膜胎体</td><td>聚酯毡胎体</td><td>无胎体</td></tr>
<tr><td>可溶物含量(g/m²)</td><td colspan="3">3mm 厚≥2100
4mm 厚≥2900</td><td>3mm 厚≥2100</td><td>—</td></tr>
</table>

续表 1-6

项目		性能要求				
		弹性体改性沥青防水卷材			自粘聚合物改性沥青防水卷材	
		聚酯毡胎体	玻纤毡胎体	聚乙烯膜胎体	聚酯毡胎体	无胎体
拉伸性能	拉力(N/50mm)	≥800（纵横向）	≥500（纵横向）	≥140（纵向）	≥450（纵横向）	≥180（纵横向）
				≥120（横向）		
	延伸率（%）	最大拉力时≥40（纵横向）	—	断裂时≥250（纵横向）	最大拉力时≥30（纵横向）	断裂时≥200（纵横向）
低温柔度(℃)		－25，无裂纹				
热老化后低温柔度(℃)		－20，无裂缝		－22，无裂纹		
不透水性		压力 0.3MPa，保持时间 120min，不透水				

2)合成高分子防水卷材的主要物理性能应符合表 1-7 的要求。

3)聚合物水泥防水卷材应采用聚合物水泥防水粘结材料，其物理性能应符合表 1-8 的要求。

表 1-7　合成高分子防水卷材主要物理性能

项目	性能要求			
	三元乙丙橡胶防水卷材	聚氯乙烯防水卷材	聚乙烯丙纶复合防水卷材	高分子自粘胶膜防水卷材
断裂拉伸强度	≥7.5MPa	≥120MPa	≥60N/10mm	≥100N/10mm
断裂伸长率(%)	≥450	≥250	≥300	≥400
低温弯折性(℃)	－40，无裂纹	－20，无裂纹	－20，无裂纹	－20，无裂纹
不透水性	压力 0.3MPa，保持时间 120min，不透水			
撕裂强度	≥25kN/m	≥40kN/m	≥20N/10mm	≥120N/10mm
复合强度（表层与芯层）	—	—	≥1.2N/mm	—

表 1-8 聚合物水泥防水粘结材料物理性能

项目		性能要求
与水泥基面的粘结拉伸强度(MPa)	常温 7d	≥0.6
	耐水性	≥0.4
	耐冻性	≥0.4
可操作时间(h)		≥2
抗渗性(MPa,7d)		≥1.0
剪切状态下的粘合性(N/mm,常温)	卷材与卷材	≥2.0 或卷材断裂
	卷材与基面	≥1.8 或卷材断裂

2. 屋面防水工程用材料

(1)高聚物改性沥青防水卷材主要性能指标应符合表 1-9 的要求。

表 1-9 高聚物改性沥青防水卷材主要性能指标

项目		指标				
		聚酯毡胎体	玻纤毡胎体	聚乙烯胎体	自粘聚酯胎体	自粘无胎体
可溶物含量(g/m^2)		3mm 厚≥2100 4mm 厚≥2900		—	2mm 厚≥1300 3mm 厚≥2100	—
拉力(N/50mm)		≥500	纵向≥350	≥200	2mm 厚≥350 3mm 厚≥450	≥150
延伸率(%)		最大拉力时 SBS≥30 APP≥25	—	断裂时 ≥120	最大拉力时 ≥30	最大拉力时 ≥200
耐热度(℃,2h)		SBS 卷材 90, APP 卷材 110, 无滑动、流淌、滴落		PEE 卷材 90,无流淌、起泡	70,无滑动、流淌、滴落	70,滑动不超过 2mm
低温柔性(℃)		SBS 卷材-20;APP 卷材-7; PEE 卷材-20			−20	
不透水性	压力(MPa)	≥0.3	≥0.2	≥0.4	≥0.3	≥0.2
	保持时间(min)	≥30				≥120

注:SBS 卷材为弹性体改性沥青防水卷材;APP 卷材为塑性体改性沥青防水卷材;PEE 卷材为改性沥青聚乙烯胎防水卷材。

(2)合成高分子防水卷材主要性能指标应符合表 1-10 的要求。

表 1-10 合成高分子防水卷材主要性能指标

项目		指标			
		硫化橡胶类	非硫化橡胶类	树脂类	树脂类(复合片)
断裂拉伸强度(MPa)		≥6	≥3	≥10	≥60 N/10mm
断裂伸长率(%)		≥400	≥200	≥200	≥400
低温弯折(℃)		−30	−20	−25	−20
不透水性	压力(MPa)	≥0.3	≥0.2	≥0.3	≥0.3
	保持时间(min)	≥30			
加热收缩率(%)		<1.2	<2.0	≤2.0	≤2.0
热老化保持率(80℃×168h,%)	断裂拉伸强度	≥80		≥85	≥80
	拉断伸长率	≥70		≥80	≥70

(3)基层处理剂、胶粘剂、胶粘带主要性能指标应符合表 1-11 的要求。

表 1-11 基层处理剂、胶粘剂、胶粘带主要性能指标

项目	指标			
	沥青基防水卷材用基层处理剂	改性沥青胶粘剂	高分子胶黏剂	双面胶粘带
剥离强度(N/10mm)	≥8	≥8	≥15	≥6
浸水 168h 剥离强度保持率(%)	≥8N/10mm	≥8N/10mm	70	70
固体含量(%)	水性≥40 溶剂型≥30	—	—	—
耐热性	80℃无流淌	80℃无流淌	—	—
低温柔性	0℃无裂纹	0℃无裂纹	—	—

技能要点5:涂料防水层材料选用

1. 地下防水工程用材料

(1)涂料防水层所选用的涂料应符合下列规定:

1)应具有良好的耐水性、耐久性、耐腐蚀性及耐菌性。

2)应无毒、难燃、低污染。

3)无机防水涂料应具有良好的湿干粘结性和耐磨性,有机防水涂料应具有较好的延伸性及较大适应基层变形的能力。

4)涂料防水层应采用反应型、水乳型、聚合物水泥防水涂料或水泥基、水泥基渗透结晶型防水涂料。

5)防水涂料厚度选用应符合规定,见表1-12。

(2)防水涂料的性能指标应符合以下规定:

1)有机防水涂料的物理性能应符合表1-13的要求。

表1-12 防水涂料厚度 (单位:mm)

防水等级	设防道数	有机涂料			无机涂料	
		反应型	水乳型	聚合物水泥	水泥基	水泥基渗透结晶型
1级	三或三道以上设防	1.2~2.0	1.2~1.5	1.5~2.0	1.5~2.0	≥0.8
2级	二道设防	1.2~2.0	1.2~1.5	1.5~2.0	1.5~2.0	≥0.8
3级	一道设防	—	—	≥2.0	≥2.0	—
	复合设防	—	—	≥1.5	≥1.5	—

表1-13 有机防水涂料物理性能

涂料种类	可操作时间(min)	潮湿基面粘结强度(MPa)	抗渗性(MPa)			浸水168h后断裂伸长率(%)	浸水168h后拉伸强度(MPa)	耐水性(%)	表干(h)	实干(h)
			涂膜(120min)	砂浆迎水面	砂浆背水面					
反应型	≥20	≥0.5	≥0.3	≥0.8	≥0.3	≥400	≥1.7	≥80	≤12	≤24
水乳型	≥50	≥0.2	≥0.3	≥0.8	≥0.3	≥350	≥0.5	≥80	≤4	≤12

续表 1-13

涂料种类	可操作时间(min)	潮湿基面粘结强度(MPa)	抗渗性(MPa)			浸水168h后断裂伸长率(%)	浸水168h后拉伸强度(MPa)	耐水性(%)	表干(h)	实干(h)
			涂膜(120min)	砂浆迎水面	砂浆背水面					
聚合物水泥	≥30	≥1.0	≥0.3	≥0.8	≥0.6	≥80	≥1.5	≥80	≤4	≤12

注:1. 浸水168h后的拉伸强度和断裂伸长率是在浸水取出后只经擦干即进行试验所得的值。

2. 耐水性指标是指材料浸水168h后取出擦干即进行试验,其粘结强度及抗渗性的保持率。

2)无机防水涂料的物理性能应符合表1-14的要求。

表1-14 无机防水涂料物理性能

涂料种类	抗折强度(MPa)	粘结强度(MPa)	一次抗渗性(MPa)	二次抗渗性(MPa)	冻融循环
掺外加剂、掺和料、水泥基防水涂料	>4	>1.0	>0.8	—	>50
水泥基渗透结晶型防水涂料	≥4	≥1.0	>1.0	>0.8	>50

2. 屋面防水工程用材料

(1)涂料防水层所选用的涂料应符合下列规定:

1)防水涂料可按合成高分子防水涂料、聚合物水泥防水涂料和高聚物改性沥青防水涂料选用,其外观质量和品种、型号应符合国家现行有关材料标准的规定。

2)应根据当地历年最高气温、最低气温、屋面坡度和使用条件等因素,选择耐热性、低温柔性相适应的涂料。

3)应根据地基变形程度、结构形式、当地年温差、日温差和振动等因素,选择拉伸性能相适应的涂料。

4)应根据屋面涂膜的暴露程度,选择耐紫外线、耐老化相适应的涂料。

5)屋面坡度大于25%时,应选择成膜时间较短的涂料。

(2)防水涂料的性能指标应符合以下规定:

1)高聚物改性沥青防水涂料主要性能指标应符合表1-15的要求。

表1-15 高聚物改性沥青防水涂料主要性能指标

项目		指标	
		水乳型	溶剂型
固体含量(%)		≥45	≥48
耐热性(80℃,5h)		无流淌、起泡、滑动	
低温柔性(℃,2h)		-15,无裂纹	-15,无裂纹
不透水性	压力(MPa)	≥0.1	≥0.2
	保持时间(min)	≥30	≥30
断裂伸长率(%)		≥600	—
抗裂性(mm)		—	基层裂缝0.3mm,涂膜无裂纹

2)合成高分子防水涂料主要性能指标应符合表1-16的要求。

表1-16 合成高分子防水涂料主要性能指标

项目		指标		
		反应型固化型		挥发固化型
		Ⅰ类	Ⅱ类	
固体含量(%)		单组分≥80;多组分≥92		≥65
拉伸强度(MPa)		单组分,多组分≥1.9	单组分,多组分≥2.45	≥1.5
断裂伸长率(%)		单组分≥550,多组分≥450	单组分,多组分≥450	≥300
低温柔性(℃,2h)		单组分-40,多组分-35,无裂纹		-20,无裂纹
不透水性	压力(MPa)	≥0.3		
	保持时间(min)	≥30		

注:产品按拉伸性能分Ⅰ类和Ⅱ类。

3)聚合物水泥防水涂料主要性能指标应符合表1-17的要求。

表1-17　聚合物水泥防水涂料主要性能指标

项目		指标
固体含量(%)		≥70
拉伸强度(MPa)		≥1.2
断裂伸长率(%)		≥200
低温柔性(℃,2h)		-10,无裂纹
不透水性	压力(MPa)	≥0.3
	保持时间(min)	≥30

技能要点6:塑料防水板防水层材料选用

(1)塑料防水板可选用乙烯-醋酸乙烯共聚物、乙烯-沥青共混聚合物、聚氯乙烯、高密度聚乙烯类或其他性能相近的材料。

(2)塑料防水板应符合下列规定:

1)幅宽宜为2～4m。

2)厚度不得小于1.2mm。

3)应具有良好的耐刺穿性、耐久性、耐水性、耐腐蚀性、耐菌性。

4)塑料防水板主要性能指标应符合表1-18的规定。

表1-18　塑料防水板主要性能指标

项目	性能指标			
	乙烯一醋酸乙烯共聚物	乙烯一沥青共混聚合物	聚氯乙烯	高密度聚乙烯
拉伸强度(MPa)	≥16	≥14	≥10	≥16
断裂伸长率(%)	≥550	≥500	≥200	≥550
不透水性,120min(MPa)	≥0.3	≥0.3	≥0.3	≥0.3
低温弯折性	-35℃无裂纹	-35℃无裂纹	-20℃无裂纹	-35℃无裂纹
热处理尺寸变化率(%)	≤2.0	≤2.5	≤2.0	≤2.0

(3)缓冲层宜采用无纺布或聚乙烯泡沫塑料,缓冲层材料的性能指标应符合的表1-19规定。

表1-19　缓冲层材料性能指标

性能指标 材料名称	抗拉强度(N/50mm)	断裂伸长率(%)	质量(g/m^2)	顶破强度(kN)	厚度(mm)
聚乙烯泡沫塑料	>0.4	≥100	—	≥5	≥5
无纺布	纵横向≥700	纵横向≥50	>300	—	—

技能要点7:密封嵌缝材料选用

1. 止水带

(1)高分子材料止水带质量应符合以下规定:

1)止水带的尺寸公差应符合表1-20的要求。

表1-20　止水带尺寸　(单位:mm)

止水带公称尺寸		极限偏差
厚度 B	4～6	+1,0
	7～10	+1.3,0
	11～20	+2,0
宽度 L(%)		±3

2)止水带表面不允许有开裂、缺胶、海绵状等影响使用的缺陷,中心孔偏心不允许超过管状断面厚度的1/3;止水带表面允许有深度不大于2mm、面积不大于$16mm^2$的凹痕,气泡、杂质、明疤等缺陷不超过4处。

3)变形缝用橡胶止水带的物理性能应符合表1-21的要求。

(2)遇水膨胀橡胶腻子止水条的质量应符合以下规定:

1)遇水膨胀橡胶腻子止水条的物理性能应符合表1-22的要求。

表 1-21 橡胶止水带物理性能

项目			性能要求		
			B型	S型	J型
邵氏硬度(度)			60±5	60±5	60±5
拉伸强度(MPa)≥			15	12	10
扯断伸长率(%)≥			380	380	300
压缩永久变形	70℃×24h(%) ≤		35	35	25
	23℃×168h(%) ≤		20	20	20
撕裂强度(kN/m) ≥			30	25	25
脆性温度(℃) ≤			−45	−40	−40
热空气老化	70℃×168h	邵氏硬度变化(度)	+8	+8	—
		拉伸强度(MPa) ≥	12	10	—
		扯断伸长率(%) ≥	300	300	—
	100℃×168h	邵氏硬度变化(度)	—	—	+8
		拉伸强度(MPa) ≥	—	—	9
		扯断伸长率(%) ≥	—	—	250
橡胶与金属粘合			断面在弹性体内		

注：1. B型适用于变形缝用止水带；S型适用于施工缝用止水带；J型适用于有特殊耐老化要求的接缝用止水带。

2. 橡胶与金属粘合项仅适用于具有钢边的止水带。

表 1-22 遇水膨胀橡胶腻子止水条物理性能

项目	性能要求		
	PN-150	PN-220	PN-300
体积膨胀倍率(%)	≥150	≥220	≥300
高温流淌性(80℃×5h)	无流淌	无流淌	无流淌
低温试验(−20℃×2h)	无脆裂	无脆裂	无脆裂

注：体积膨胀倍率=(膨胀后的体积/膨胀前的体积)×100%。

2)选用的遇水膨胀橡胶腻子止水条应具有缓胀性能,其7天的膨胀率应不大于最终膨胀率的60%。当不符合时,应采取表面涂缓膨胀剂措施。

2. 接缝密封材料

密封材料应采用混凝土建筑接缝用密封胶,不同模量的建筑接缝用密封胶的物理性能应符合表1-23的要求。

表1-23　建筑接缝用密封胶的物理性能

<table>
<tr><th colspan="3" rowspan="2">项　目</th><th colspan="4">性能要求</th></tr>
<tr><th>25(低模量)</th><th>25(高模量)</th><th>20(低模量)</th><th>20(高模量)</th></tr>
<tr><td rowspan="3">流动性</td><td rowspan="2">下垂度(N型)</td><td>垂直(mm)</td><td colspan="4">≤3</td></tr>
<tr><td>水平(mm)</td><td colspan="4">≤3</td></tr>
<tr><td colspan="2">流平性(S型)</td><td colspan="4">光滑平整</td></tr>
<tr><td colspan="3">挤出性(mL/min)</td><td colspan="4">≥80</td></tr>
<tr><td colspan="3">弹性恢复率(%)</td><td colspan="2">≥80</td><td colspan="2">≥60</td></tr>
<tr><td colspan="2">拉伸模量(MPa)</td><td>23℃
-20℃</td><td>≤0.4和
≤0.6</td><td>>0.4或
>0.6</td><td>≤0.4和
≤0.6</td><td>>0.4或
>0.6</td></tr>
<tr><td colspan="3">定伸粘结性</td><td colspan="4">无破坏</td></tr>
<tr><td colspan="3">浸水后定伸粘结性</td><td colspan="4">无破坏</td></tr>
<tr><td colspan="3">热压、冷拉后粘结性</td><td colspan="4">无破坏</td></tr>
<tr><td colspan="3">体积收缩率(%)</td><td colspan="4">≤25</td></tr>
</table>

注:体积收缩率仅适用于乳胶型和溶剂型产品。

第三节 常用防水工、机具

本节导读:

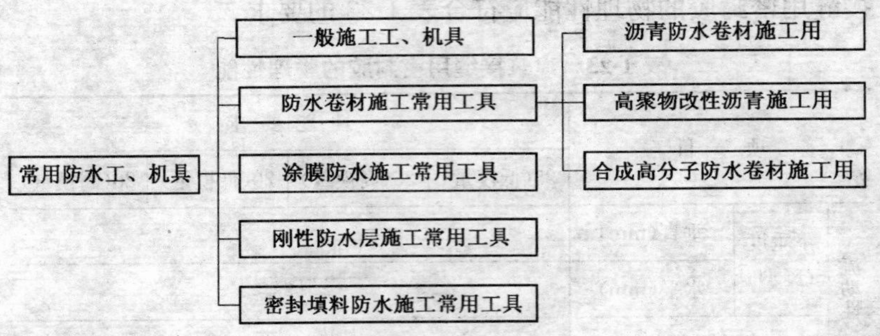

技能要点 1:一般施工工、机具

防水工程施工常用施工工、机具见表 1-24。

表 1-24 常用施工工、机具

序号	工具名称	图示	规格	用途
1	小平铲(腻子刀、油灰刀)		刃口宽度(mm)25、35、45、50、65、75、90、100;刃口厚度(mm)0.4(软性)、0.6(硬性)	有软硬两种。软性适合于调制弹性密封膏,硬性适合于清理基层
2	扫帚		同一般日用品	用于清理基层、油毡面等

续表 1-24

序号	工具名称	图示	规格	用途
3	拖布(拖把)		同一般日用品	用于清理灰尘基层
4	钢丝刷		普通型	用于清理基层灰浆
5	皮老虎(皮风箱)		最大宽度(mm):200、250、300、350	用于清理接缝内的灰尘
6	铁桶、塑料桶		普通型	用于盛装容积及涂料
7	嵌填工具	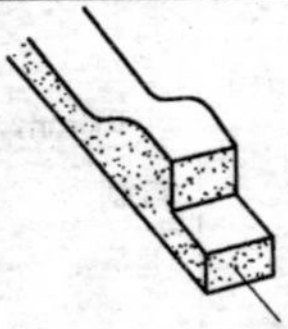 接触面	竹或木质,按缝深自制	用于嵌填衬垫材料
8	压辊	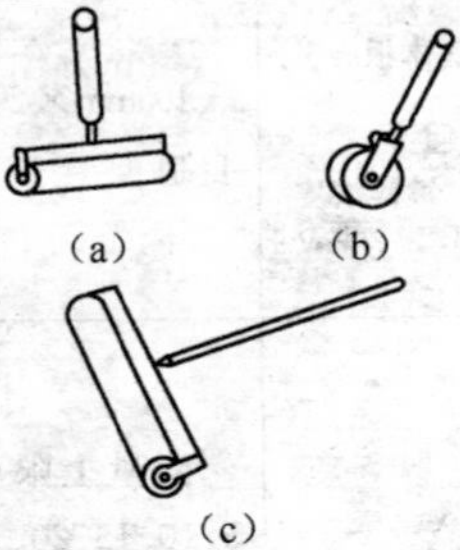 (a) (b) (c) (a) 手辊 (b) 扁平辊 (c) 大型压辊	按实际使用确定	用于卷材施工压边

续表 1-24

序号	工具名称	图示	规格	用途
9	油漆刷		宽度(mm):13、19、25、38、50、63、75、68、100、125、150	用于涂刷涂料
10	滚动刷		ϕ600mm × 250mm，ϕ60mm ×125mm	用于涂刷涂料、胶粘剂等
11	磅秤		规格按需要选择，一般最大称量 50kg 即可	用于各种材料计量
12	胶皮刮板	木板δ=5 100 30 200 胶皮δ=3	100mm×200mm，自制	用于刮混合料
13	铁皮刮板	木板δ=5 100 30 200 镀锌铁皮 δ=0.5 或 0.8	100mm×200mm，自制	用于复杂部位刮混合料
14	皮卷尺		测量上限(m)：5、10、15、20、30、50	用于度量尺寸

续表 1-24

序号	工具名称	图 示	规 格	用 途
15	钢卷尺		测量上限(m):1、2、3	用于度量尺寸
16	长把刷		200mm ×400mm,刷把的长度自定	用于涂刷涂料
17	镏子	木把	按需要自制	用于密封材料表面修整
18	空气压缩机	1. 旋塞 2. 储气罐 3. 磁力起动器 4. 电动机 5. 压力传感接触器 6. 压力表 7. 消音过滤器 8. 油塞 9. 主机 10. 示油器 11. 安全阀 12. 截止阀	2V～0.6/7B:外形尺寸为930mm×500mm×1000mm;排气量为0.6m³/min;电机功率为5.5kW 2V～0.3/7B:外形尺寸为1600mm×570mm×600mm;排气量为0.3m³/min;电机功率为3.0kW	用于清除基层灰尘及进行热熔卷材施工

续表 1-24

序号	工具名称	图　示	规　格	用　途
19	电动搅拌器	焊ϕ20 钢筋 l=600	转 200r/min，用手电钻改制	用于搅拌糊状材料
20	手动挤压枪	1/3l 齿条手压枪	普通型	用于嵌填筒装密封材料
12	气动挤压枪	塑料嘴 0.05~0.3MPa 压缩空气开关	普通型	用于嵌填筒装密封材料

注：空气压缩机的外形尺寸规格为长×宽×高，单位为 mm。

技能要点 2：防水卷材施工常用工具

卷材防水屋面的施工机具，系根据防水卷材的品种和施工工艺的不同而选用不同的施工机具及防护用具。

1. 沥青防水卷材施工常用工具及防护用具

沥青防水卷材施工所需常用的施工工具及防护用具，见表 1-25。

表 1-25　沥青防水卷材施工工具及防护用具

类别	工具名称	图示	规格	用途
施工工具	沥青锅	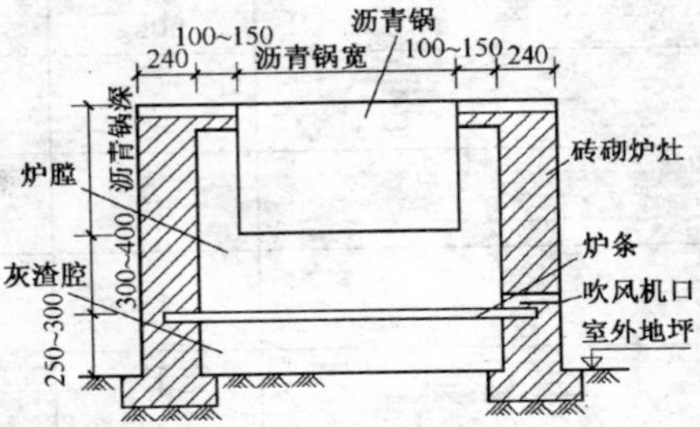	0.5～1.5m^3	熬制沥青
	沥青壶	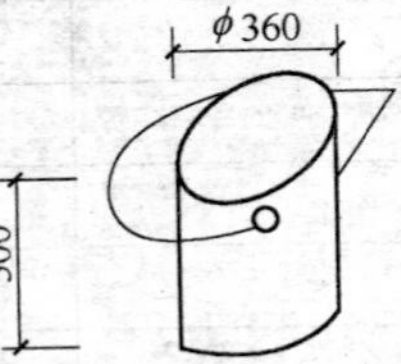	质量 10～20kg	浇铺沥青玛𤧛脂
	鼓风机	—	—	熬制沥青时向炉膛送风
	加热保温车	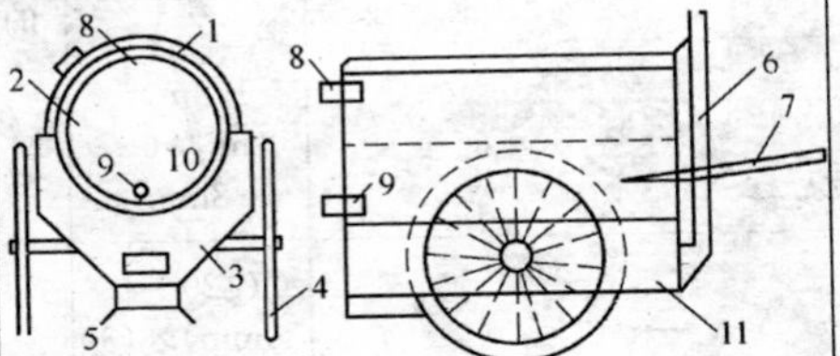 1. 保温盖　2. 储油筒　3. 保温车厢　4. 车轮　5. 掏灰口　6. 烟囱　7. 车柄　8 储油筒出气口　9. 流油嘴　10. 吊环　11. 加热室	需有保温措施	运送熬制好的沥青玛𤧛脂

续表 1-25

类别	工具名称	图示	规格	用途
施工工具	铁桶	—	质量 40～60kg	配制冷底子油用
	扫帚	—	—	清扫找平层
	小平铲	—	—	清除找平层砂浆疙瘩
	砂纸、钢丝刷	—	—	清理细部构造
	硬棕刷	—	宽 15～20cm	清扫卷材隔离粉尘
	铁锹	—	平锹	清理基层
	剪刀	—		裁剪卷材
	粉线袋	—		弹线用
	盒尺	—	2m	量裁卷材
	卷尺	—	30m	放线用
	棕刷	—	宽 10～20cm	压摊卷材及沥青玛琋脂
	刮板	—	宽 30cm	摊刮沥青玛琋脂及保护层
	长把刷	—	—	刷冷底子油
	油勺	—	—	留取已熬制的沥青玛琋脂
	钢板	—	1.2m×2m,厚 6～8mm	烘干填充料及预热绿豆砂
	铁压辊	—	(ϕ20～ϕ30mm)×(30～40)cm	滚压绿豆砂保护层
防护用具	工作服	—	长袖、长裤	—
	安全帽	—	—	—

续表 1-25

类别	工具名称	图　示	规格	用　途
防护用具	墨镜	—	—	—
	手套	—	—	—
	口罩	—	—	—
	干粉灭火器	—	—	用于扑灭油类燃烧，设在沥青锅附近

2. 高聚物改性沥青防水卷材施工常用机具

高聚物改性沥青防水卷材施工常用机具，见表 1-26。

表 1-26　高聚物改性沥青防水卷材施工常用机具

序号	工具名称	图　示	规　格	用　途
1	高压吹风机小平铲扫帚、钢丝刷	—	300W　50～100mm 常用	清理基层
2	铁桶、木棒	—	20L、1.2m	搅拌、盛装底涂料
3	长把滚刷油漆刷	—	ϕ60mm×250mm 50～100mm	涂刷底涂料
4	裁剪刀、壁纸刀	—	常用	剪裁卷材
5	盒尺、卷尺	—	—	丈量工具
6	火焰喷枪	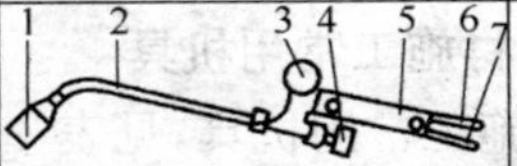 1. 燃烧筒　2. 油气管 3. 气开关　4. 油开关 5. 手柄　6. 气接嘴 7. 油接嘴	专用工具	烘烤热熔卷材
7	多头火焰喷枪	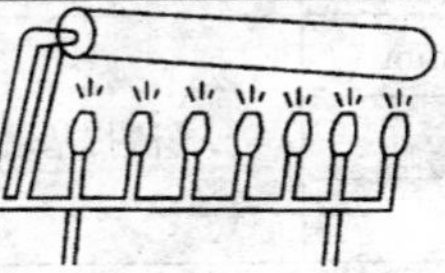	专用工具	

续表 1-26

序号	工具名称	图　示	规　格	用　途
8	汽油喷灯		专用工具	烘烤热熔卷材
9	煤油喷灯		专用工具	
10	铁抹子	—	—	压实卷材搭接边及修补基层和处理卷材收头等
11	干粉灭火器	—	—	消防备用
12	手推车	—	—	搬运工具

3. 合成高分子防水卷材施工常用机具

合成高分子防水卷材施工常用机具，见表 1-27。

表 1-27　合成高分子防水卷材冷粘法施工常用机具

序号	工具名称	规　格	用　途
1	小平铲	50～100mm	清扫基层，局部嵌填密封材料
2	扫帚	常用	
3	钢丝刷	常用	

续表 1-27

序号	工具名称	规　格	用　途
4	吹风机	300W	清理基层
5	铁抹子	—	修补基层及末端收头抹平
6	电动搅拌器	300W	搅拌胶粘剂
7	铁桶、油漆桶	20L、3L	盛装胶粘剂
8	皮卷尺、钢卷尺	50m、2m	测量放线
9	剪刀	—	剪裁划割卷材
10	油漆刷	50～100mm	涂刷胶粘剂
11	长把滚刷	ϕ60mm×250mm	涂刷胶粘剂，推挤已铺卷材内部的空气
12	橡胶刮板	5mm 厚×7mm	刮涂胶粘剂
13	木刮板	250mm 宽×300mm	清除已铺卷材内部空气
14	手压辊	ϕ40mm×50mm	压实卷材搭接边
		ϕ40mm×5mm	压实阴角卷材
15	大压辊	ϕ200mm×300mm	压实大面积卷材
16	铁管或木棍	ϕ30mm×1500mm	铺层卷材
17	嵌缝枪	—	嵌填密封材料
18	热压焊接机（图 1-27）	4000W	专用机具
19	热风焊接枪	2000W	专用工具
20	称量器	50kg	称量胶粘剂
21	安全绳	—	防护用具

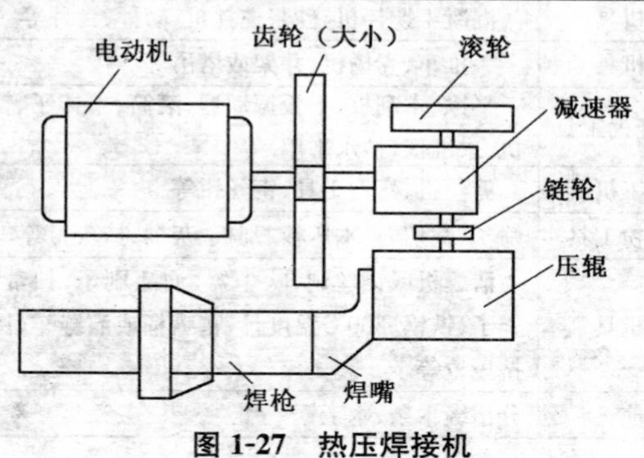

图 1-27　热压焊接机

技能要点 3:涂膜防水施工常用工具

涂膜施工常用的施工机具见表 1-28。实际操作时,所需机具、工具的数量和品种可根据工程情况及施工组织情况进行调整。

表 1-28 涂膜防水施工机具及用途

序号	工具名称	用 途	备 注
1	棕扫帚	清理基层	不掉毛
2	钢丝刷	清理基层、管道等	—
3	磅秤、台秤等	配料、计量	—
4	电动搅拌器	涂料搅拌	功率大转速较低
5	铁桶或塑料桶	盛装混合料	圆桶便于搅拌
6	开罐刀	开启涂料罐	—
7	棕毛刷、圆辊刷	涂刷基层处理剂	—
8	塑料刮板、胶皮刮板	涂布涂料	—
9	喷涂机	喷涂基层处理剂、涂料	根据涂料黏度选用
10	裁剪刀	裁剪增强材料	—
11	卷尺	量测检查	长 2～5m

技能要点 4:刚性防水层施工常用工具

刚性防水层主要施工设备和机具见表 1-29。

表 1-29 刚性防水层主要施工设备和机具

序号	类 型	名 称
1	拌和机具	混凝土搅拌机、砂浆搅拌机、磅秤、台秤等
2	运输机具	手推车、卷扬机、井架或塔吊等
3	混凝土浇捣工具	平锹、木刮板、平板振动器、滚筒、木抹子、铁抹子或抹光机、水准仪(抄水平用)等
4	钢筋加工机具	剪丝机、弯钩工具、钢丝钳等
5	铺防水粉工具	筛子、裁切刀、木压板、刮板、灰桶、抹灰刀等
6	灌缝机具	清缝机或钢丝刷、吹尘器、油漆刷子、扫帚、水桶、锤子、斧子、铁锅、200℃温度计、鸭嘴桶或灌缝车(图 1-28)、油膏挤压枪等
7	其他	分格缝木条、木工锯

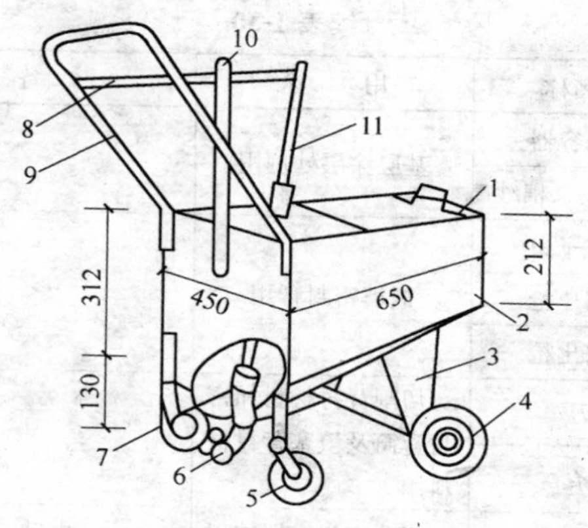

图 1-28　灌缝车

1. 盖子　2. 双层保温车身　3. 支架　4、5. 硬胶轮　6. 出料口　7. 柱塞　8. 操纵杆　9. 车把　10. 支柱　11. 柱塞杆

技能要点 5：密封填料防水施工常用工具

基层处理工具、嵌填密封材料工具、搅拌密封材料工具和计量工具，见表 1-30。

表 1-30　密封填料防水施工工具

序号	工具名称	用　途	备　注
1	钢丝刷	清除浮灰、浮浆、砂浆、疙浆、砂浆余料等用	—
2	平铲		
3	腻子刀		
4	小锥子		
5	扫帚	清扫垃圾与杂土	吹风机与压缩机配套
6	皮老虎		
7	吹风机		
8	小毛刷		

续表 1-30

序号	工具名称	用　途	备　注
9	溶剂用容器	基层涂层处理用	—
10	溶剂用刷子、棉纱		
11	嵌缝腻子刀	嵌填密封膏用	—
12	手动挤压枪		
13	电动挤出枪		
14	小刀	切割背衬材料和密封膏筒及填塞背衬材料用	—
15	木条		
16	搅拌工具	双组分密封膏搅拌用	电动、手动均可
17	防污条	防止密封膏污染用	—
18	安全设施	确保人身安全	—

积、结构形式、防水工程施工部位以及防水工程的特殊要求等；如为修理渗漏工程，应说明渗漏的部位及渗漏的严重情况等。

2. 施工准备

主要分材料准备和技术准备。按照设计图纸要求，合理地选用合适的各种防水材料、辅助材料、胶粘剂及燃料等。原材料进场后必须进行抽检，对抽检不合格的原材料不准使用。对于防水工程的基层(找平层)，应在防水施工前进行检查验收。

3. 质量工作目标

(1)防水工程施工的质量保证体系。

(2)防水工程施工的具体质量目标。

(3)防水工程各道工序施工的质量预控标准。

(4)防水工程质量的检验方法与验收评定。

(5)有关防水工程的施工记录和归档资料内容与要求。

4. 施工组织与管理

(1)明确该项屋面(地下)防水工程施工组织者(项目经理)和技术负责人、质检、安全员等。

(2)负责具体施工操作的班组及其上岗证(由当地行政主管部门颁发)。

(3)屋面(地下)防水工程分工序、分层次检查的规定和要求。

(4)防水工程施工技术交底的要求。

(5)现场平面布置图，如防水材料堆放、运输道路等。

(6)屋面(地下)工程施工的分工序、分层次的施工进度计划。

5. 防水材料及其使用

(1)所用防水材料的名称、类型、品种。

(2)防水材料的特性和各项技术经济指标、施工注意事项。

(3)防水材料的质量要求，抽样复试要求，施工用的配合比设计。

(4)所用防水材料运输、储存的有关规定。

(5)所用防水材料的使用注意事项。

6. 施工工艺与操作要点

(1)防水层的施工程序和针对性的技术措施。

(2)基层处理和具体要求。

(3)防水工程各种节点处理做法要求,必要时可绘图说明。

(4)确定防水层的施工工艺和做法。如满粘法、条粘法、点粘法、空铺法、热熔法、冷粘法等。

(5)所选定施工工艺的特点和具体的操作方法。

(6)施工技术要求。如热熔法铺贴卷材时,应根据工程实际情况、卷材厚度选择相应的操作方法与劳动组织、卷材铺贴方向、搭接缝宽度及封缝处理等。

(7)防水层施工的环境条件和气候要求。

(8)防水层施工中与相关工序之间的交叉衔接要求。

(9)有关成品保护的规定。

7. 安全注意事项

(1)操作时的人身安全、劳保保护和防护设施。

(2)防火要求、现场点火翩度、消防设备的设置等。

(3)加热熬制时的燃烧监控、火患隔离措施、消防道路等。

(4)其他有关防水施工操作安全的规定。

8. 防水工程的回访工作

按照防水工程和使用材料的档次,制订出竣工后的回访和保修时间。一般情况下,在竣工后第一个雨季,应对防水工程进行回访,发现渗漏要及时修理;同时也应对使用单位提出要求,防止人为的破坏而造成防水层渗漏。工程一旦发生渗漏,修理时难度较大,尤其对于高层建筑的屋面和外墙面,修理时的难度就更大。希望通过多方面努力,确保防水工程的质量,杜绝由于工程发生渗漏而造成不必要的经济损失。

技能要点 3:拟定施工方案

施工方案的选择和确定是单位工程施工组织设计的核心内

容,是指导施工的重要依据,其选择得恰当与否,直接关系到单位工程的施工效果。拟定工程的施工方案,要确定以下几个方面。

1. 确定施工起点流向

施工起点流向是指单项工程在平面上、竖向上施工开始部位和进展方向,它主要解决施工项目在空间上施工顺序合理的问题,其决定因素如下:

(1)单项(位)工程生产工艺要求。

(2)建设单位对单项(位)工程投产或交付使用的工期要求。

(3)当单项(位)工程各部分复杂程度不同时,应从复杂部位开始。

(4)当单项(位)工程有高低层并列时,应从并列处开始。

(5)当单项(位)工程基础深度不同时,应从深基础部分开始,并且考虑施工现场周边环境状况。

2. 确定施工程序

施工程序是指单项工程不同施工阶段之间所固有的、密切不可分割的先后施工次序,它既不可颠倒,也不能超越,其一般原则如下:

(1)单项(位)工程施工总程序包括:签订工程施工合同、施工准备、全面施工和竣工验收。

(2)施工程序应遵守先场外后场内、先地下后地上、先主体后装修和先土建后设备安装的原则,结合具体工程建筑结构特征、施工条件和建设要求,合理确定该建筑物的施工程序。

3. 确定施工顺序

施工顺序是指单项(位)工程内部各个分部(项)工程之间的先后施工次序。施工顺序合理与否,将直接影响工种间配合、工程质量、施工安全、工程成本和施工速度,必须科学合理地确定单项工程施工顺序,具体要求如下:

(1)过程划分。

1)任何一个建筑物的施工都是由许多施工过程所组成的,每一施工过程只完成建筑物的某一部分或某一种结构构件或某一工序。

2)在确定施工过程名称时，要注意的问题如下：

① 施工过程划分的粗细程序，分项越细，项目越多。

② 施工过程的划分要结合具体的施工方法。

③ 凡是在同一时期内由同一工作队进行的施工过程可以合并在一起，否则就应当分列。

(2)先后顺序确定原则。施工先后顺序的确定原则见表 2-1。

表 2-1 施工先后顺序的确定原则

项目	内容
施工工艺的要求	反映施工工艺上存在的客观规律和相互制约关系，一般是不能违背的。浇筑混凝土必须在模板安装和钢筋绑扎完成后，才能施工
必须与施工方法相一致	如工业厂房施工，若采用分件吊装法，则施工顺序是先吊柱、再吊梁、最后吊屋架和屋面板
必须考虑施工组织的要求	可在主体进行到一定阶段，安排立体交叉作业，以缩短建设工期
必须考虑施工质量的要求	如屋面防水层的施工，须待找平层干燥后方可进行
必须考虑当地气候条件	如雨期和冬期到来之前，应先完成室外各项施工过程，为室内施工创造条件
必须考虑安全施工的要求	如不能在同一施工段一面铺层面板，一面进行其他作业

4. 确定施工方法

建筑工程的施工，一般有多种不同的施工方法(或机械)可供选择。这时应根据建筑结构特点，平面形状、尺寸和高度，工程大小及工期长短，劳动力及资源供应情况，气候及地质情况，现场及周围环境，施工单位技术、管理水平和施工习惯等，进行综合分析考虑，选择合理的切实可行的施工方法。

(1)确定施工方法的一般规定。

1)选择施工方法：在选择施工方法时，要重点解决影响整个单项(位)工程施工的主要分部(项)工程。对于人们熟悉的、工艺简单的分项工程，只要加以概括说明即可。对于下述工程，则要编制具体的施工过程设计。

①工程量大而且地位重要的工程项目。

②施工技术复杂或采用新结构、新技术、新工艺的工程项目。

③特种结构工程或应由专业施工单位施工的特殊专业工程。

2)选择施工机械：

①在选择主导施工机械时，要充分考虑工程特点、机械供应条件和施工现场空间状况，合理地确定主导施工机械类型、型号和台数。

②在选择辅助施工机械时，必须充分发挥主导施工机械的生产效率，要使两者的台班生产能力协调一致，并确定出辅助施工机械的类型、型号和台数。

③为便于施工机械的管理，同一施工现场的机械型号尽可能少，当工程量大而且集中时，应选用专业化施工机械；当工程量小而且分散时，要选择多用途施工机械。

3)选择施工方法还应符合施工组织总设计的要求，满足施工技术的要求，符合提高工厂化、机械化程度的要求，符合先进、合理、可行、经济的要求，满足工期、质量、成本和安全的要求等。

(2)确定屋面工程施工方法。

1)屋面施工的材料及运输方式。

2)屋面施工流向及各层次施工的操作要求。

5. 确定安全施工措施

安全施工措施见表2-2。

表2-2　安全施工措施

项　　目	内　　容
预防自然灾害措施	包括防台风、防雷击、防洪水、防山洪暴发和防地震灾害等措施
防火防爆措施	包括大风天气严禁施工现场明火作业、明火作业要有安全保护、氧气瓶防震防晒和乙炔罐严防回火等措施

续表 2-2

项　目	内　容
劳动保护措施	包括安全用电、高空作业、交叉施工、施工人员上下、防暑降温、防冻防寒和防滑防堕落，以及防有害气体毒害等措施
特殊工程安全措施	如采用新结构、新材料或新工艺的单项工程，要编制详细的安全施工措施
环境保护措施	包括有害气体排放、现场雨水排放、现场生产污水和生活污水排放，以及现场树木和绿地保护等措施

技能要点 4:评价施工方案的主要指标

为了选用最佳方案，达到既定目标，就要对各施工方案进行比较分析和评价，确定一种最适合于该工程的施工方案。

1. 分类

施工方案的技术经济分析包括定性和定量的分析，见表 2-3。

表 2-3 施工方案的技术经济分析

项　目	内　容
定性分析	进行优缺点的对比。如选用技术的可行性，利用现有机械设备的情况，操作的熟练性，对保证质量的影响及为文明施工创造有利条件和施工的安全可靠性等
定量分析	计算出施工方案的劳动力及材料消耗、工期长短及成本费用指标，从而进行量的分析、比较，评价、确定施工方案的优劣

2. 评价内容

施工方案的评价内容见表 2-4。

表 2-4 施工方案的评价内容

项　目	内　容
定性评价指标	1)施工操作难易程度和安全可靠性 2)为后续工程创造有利条件的可能性 3)利用现有或取得施工机械的可能性 4)施工方案对冬季、雨期施工的适应性 5)为现场文明施工创造有利条件的可能性

续表 2-4

项　目	内　　容
定量评价指标	1)单项(位)工程施工工期 2)单项(位)工程施工成本 3)单项(位)工程施工质量 4)单项(位)工程劳动消耗量 5)单项(位)工程主要材料消耗量

3. 基本程序

评价施工方案的基本程序如下：

(1)选择对比方案。对比施工方案必须有两个以上完成同一任务的施工方案,才能进行比较。选择的对比方案只有在技术和质量达到基本要求的前提下,才能列为评价对象。

(2)确定对比方案的指标体系。一个方案的优劣影响因素很多,如果仅对个别指标进行衡量,是不能全面和准确评价的,因而需要采用一套互相联系的技术经济指标,才能作出全面的评价。这些指标包括价值和实物指标、经济和技术指标等,通常可分为三大类,见表 2-5。

表 2-5　确定对比方案的指标体系

项　目	内　　容
技术条件指标	用以反映方案或措施的技术状况和方案的适用范围
消耗指标	用来反映为获得预期的效果所需要的消耗。例如劳动力的消耗、物资的消耗、资金的消耗指标等
效益指标	用来反映采用该方案后可能得到的有用成果和经济指标。例如工期的缩短、劳动生产率的提高、成本的降低、重要物资消耗的节约等

(3)计算分析技术的经济指标。在确定了对比方案的各个指标之后,就要计算分析技术经济指标。计算时,不仅要根据可靠的数据,还要采用统一的计算原则和方法、计算单位和计算标准等。在此基础上对不同方案中可计算的数量指标进行计算和分析,得出定量分析结果。

对于不同方案中不可计量的指标，要根据实际经验通过分析和判断，得出定性分析的结果。

(4)综合分析评价。在求出各项技术经济指标的基础上，结合本地区、本项目的具体情况，例如，物资供应、劳动力的拥有量、机械设备占有情况、资金条件、气候条件、土质条件等，对不同方案的每个指标进行分析，对整个指标体系进行定量和定性的综合比较和分析，最后做综合评价，从而选出最优方案。

4. 主要指标计算方法

分析和评价施工方案所采用的一些主要指标计算方法见表2-6。

表 2-6 分析和评价施工方案所采用的主要指标计算方法

序号	方 法	内 容
1	单位面积造价	造价指标是建筑产品一次性的综合货币指标，其内容包括人工、材料、机械费用和施工管理费等。为了正确评价施工方案的经济合理性，在计算单位面积造价时应采用实际的施工造价而不能采用预算造价 每平方米建筑造价： $每平方米建筑造价=\frac{建筑总造价}{建筑面积}(元/m^2)$
2	降低成本指标	降低成本指标是综合反映工程项目或分部工程采用不同方案而产生的不同经济效果。其指标可用降低成本额和降低成本率表示： $降低成本额=预算成本-计划成本$ $降低成本率=\frac{降低成本额}{预算成本}\times 100\%$
3	施工机械化程度	在考虑施工方案时，应尽量提高施工的机械化程度，积极扩大机械化施工范围，把机械化程度的高低作为衡量施工方案优劣的指标之一： $施工机械化程度=\frac{机械完成的实物量}{全部实物量}\times 100\%$

续表 2-6

序号	方　法	内　　容
4	单位建筑面积劳动消耗量	$\text{单位面积劳动消耗量}=\dfrac{\text{完成该工程的全部劳动工作日}}{\text{建筑面积}}$（工日/m²）
5	劳动生产率	劳动生产率是指人们在生产过程中的劳动效率，即是劳动者消耗一定劳动时间所创造出一定数量产品的能力 $\text{全部劳动生产率}(\text{元/人})=\dfrac{\text{自行完成工作量}}{\text{全部职工平均人数}+\text{参加本企业生产的本企业人员的平均数}}$
6	主要材料节约指标	材料节约量＝预算用量－计划用量 主要材料是指钢材、木材、水泥等
7	施工工期	选择施工方案时，在确保质量和安全的前提下，应把缩短工期放在首要位置来考虑

第二节　施工计划管理

本节导读：

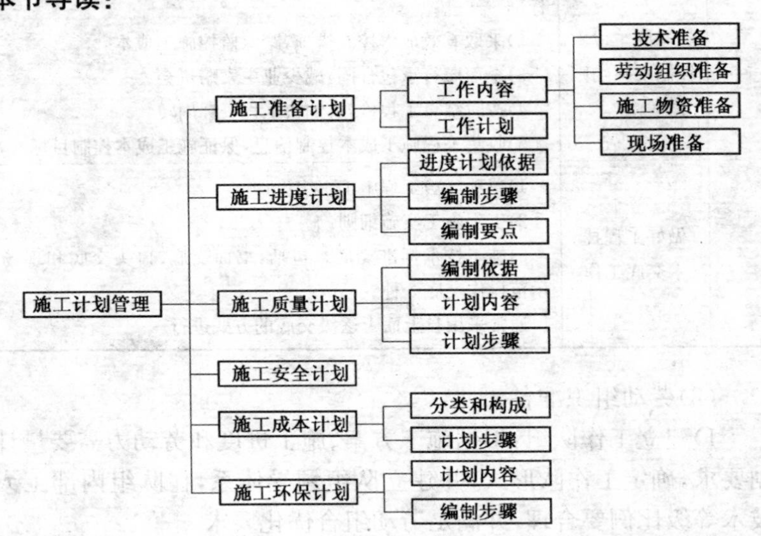

技能要点1:施工准备计划

1. 施工准备工作内容

(1)施工技术准备。施工技术准备见表2-7。

表2-7 施工技术准备

序号	项目	内容
1	编制施工进度控制实施细则	1)分解工程进度控制目标,编制施工作业计划 2)认真落实施工资源供应计划,严格控制工程进度目标 3)协调各施工部门之间关系,做好组织协调工作 4)收集工程进度控制信息,做好工程进度跟踪监控工作 5)采取有效控制措施,保证工程进度控制目标
2	编制施工质量控制实施细则	1)分解施工质量控制目标,建立健全施工质量体系 2)认真确定分项工程质量控制点,落实其质量控制措施 3)跟踪监控施工质量,分析施工质量变化状况 4)采取有效质量控制措施,保证工程质量控制目标
3	编制施工成本控制实施细则	1)分解施工成本控制目标,确定分项工程施工成本控制标准 2)采取有效成本控制措施,跟踪监控施工成本 3)全面履行承包合同,减少业主索赔机会 4)按时结算工程价款,加快工程资金周转 5)收集工程施工成本控制信息,保证施工成本控制目标
4	做好工程技术交底工作	1)单项(位)工程施工组织设计 2)工程施工实施细则 3)施工技术标准交底。包括:书面交底、口头交底和现场示范操作交底3种 通常采用自上而下逐级交底的方式进行

(2)劳动组织准备。

1)建立工作队组:根据施工方案、施工进度和劳动力需要量计划要求,确定工作队形式,并建立队组领导体系,在队组内部工人技术等级比例要合理,并满足劳动组合优化要求。

2)做好劳动力培训工作:根据劳动力需要量计划,组织劳动力进场,组建好工作队组,并安排工人进场后的生活,然后按工作队组编制组织上岗前的培训,培训内容包括规章制度、安全施工、操作技术及精神文明教育 4 个方面。

(3)施工物资准备。施工物资准备内容包括:建筑材料准备、预制加工品准备、施工机具准备、生产工艺设备准备。

(4)现场准备。施工现场准备内容包括:清除现场障碍物,实现"四通一平";现场控制网测量;建造各项施工设施;做好冬季、雨期施工准备;组织施工物资和施工机具进场。

2. 编制施工准备工作计划

为落实各项施工准备工作,加强对施工准备工作的监督和检查,通常,施工准备工作计划采用表格形式作出,见表 2-8。

表 2-8 施工准备工作计划

序号	准备工作名称	准备工作内容	主办单位	协办单位	完成时间	负责人

技能要点 2:施工进度计划

1. 编制施工进度计划依据

(1)单项(位)工程承包合同和全部施工图纸。

(2)建设地区原始资料。

(3)施工总进度计划对本工程的有关要求。

(4)单项(位)工程设计概算和预算资料。

(5)主要施工资源供应条件。

2. 施工进度计划编制步骤

施工进度计划编制步骤见表 2-9。

表 2-9 施工进度计划编制步骤

序号	项 目	内 容
1	施工网络进度计划编制步骤	1)熟悉审查施工图纸,研究原始资料 2)确定施工起点流向,划分施工段和施工层 3)分解施工过程,确定施工顺序和工作名称 4)选择施工方法和施工机械,确定施工方案 5)计算工程量,确定劳动量或机械台班数量 6)计算各项工作持续时间 7)绘制施工网络图 8)计算网络图各项时间参数 9)按照项目进度控制标要求,调整和优化施工网络计划
2	施工横道进度计划编制步骤	1)熟悉、审查施工图纸,研究原始资料 2)确定施工起点流向,划分施工段和施工层 3)分解施工过程,确定工程项目名称和施工顺序 4)选择施工方法和施工机械,确定施工方案 5)计算工程量,确定劳动量或机械台班数量 6)计算工程项目持续时间,确定各项流水参数 7)绘制施工横道图 8)按项目进度控制目标要求,调整和优化施工横道计划

3. 施工进度计划编制要点

(1)确定施工起点流向和划分施工段。确定施工起点流向的方法、划分施工段和施工层方法。

(2)计算工程量。如果工程项目划分与施工图预算一致,可以采用施工图预算的工程量数据,工程量计算要与所采用的施工方法一致,其计算单位要与所采用定额单位一致。

(3)确定分项工程劳动量或机械台班数量。

$$P_i = \frac{Q_i}{S_i} = Q_i H_i \tag{2-1}$$

式中 P_i ——某分项工程劳动量或机械台班数量;

Q_i ——某分项工程的工程量;

S_i ——某分项工程计划产量定额;

H_i ——某分项工程计划时间定额。

(4)确定分项工程持续时间。

$$t_i = \frac{P_i}{R_i N_i} \tag{2-2}$$

式中 t_i ——某分项工程持续时间；

R_i ——某分项工程工人数或机械台数；

N_i ——某分项工程工作班次；其他符号同前。

(5)安排施工进度。同一性质的主导分项工程尽可能连续施工；非同一性质的穿插分项工程，要最大限度搭接起来；计划工期要满足合同工期要求，要满足均衡施工要求；要充分发挥主导机械和辅助机械生产效率。

(6)调整施工进度。如果工期不符合要求，应改变某些分项工程施工方案，调整和优化工期，使其满足进度控制目标要求。

如果资源消耗不均衡，应对进度计划初始方案进行资源调整。如网络计划的资源优化和施工横道计划的资源动态曲线调整。

技能要点 3：施工质量计划

1. 编制施工质量计划的依据

(1)工程承包合同对工程造价、工期和质量有关规定。

(2)施工图纸和有关设计文件。

(3)设计概算和施工图预算文件。

(4)国家现行施工验收规范和有关规定。

(5)劳动力素质、材料和施工机械质量以及现场施工作业环境状况。

2. 施工质量计划内容

施工质量计划内容包括：设计图纸对施工质量要求、施工质量控制目标及其分解、确定施工质量控制点、制订施工质量控制实施细则、建立施工质量体系。

3. 编制施工质量计划步骤

(1)施工质量要求和特点。根据工程建筑结构特点、工程承包合同和工程设计要求，认真分析影响施工质量的各项因素，明确施工质量特点及其质量控制重点。

(2)施工质量控制目标及其分解。根据施工质量要求和特点分析，确定单项(位)工程施工质量控制目标“优良”或“合格”，然后将该目标逐级分解为：分部工程、分项工程和工序质量控制子目标“优良”或“合格”，作为确定施工质量控制点的依据。

(3)确定施工质量控制点。根据单项(位)工程、分部(项)工程施工质量目标要求，对影响施工质量的关键环节、部位和工序设置质量控制点。

(4)制订施工质量控制实施细则。它包括：建筑材料、预制加工品和工艺设备质量检查验收措施；分部工程、分项工程质量控制措施；以及施工质量控制点的跟踪监控办法。

(5)建立工程施工质量体系。

技能要点4：施工安全计划

1. 施工安全计划内容

施工安全计划的内容包括：工程概况、安全控制程序、安全控制目标、安全组织结构、安全资源配置、安全技术措施、安全检查评价和奖励。

2. 施工安全计划编制步骤

施工安全计划编制步骤见表2-10。

表2-10　施工安全计划编制步骤

序号	步　骤	工 作 内 容
1	工程概况	包括：工程性质和作用、建筑结构特征、建造地点特征以及施工特征
2	确定安全控制程序	包括：确定施工安全目标、编制施工安全计划、安全计划实施、安全计划验证以及安全持续改进和兑现合同承诺
3	确定安全控制目标	包括：单项工程、单位工程和分部工程施工安全目标

续表 2-10

序号	步　骤	工 作 内 容
4	确定安全组织机构	包括:安全组织机构形式、安全组织管理层次、安全职责和权限、安全管理人员组成以及建立安全管理规章制度
5	确保安全资源配置	包括:安全资源名称、规格、数量和使用地点和部位,并列入资源需要量计划
6	制订安全技术措施	包括:防火、防毒、防爆、防洪、防尘、防雷击、防坍塌、防物体打击、防溜车、防机械伤害、防高空坠落和防交通事故,以及防寒、防暑、防疫和防环境污染等项措施
7	落实安全检查评价和奖励	包括:确定安全检查时间、安全检查人员组成、安全检查事项和方法、安全检查记录要求和结果评价,编写安全检查报告以及兑现安全施工优胜者的奖励制度

技能要点 5:施工成本计划

1. 施工成本分类和构成

单项(位)工程施工成本也分为:施工预算成本、施工计划成本和施工实际成本 3 种,其中施工预算成本也是由直接费和间接费两部分费用构成。

2. 编制施工成本计划步骤

(1)收集和审查有关编制依据。

(2)做好工程施工成本预测。

(3)编制单项(位)工程施工成本计划。

(4)制订施工成本控制实施细则。

技能要点 6:施工环保计划

1. 施工环保计划内容

施工环保计划的内容包括:施工环保目标、施工环保组织机构、施工环保事项内容和措施。

2. 施工环保计划编制步骤

施工环保计划编制步骤见表 2-11。

表 2-11 施工环保计划编制步骤

序号	步骤	工作内容
1	确定施工环保目标	包括:单项工程、单位工程和分部工程施工环保目标
2	确定环保组织机构	包括:施工环保组织机械形式、环保组织管理层次、环保职责和权限、环保管理人员组成以及建立环保管理规章制度
3	明确施工环保事项内容和措施	包括:现场泥浆、污水和排水,现场爆破危害防止,现场打桩振害防止,现场防尘和防噪声,现场地下旧有管线或文物保护,现场熔化沥青及其防护,现场及周边交通环境保护以及现场卫生防疫和绿化工作

第三节 施工安全管理

本节导读:

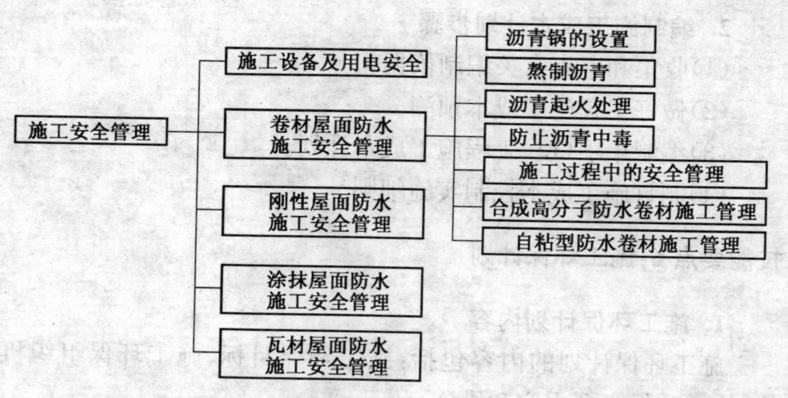

技能要点 1:施工设备及用电安全

(1)防水施工时,如要利用外脚手架时,应对外脚手架全面检查,符合要求后方可使用。如要利用脚手架做垂直攀登时,应直接通至屋面。如使用梯子登高或下坑,梯子应用坚固材料制成,一般应与固定对象牢固连接。若为移动式梯子,应有防滑措施,使用时应有专人监护,并不得提拎重物攀登梯子和脚手架。

(2)卷扬机应由专人操作,操作人员应有上岗证。

(3)井字架应有安全停靠装置、断绳保护装置、上极限位装置、紧急断电装置和信号装置。停靠处应有防护栏杆,吊篮要有安全门,上料口应有防护棚。

(4)使用的机械和电气设备,应经检验合格方准使用。机械及电气设备应有专用的配电箱,箱内应有断路装置、漏电保护装置。机械设备应有安全接地,机械使用完毕应切断电源,锁好配电箱。

(5)工作场所如有电线通过,应切断电源后再进行防水施工。工作照明应使用 36V 安全电压。

技能要点 2:卷材屋面防水施工安全管理

1. 沥青锅的设置

(1)沥青锅设置地点应选择便于操作和运输的平坦场地,并应处于工地的下风向,以防发生火灾和减少沥青油烟对施工环境的污染。

(2)沥青锅距建筑物和易燃物应在 25m 以上,距离电线在 10m 以上,周围严禁堆放易燃物品。

(3)沥青锅不得搭设在煤气管道及电缆管道上方,防止因高温引起煤气管道爆炸和电缆管道受损。如必须搭设应远离 5m 以外。

(4)沥青锅应制作坚固,防止四周漏缝,以免油火接触,发生火灾;并应设置烟囱,以便沥青的烟气能顺利地从烟囱内导出。

(5)沥青锅烧火口处，必须砌筑1m高的防火墙，锅边应高出地面30cm以上。

(6)相邻两个沥青锅的间距不得小于3m，沥青锅的上方宜设置可升降的局部吸烟罩。

2. 熬制沥青

(1)熬制沥青时，投放锅内的沥青数量应不超过全部容积的2/3，熬制沥青的人员应由有经验的工人专人负责，并应严守岗位，防止溢锅发生火灾。

(2)沥青如含水过多，需降低熬制温度，否则极易产生溢锅而发生火灾。加热温度要严格控制，经常测试，不要超过沥青的闪火点。

(3)沥青熬至熔化温度后，即可用笊篱打捞杂质和悬浮物。此时应首先撤除灶内火源，并将沥青降低到规定的温度以下，以免打捞杂质时，使锅底的高温油料迅速上升，与空气接触而引起火灾。

(4)当天熬制的沥青最好当天用完。每天用不完的沥青油料，需用盖子盖严，防止雨水尘土侵入，避免次日熬油时发生溢锅。

(5)调制冷底子油时，应严格控制沥青的配置温度，防止加入溶剂时发生火灾。同时调制地点应远离明火10m以外，操作人员不得吸烟。

(6)用机械涂刷冷底子油时，周围无关人员应尽量避开，以免冷底子油散落在脸或手上。

(7)预热桶装沥青或煤焦油时，应将桶上的盖子打开，盖孔朝上或侧放，让气体由盖孔导出，以免爆炸。如满装的油桶侧放加热时，应将出油口处放低一点，并从出油口处，由前向后慢慢加热；当预热不满的油桶时，应特别注意火力要均匀，出油口要畅通，并要顺风向操作。

(8)用铁锹疏通出油口时，人应站在油桶的侧面，严禁站在桶口的正前方，尤其是人的头部，不应该对着桶口操作。

(9)下班后应留有专人负责看火，如不连续作业时，应待灶内炉火完全熄灭后才能离开；如用鼓风机，应关断电源，开关应加盖上锁。

(10)在锅内熬制沥青麻布时，投放麻布的工人脸部不要对着油锅，以免沥青溅出烫伤。

3. 沥青起火处理

(1)锅灶附近应备有防火设备，如铁锅盖、灭火机、干砂、铁锹、铁板等。

(2)如发现沥青锅内着火，切不可惊慌，此时应立即用铁锅盖盖住锅灶，切断电源，停止鼓风，封闭炉门，熄灭炉火，并迅速有序地离开起火地点，以免爆炸。如沥青外溢到地面起火，可用干砂压住，或用泡沫灭火机灭火。绝对禁止在已着火的沥青上浇水，否则更助长沥青的燃烧。

4. 防止沥青中毒

由于各种沥青中均含有一定的有刺激性的毒性物质(如少量的蒽、萘和酚等)，这些物质容易挥发、结晶，形成粉末在空中飞扬，当接触到皮肤及眼膜，会引起皮肤炎、角膜炎、头昏、流泪、呕吐等中毒现象，在太阳光下操作更易发生上述情况。有些人对沥青敏感性大，则感受更快。在施工中必须遵守以下几点：

(1)对于患眼病、喉病、结核病、皮肤病及对沥青刺激有过敏的人，不要分配从事装卸、搬运、熬制沥青及铺贴油毡等工作。

(2)凡从事沥青操作的工人，不可用手直接接触油料，并应按劳保规定发给工人工作服、手套、口罩、胶鞋、围裙、布帽等。如遇刮风天气，应站在上风方向操作。

(3)熬制沥青的作业场所，应搭设四周通风的防雨凉棚；在沥青锅灶的上口及烟囱出口的根部，尚需加盖铁板或石棉瓦，以免发生火灾。

(4)工人在操作中，如感觉头痛或恶心现象，应立即停止工作，并到通风凉爽的地方休息，或请医生治疗。

(5)工地应设保健站，配备防护药膏(或药水)、急救药品以及治疗烧伤和防暑药品等。对长期从事投放沥青或熬油的工人，可用特制的防毒药膏（药水）涂擦手和脸部。

防止沥青中毒的药膏及药水，其配方见表 2-12。

表 2-12　防止沥青中毒的药膏及药水配方

药品	配　方
药膏	用氧化亚铁、滑石粉、甘油以相等的分量与 3% 的脂肪配成
药水	用等量的白黏土、滑石粉、淀粉、甘油和水一起配成

当施工人员被沥青烫伤时，应立即将粘在皮肤上的沥青用酒精、松节油或煤油擦洗干净，再用高锰酸钾溶液或硼酸水刷洗伤处，并请医务人员及时治疗。

(6)工地上应保证茶水供应，特别在夏季，应备有清凉饮料并采取适当的防暑降温措施。

(7)工地应有洗澡设施。夏季劳动时间要合理安排，并根据天气情况，适当考虑缩短作业时间。

5. 施工过程中的安全管理

(1)所有参加沥青熬制及使用的人员必须穿戴工作服和手套，脚上应加帆布护盖。

(2)运送沥青玛蹄脂时，只能用加盖的桶或专用车，不能用手提；肩挑或抬运时，应将绳索固定在扁担上。

(3)熬制沥青时应站在上风口操作，倒油时，防止溅出伤人。

(4)用桶装运玛蹄脂，每次不能超过桶高的 3/4。

(5)运输道路应设有防滑措施（在冬季应有防冻措施），事先要清除障碍物。道路上如有撒落物、粉末等，应及时清扫。

(6)垂直运输的上料平台，要设有防护栏杆。

(7)在屋面上工作，油桶、油壶要放在能够移动的、按屋面坡度制成的水平木架上，不能放在斜坡或屋脊等不稳的地方。

(8)加热用的工具如炉子、烙铁等，不使用时应集中堆放，以免烫伤。

(9)在屋面或其他基层上涂刷冷底子油时，不准在 30m 以内进行电焊、气焊等工作，操作人员严禁吸烟。

(10)在高空作业时，如较陡坡的屋面应设坚固的栏杆；在坡度较小的屋面上作业，可设临时性的带挡板的栏杆；当在屋面坡度超过 30%的斜面上施工时，必须在坚固的梯子上操作。在接近檐口的地方，不论坡度大小、高度如何，应一律使用安全带。同时严禁在同一平面上进行立体交叉作业。

(11)用滑车运送玛蹄脂时，不能猛拉猛干，要升降均匀和注意拖绳及挂钩牢靠。向上拉油的工人，应戴安全帽，并远离油桶的垂直下方。在屋面上拉油的工人，应使用 1m 长的搭钩，严禁用手拉桶，以防摇晃不定造成安全事故。

(12)屋面铺贴油毡时，推毡和浇油的工人距离不得小于 20cm，避免推油毡过猛或过快而浇在手上烫伤。

(13)热压焊机应设专人操作与保养。

(14)施工时不准穿带钉子鞋进入现场。

(15)热压焊机工作时，严禁用手触摸焊嘴，以免烫伤。

(16)热压焊机停机后，不准在地面上拖拉，不准存放在潮湿地方，要轻拿轻放。

(17)热压焊机用完后，要及时关掉总闸。

除了要遵守沥青防水卷材热法操作工艺有关要求外，还应特别注意的有以下几点：

1)热熔施工容易着火，必须注意安全。施工现场不得有其他明火作业，遇屋面有易燃设备(如玻璃钢冷却塔)时，应采取隔离防护措施，以免引起火灾。

2)火焰喷枪或汽油喷灯应由专人保管和操作，点燃的火焰喷枪(或喷灯口)不准对着人员或堆放卷材处，以免烫伤或着火。

3)喷枪使用前，应先检查液化气钢瓶开关及喷枪开关等各个环节的气密性，确认完好无损后才可点燃喷枪。喷枪点火时，喷枪开关不能旋到最大状态，应在点燃后再缓缓调节。

4)注意喷枪火焰与卷材的距离、加热时间和移动速度,以免卷材过热而变质。

5)在地下室或其他不通风环境下进行热熔施工时,应有通风设施;施工人员应缩短作业时间。

6)热熔施工的卷材防水层,在施工后不要立即上人。

7)向喷灯内加汽油时,避免过多或溢油。

8)竣工后的卷材防水层不要堆积钝器或其他建筑材料。

6. 合成高分子防水卷材施工管理

结合合成高分子防水卷材的特点,应特别注意以下几点:

(1)卷材的配套材料、辅助材料必须选择与卷材性质相同的产品,否则应做铺贴工艺试验。

(2)各种高分子防水卷材、配套材料及辅助材料进入施工现场后,应存放在远离火源和通风干燥的室内。基层处理剂、胶粘剂和着色剂等均属易燃物质,存放这些材料的仓库和施工现场必须严禁烟火,同时要配备消防器材。

(3)防水基层必须做到坚固、平整、干净、干燥,如达不到上述要求,不得进行卷材的铺贴。

(4)受高跨檐口排水冲刷或雨水集中排放的卷材,应增设预制板作抗冲击层。

(5)胶粘剂应在0℃以上的环境温度中密封存放。

7. 自粘型防水卷材施工管理

结合自粘型防水卷材的特点,应特别注意以下几点:

(1)自粘型防水卷材在储存中要注意防潮、防热、防压、防火,并应堆放在温度低于35℃且通风干燥的室内,卷材叠放层数不得超过5层。

(2)自粘型防水卷材施工温度以5℃以上为宜,温度过低不易粘结。雨天、风沙天、负温下均不得施工。气温在15℃以上的晴天铺贴卷材最为有利。

(3)注意卷材存放期限,严防卷材胶粘层失效,粘结力降低。

技能要点3:刚性屋面防水施工安全管理

(1)操作人员应定期进行体检。凡患有高血压、心脏病、癫痫病和精神失常等病症的人员不得进行屋面防水作业。

(2)檐口周围脚手架应高出屋面1m,架子上的脚手板要满铺,四周要用安全网封闭并设置护身栏杆。

(3)展开圆盘钢筋时,两端要卡牢,防止回弹伤人。拉直钢筋时,地锚要牢固,卡头要卡紧,并在2m内严禁行人经过。

(4)搅拌机应安装在坚实平坦的位置,用方木垫起前后轮轴,将轮胎架空。开机前应检查离合器、制动器、钢丝绳等是否完好。电动机应设有开关箱,并应装漏电保护器。

(5)搅拌停机不用或下班后,应拉闸断电,锁好开关箱,将滚筒清洗干净。检修时,应固定好料斗,切断电源,进入滚筒时,外面应有人监护。

(6)使用井架垂直运输时,手推车车把不得伸出笼外,车轮前后要挡牢,并做到稳起稳落。

(7)振动器操作人员应穿胶鞋和戴绝缘手套,湿手不得接触开关,振动设备应设有开关箱,并装有漏电保护器,电源线不得有破损。

(8)不得从屋面上往下乱扔东西。操作用具应搁置稳当,以防下坠伤人。

(9)操作人员必须遵守操作规程,听从指挥,消除隐患,防止事故发生。

技能要点4:涂抹屋面防水施工安全管理

(1)对施工操作人员进行安全技术教育,使施工人员对所使用的防水涂料的性能及所采取的安全技术措施有较全面的了解,并在操作中严格执行劳动保护制度。

(2)热塑涂料加热时,应有专人看管,涂料塑化后入桶,运输和作业过程中必须小心，以防烫伤。

(3)涂刷有害身体的涂料时，须戴防毒口罩、密闭式防护眼镜和橡皮手套，并尽量采用涂刷或涂刮法，少用喷涂，以减少飞沫及气体吸入体内。操作时应尽量站在上风口。

(4)采用喷涂施工时，应严格按照操作程序施工，严格控制空压机风压，喷嘴不准对人。随时注意喷嘴畅通，要警惕塞嘴爆管，造成安全事故。

(5)手或外露的皮肤可事先涂抹保护性糊剂。糊剂的配合成分为：滑石粉 22.1%、淀粉 4.1%、植物油或动物油 9.4%、明胶 1.9%、甘油 1.4%、硼酸 1.9%、水 59.2%。涂抹前，先将手洗干净，然后用糊剂涂抹在外露的皮肤和手上。

(6)改善现场操作环境。有毒性或污染较严重的涂料尽量采用滚涂或刷涂，少用喷涂，以减少涂料飞沫及气体吸入体内。施工时，操作人员应尽量站在上风处。

(7)当皮肤粘上涂料时，可用煤油、肥皂、洗衣粉等洗涤，应避免用有害溶剂洗涤；加强自然通风和局部通风，要求工人饭前洗手、下班淋浴，并应掌握防护知识，加强个人健康卫生防护。

(8)涂料储存库房与建筑物必须保持一定的安全距离，并要有严格的制度，由专人进行管理。涂料储存库房严禁烟火并有明显的警示标志，配备足够的消防器材。

(9)在掺入稀释剂、催干剂时，应禁止烟火，以避免引起燃烧。

(10)喷涂现场的照明灯应加玻璃罩保护，以防漆雾污染灯泡而引起爆炸。

(11)施工完毕，未用完的涂料和稀释剂应及时清理入库。

技能要点 5：瓦材屋面防水施工安全管理

(1)有严重心脏病、高血压、神经衰弱症及贫血症等的人员，不适于高处作业，不能进行屋面工程施工作业，同时还应根据实际情况制定安全措施。施工前应先检查防护栏杆或安全网是否牢固。

(2)上屋面作业前,应检查井架、脚手架等有关安全设施,如栏杆、安全网、通道等是否牢固、完好。检查合格后,才能进行高空作业。

(3)当用屋架做承重结构时,运瓦上屋面堆摆及铺设要两坡同时进行,严禁单坡作业。

(4)在坡度大于25°的屋面施工时,必须使用移动式的板梯挂瓦,板梯应设有牢固的挂钩。

(5)运瓦和挂瓦应在两坡同时进行,以免屋架两边荷载相差过大发生扭曲。

(6)屋面无望板时,应铺设通道,严禁在桁条、瓦条上行走。

(7)屋面上若有霜雪时,要及时清扫,并应有可靠的防滑措施。

(8)上屋面时,不得穿硬底及易滑的鞋,且应随时注意脚下挂瓦条、望砖、椽条等,以防跌倒。

(9)铺平瓦时,操作人员要踩在椽条或檩条上,不要踩在挂瓦条中间。在平瓦屋面上行走,要踩踏在瓦头处,不能在瓦片中间部位踩踏。

(10)铺波瓦时,由于波瓦面积大、檩距大,特别是石棉波瓦薄而脆,施工时必须搭设临时走道板,走道板宜长一些,架设和移动时必须特别注意安全。在波瓦上行走时,应踩踏在钉位或檩条上边,不应在两檩之间的瓦面上行走;严禁在瓦面上跳动、蹬踢及随意敲打等。

(11)铺薄钢板时,薄钢板应顺坡堆放,每垛不得超过三张,并用绳子与檩条临时捆牢,禁止将材料放置在不同定的横椽上,以免滚下或被大风吹落,发生事故。

(12)碎瓦杂物集中往下运,不准随便往下乱掷。

第三章　卷材防水施工

第一节　屋面卷材防水层施工

本节导读：

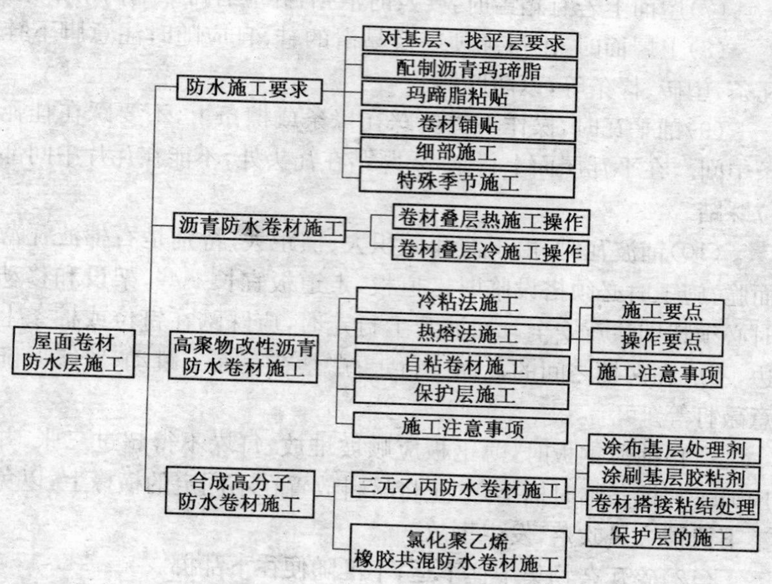

技能要点1：屋面卷材防水层施工要求

1. 对基层、找平层要求

(1)屋面结构层为预制装配式混凝土板时，板缝应用不低于

C20 的细石混凝土嵌填密实，嵌填深度宜低于板面 10～20mm；当板缝宽度大于 40mm 或上窄下宽时，板缝内应设置构造钢筋。

(2)找平层的强度、坡度和平整度对卷材防水层施工质量影响很大，因此必须压实平整，排水坡度必须符合规范规定。找平层平整度用 2m 靠尺检查，表面平整度的允许偏差为 5mm，每米长度内不允许多于 1 处，且要求平缓变化。

采用水泥砂浆找平层时，水泥砂浆抹平收水后应二次压光，充分养护，不得有酥松、起砂、起皮现象，否则，必须进行修补。

(3)屋面基层与女儿墙、立墙、天窗壁、烟囱、变形缝等突出屋面结构的连接处，以及基层的转角处(各水落口、檐口、天沟、檐沟、屋脊等)，均应做成圆弧。圆弧半径参见表 3-1。

表 3-1　转角处圆弧半径

卷材种类	圆弧半径(mm)	卷材种类	圆弧半径(mm)
沥青防水卷材	100～150	合成高分子防水卷材	20
高聚物改性沥青防水卷材	50	—	—

(4)铺设防水层(或隔气层)前，找平层必须干净、干燥。检验干燥程度的方法，可将 $1m^2$ 卷材干铺在找平层上，静置 3～4h 掀开，覆盖部位与卷材上未见水印者为合格。

(5)基层处理剂(或称冷底子油)的选用应与卷材的材性相容。基层处理剂可采用喷涂、刷涂施工，喷、刷应均匀，待第一遍干燥后再进行第二遍喷、刷，待最后一遍干燥后，方可铺贴卷材。

喷、刷基层处理剂前，应先在屋面节点、拐角、周边等处进行喷、刷。

2. 施工顺序及铺贴方向

(1)卷材铺贴应采取“先高后低、先远后近”的施工顺序，即高低跨屋面，先铺高跨后铺低跨；等高大面积屋面，先铺离上料地点较远的部位，后铺较近部位。这样可以避免已铺屋面因材料运输被施工人员踩踏和破坏。

(2)卷材大面积铺贴前,应先做好节点密封处理、附加层和屋面排水较集中部位(屋面与水落口连接处、檐口、天沟、檐沟、屋面转角处、板端缝等)的处理、分格缝的空铺条处理等,然后由屋面最低标高处向上施工。铺贴天沟、檐沟卷材时,宜顺天沟、檐沟方向铺贴,从水落口处向分水线方向铺贴,以减少搭接,如图 3-1 所示。

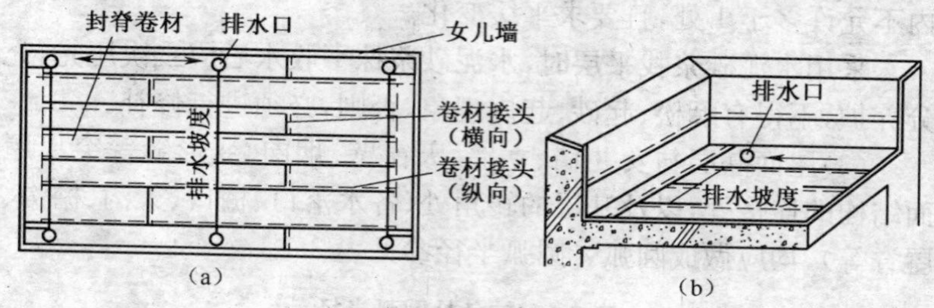

图 3-1　卷材配置示意图

(a)平面图　(b)剖视图

(3)施工段的划分宜设在屋脊、天沟、变形缝等处。卷材铺贴方向应根据屋面坡度和屋面是否受振动来确定。当屋面坡度小于3%时,卷材宜平行于屋脊铺贴;屋面坡度在 3%~15%时,卷材可平行或垂直屋脊铺贴;屋面坡度大于 15%或受振动时,沥青防水卷材应垂直屋脊铺贴;高聚物改性沥青防水卷材和合成高分子防水卷材可平行或垂直屋脊铺贴,但上下层卷材不得相互垂直铺贴。

3. 配制沥青玛瑞脂

(1)玛瑞脂的标号,应根据使用条件、屋面坡度和当地历年极端最高气温,遵照表 3-2 选定,其性能应符合的规定见表 3-3。

(2)现场配制玛瑞脂的配合比及其软化点和耐热度的关系数据,应由试验部门根据所用原料试配后确定。在施工中按确定的配合比严格配料,每工作班均应检查与玛瑞脂耐热度相应的软化点和柔韧性。

(3)热玛瑞脂的加热温度应不高于 240℃,使用温度不宜低于190℃,并应经常检查。熬制好的玛瑞脂宜在本工作班内用完。

当不能用完时应与新熬的材料分批混合使用，必要时还应做性能检验。

表 3-2　沥青玛琋脂选用标号

材料名称	屋面坡度	历年极端最高气温	沥青玛蹄脂标号
沥青玛琋脂	1%～3%	小于 38℃	S－60
		38～41℃	S－65
		41～45℃	S－70
	3%～15%	小于 38℃	S－65
		38～41℃	S－70
		41～45℃	S－75
	15%～25%	小于 38℃	S－75
		38～41℃	S－80
		41～45℃	S－85

注：1. 卷材层上有块体保护层或整体刚性保护层，沥青玛琋脂标号可按上表降低5号。

2. 屋面受其他热源影响（如高温车间等）或屋面坡度超过 25%时，应将沥青玛琋脂的标号适当提高。

表 3-3　沥青玛琋脂的质量要求

<table>
<tr><th>标号
指标名称</th><th>S－60</th><th>S－65</th><th>S－70</th><th>S－75</th><th>S－80</th><th>S－85</th></tr>
<tr><td rowspan="2">耐热度</td><td colspan="6">用 2mm 厚的沥青玛琋脂粘合两张沥青油纸，在不低于下列温度(℃)时，1∶1 坡度上停放 5h 的沥青玛琋脂不应流淌，油纸不应滑动</td></tr>
<tr><td>60</td><td>65</td><td>70</td><td>75</td><td>80</td><td>85</td></tr>
<tr><td rowspan="2">柔韧性</td><td colspan="6">涂在沥青油纸上的 2mm 厚的沥青玛琋脂层，在(18±2)℃时，围绕下列直径(mm)的圆棒，用 2s 的时间以均衡速度弯成半周，沥青玛琋脂不应有裂纹</td></tr>
<tr><td>10</td><td>15</td><td>15</td><td>20</td><td>25</td><td>30</td></tr>
<tr><td>粘结力</td><td colspan="6">用手将两张粘贴在一起的油纸慢慢地一次撕开，油纸和沥青玛琋脂粘贴面的任何一面的撕开部分，应不大于粘贴面积的 1/2</td></tr>
</table>

(4)冷玛琋脂使用时应搅匀，稠度太大时可加少量溶剂稀释搅匀。

4. 玛琋脂粘贴

(1)采用叠层铺贴沥青防水卷材的粘贴层厚度:热玛琋脂宜为1～1.5mm,冷玛琋脂宜为0.5～1mm;面层厚度:热玛琋脂宜为2～3mm,冷玛琋脂宜为1～1.5mm。玛琋脂应涂刮均匀,不得过厚或堆积。

(2)铺贴立面或大坡面卷材时,玛琋脂应满涂,并尽量减少卷材短边搭接。

5. 卷材铺贴

(1)卷材在铺贴前应保持干燥,其表面的撒布料应预先清扫干净,并避免损伤卷材。

(2)在无保温层的装配式屋面上,应沿屋面板的端缝先单边点粘一层卷材,每边的宽度应不小于100mm,或采取其他能增大防水层适应变形的措施,然后再铺贴屋面卷材。

(3)选择不同胎体和性能的卷材复合使用时,高性能的卷材应放在面层。

(4)铺贴卷材时应随刮涂玛琋脂随滚铺卷材,并展平压实。

(5)采用空铺、点粘、条粘第一层卷材或第一层为打孔卷材时,在檐口、屋脊和基面的转角处及突出屋面的交接处,卷材应满涂玛琋脂,其宽度不得小于800mm。当采用热玛琋脂时,应涂刷冷底子油。

6. 细部施工

水落口、天沟、檐沟、檐口及立面卷材收头等施工应符合的规定如下:

(1)水落口应牢固地固定在承重结构上。当采用金属制品时,所有零件均应做防锈处理。

(2)天沟、檐沟铺贴卷材应从沟底开始,当沟底过宽、卷材需纵向搭接时,搭接缝应用密封材料封口。

(3)铺至混凝土檐口或立面的卷材收头应裁齐后压入凹槽,并用压条或带垫片钉子固定,最大钉距应不大于900mm,凹槽内用密封材料嵌填封严。

7. 特殊季节施工

沥青防水卷材严禁在雨天、雪天施工。五级风及以上时不得施工，环境气温低于5℃时不宜施工。

施工中途下雨时，应做好已铺卷材周边的防护工作。

技能要点2：沥青防水卷材施工

1. 卷材叠层热施工操作

卷材叠层热粘贴施工，目前只用于传统的石油沥青油毡叠层施工。油毡叠层热施工是先在找平层上涂刷冷底子油，将熬制的玛琋脂趁热浇洒，并立即逐层铺贴油毡于基层，最后在面层浇洒一层热玛琋脂，并随时撒铺绿豆砂保护层。

(1)施工工艺要点。铺贴油毡的基层必须干净、干燥，含水率小于10%，否则会造成油毡粘贴不牢、卷材起鼓。铺贴油毡前，基层必须涂刷两道冷底子油，并涂刷均匀，不露底，使卷材与基层粘贴牢固。

1)玛琋脂配比要准确，否则会引起耐热度偏高或偏低而导致油毡流淌。另外，熬制玛琋脂的加热温度不应高于200℃，使用温度不宜低于180℃。加热温度过高，会使沥青质碳化变脆；过低，则脱水不净。使用温度过低，浇洒玛蹄脂过厚，也会造成流淌现象。

2)粘贴油毡的热玛琋脂的厚度每层宜为1～1.5mm，面层厚度宜为2～3mm。这关系到加热温度和涂刮工艺，过薄不利于粘贴，过厚则会造成油毡流淌和玛琋脂的浪费。因此，玛琋脂涂刮要均匀，不堆积。

3)天沟、檐沟铺贴油毡，应从沟底开始，纵向铺贴。如沟底过宽，纵向的搭接缝必须用密封材料封口，以保证防水的可靠。

4)油毡端部收头常是油毡防水层破损的一个部位，可将油毡端头裁齐后压入预留的浆将凹槽抹平。这样，可以避免油毡端头翘边、起鼓。

5)在无保温层的装配式屋面上,为避免结构变形而将防水层拉裂,在分格缝上必须采取卷材空铺或加铺附加层空铺。卷材直接空铺,只要在分格缝上涂刷200～300mm宽的隔离剂或铺贴离型纸即可。空铺附加层时,要裁剪宽200～300mm的油毡条,单边点贴于分格缝上,然后铺贴大面积油毡。

6)油毡保护层的传统做法是铺撒绿豆砂。为使绿豆砂与面层粘结牢固,不易被雨水冲刷掉,绿豆砂要干净、干燥,并预热至100℃左右,趁面层热玛𤦆脂浇洒时随铺撒热绿豆砂。

(2)操作工艺顺序。清理基层→涂刷冷底子油→铺贴附加层油毡→铺贴大面油毡→检查验收→蓄水试验→铺撒绿豆砂保护层。

(3)操作要点。

1)清理基层:将基层清扫干净。

2)涂刷冷底子油:一般采用手工涂刷,用棕刷在基层上满刷一道冷底子油。涂刷宜在铺油毡前1～2天进行,使冷底子油干燥而又不沾灰尘。

3)铺贴附加层:油毡在平面与立面的转角处、水落口、管道根部铺贴附加层油毡。

4)铺贴大面积油毡:油毡铺贴方法有满铺、花铺等。满铺法是在油毡下满刷沥青胶结材料,全部进行粘结。花铺法适用于在潮湿的基层上铺贴油毡。当保温层和找平层干燥有困难时,可采用花铺法。花铺法的特点是在铺第一层油毡时,不满涂沥青胶结材料,而是采用条刷、点刷,使第一层油毡与基层之间有若干个互相串通的空隙。

花铺第一层油毡时,在檐口、屋脊和屋面的转角处至少应有800mm宽的油毡满涂沥青胶结材料,将油毡粘牢在基层上。花铺第一层油毡后往上铺第二层或第三层油毡时应采用满铺法。

油毡卷材的长边及短边各种接缝应互相错开,上下两层油毡不许垂直铺贴。采用满铺法时短边油毡搭接宽度为100mm,长边油毡搭接宽度为70mm。采用花铺法时短边搭接宽为150mm,长边搭接宽度为100mm。

垂直于屋脊的油毡,应铺过屋脊至少200mm。

粘贴油毡玛璃脂每层的厚度约1～1.5mm,最厚不超过2mm。采用普通石油沥青胶结材料时,每层厚度不得超过1.5mm。

5)检查验收:油毡防水层铺贴完后,应仔细检查油毡卷材铺贴质量,各层油毡的搭接缝应用沥青胶结材料仔细封严。

6)蓄水试验:屋面蓄水24h无渗漏或淋雨试验不漏水为合格。

7)铺撒绿豆砂保护层:油毡屋面必须铺设保护层。用绿豆砂作保护层,绿豆砂必须清洁、干燥,粒径宜为3～5mm,色浅,耐风化,颗粒均匀。铺设时,应在油毡表面涂刷2～3mm厚的玛璃脂,并将绿豆砂预热,温度宜为100℃,趁热铺撒。绿豆砂必须与玛璃脂粘结牢固,未粘结的绿豆砂应随时清扫干净。

(4)施工注意事项。

1)铺贴油毡不宜在负温施工。

2)沥青锅附近应备有防火设备,如干砂、铁锹、铁锅盖、灭火器等。

3)运送胶结材料应用加盖的桶和专用车,以免烫伤。

4)施工人员要穿戴工作服、手套,脚上应扎帆布护盖。

5)调制冷底子油,加入溶剂时防止发生火灾。

2. 卷材叠层冷施工操作

卷材叠层冷粘贴工艺,目前可用冷玛璃脂(溶剂型)粘贴油毡叠层施工方法。它先将冷玛璃脂涂刷于基层,再铺贴各层油毡,然后在涂刷面层冷玛璃脂后均匀地铺撒粒料保护层。

施工工艺要点是:粘贴油毡的每层冷玛璃脂厚度在0.5～1mm为宜,面层厚度在1～1.5mm为宜。冷玛璃脂含有溶剂,它的浸润性强,找平层上可不涂刷冷底子油。施工时,须待涂刷的冷玛瑋脂中溶剂部分挥发后才能铺贴油毡，否则，会使油毡产生小泡。

技能要点3:高聚物改性沥青防水卷材施工

1. 冷粘法施工

冷粘法铺贴高聚物改性沥青防水卷材，是指用高聚物改性沥青胶粘剂或冷玛瑋脂粘贴于涂有冷底子油的屋面基层上。

高聚物改性沥青防水卷材施工不同于沥青防水卷材多层做法，通常只是单层或双层设防，因此，每幅卷材铺贴必须位置准确，搭接宽度符合要求。其施工应符合的要求如下：

(1)根据防水工程的具体情况，确定卷材的铺贴顺序和铺贴方向，并在基层上弹出基准线，然后沿基准线铺贴卷材。

(2)复杂部位如管根、水落口、烟囱底部等易发生渗漏的部位，可在其中200mm左右范围先均匀涂刷一遍改性沥青胶粘剂，厚度1mm左右；涂胶后随即粘贴一层聚酯纤维无纺布，并在无纺布上再涂刷一遍厚度为1mm左右的改性沥青胶粘剂，使其干燥后形成一层无接缝的整体防水涂膜增强层。

(3)铺贴卷材时，可按卷材的配置方案，边涂刷胶粘剂，边滚铺卷材，并且压辊滚压排除卷材下面的空气，使其粘结牢固。

改性沥青胶粘剂涂刷应均匀，不漏底、不堆积。空铺法、条粘法、点粘法应按规定位置与面积涂刷胶粘剂。

(4)搭接缝部位，最好采用热风焊机或火焰加热器(热熔焊接卷材的专用工具)或汽油喷灯加热，当接缝卷材表面熔融至光亮黑色时，即可进行粘合，如图3-2和图3-3所示，封闭严密。采用冷粘法时，接缝口应用密封材料封严，宽度不应小于10mm。

2. 热熔法施工

热熔法铺贴改性卷材工艺，是指热熔卷材的铺贴方法。热熔卷材是一种在卷材底面涂有一层软化点较高的改性沥青热熔胶的防水卷材。施工时，将热熔胶用火焰喷枪加热作为胶粘剂，将卷材铺贴于基层。

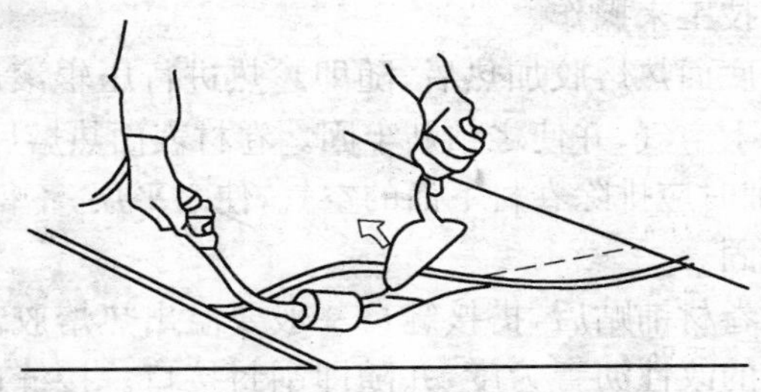

图 3-2　搭接缝熔焊粘结示意图

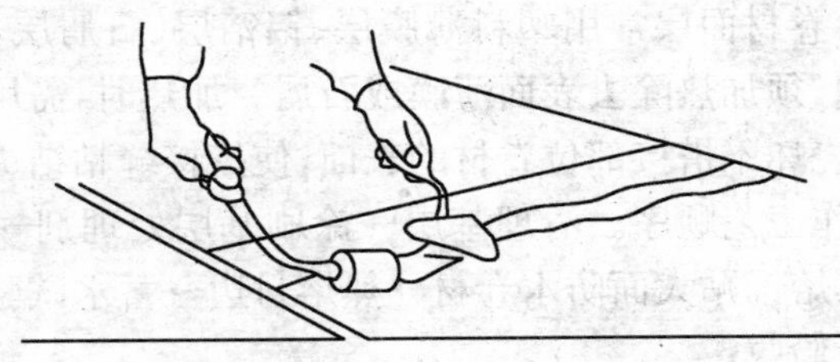

图 3-3　接缝熔焊粘结后再用火焰及抹子在接缝边缘上均匀地加热抹压一遍

热熔法施工的主要工具是加热器，国内主要有石油液化气火焰喷枪、汽油喷灯、柴油火焰枪等。石油液化气火焰喷枪是最常用的，有单头和多头，它由石油液化气瓶、橡胶煤气管、喷枪三部分组成。它的火焰温度高，使用方便，施工速度快。

(1)施工要点。

1)热熔法工艺中卷材底面的热熔胶加热程度是关键，加热不足，热熔胶与基层粘贴不牢。过分加热，会使卷材烧穿，胎体老化，热熔胶焦化变脆，不但会造成粘贴不牢，而且会直接影响防水层质量。火焰加热器(喷枪)的喷嘴距卷材面的距离要适中，幅宽内加热要均匀。具体距离尺寸要视施工气温和火焰大小、强度而定，并适当左右移动使幅宽内加热均匀。一般将喷嘴对准基层和卷材底面，使两者同时加热，加热至卷材底面热熔胶熔融呈光亮黑色，这需要熟练的技工来操作。

2)卷材底面热熔胶加热后，随即趁热进行压辊滚压工序。它能排净卷材下空气，并使之粘贴牢固。卷材表面热熔后，应立即滚铺卷材，滚铺时应排除卷材下面的空气，使之平展，不得皱折，并应辊压粘结牢固。

3)热熔卷材铺贴后，搭接缝口一般要溢出热熔胶。搭接部位以溢出热熔的改性沥青为度，并随即刮封接口。接缝口溢出热熔胶，说明加热适中、均匀，滚压粘牢。但溢出过多，也说明加热和滚压过度。所以接缝口部位以可以观察到有热熔胶溢出为度。

4)热熔卷材面层常用塑料薄膜层、铝箔层、石屑层，故在搭接弹线宽度内，须加热除去表面薄膜或石屑。加热时，需用一块烫板隔离，以免烧坏不搭接部位卷材的表面，使搭接缝粘结更加可靠。

(2)操作工艺顺序。清理基层→涂刷基层处理剂→铺贴卷材附加层→热熔铺贴大面防水卷材→热熔封边→蓄水试验→保护层施工→质量验收。

(3)操作要点。

1)清理基层：将基层浮浆、杂物等清扫干净。

2)涂刷基层处理剂：基层处理剂一般为溶剂型橡胶改性沥青防水涂料或橡胶改性沥青胶粘剂。将基层处理剂均匀涂刷在基层上，要求涂层薄厚均匀。

3)铺贴附加层卷材：基层处理剂干燥后，按设计要求在构造节点部位铺贴附加层卷材。

4)热熔铺贴大面防水卷材：将卷材定位后重新卷好，点燃火焰喷枪(喷灯)烘烤卷材底面与基层的交接处，使卷材底面的沥青熔化，边加热边向前滚动卷材，并用压辊滚压，使卷材与基层粘结牢固。应注意调节火焰的大小和移动速度，以卷材表面刚刚熔化为好(此时沥青的温度在200～230℃之间)。火焰喷枪与卷材的距离约0.5m。若火焰太大或距离太近，会烤透卷材，造成卷材粘接，打不开卷；若火焰太小或距离太远，卷材表层会熔化不够，与基层粘结不牢。热熔卷材施工一般由两人操作，一人加热，一人铺毡。

5）热熔封边：把卷材搭接缝用抹子挑起，用火焰喷枪（喷灯）烘烤卷材搭接处。火焰的方向应与施工人员的方向相反，随即用抹子将接缝处熔化的沥青抹平。

6）蓄水试验：屋面防水层完工后，应做蓄水试验或淋水试验。

7）保护层施工：上人屋面按设计要求铺方砖或水泥砂浆保护层。不上人屋面可在卷材防水层表面边涂橡胶改性沥青胶粘剂边撒石片（最好先过筛，将石片中的粉除去），要撒布均匀，用压辊滚压使其粘接牢固。待保护层干透、粘牢后，可将未粘牢的石片扫掉。

（4）热熔卷材施工注意事项。

1）热熔卷材防水施工在材质允许条件下，可在－10℃的温度下施工，不受季节限制。雨天、五级风天不得施工。

2）基层应干燥，基层个别稍潮处应用火焰喷枪烘烤干燥，然后再进行施工；

3）热熔施工容易着火，必须注意安全，施工现场不得有其他明火作业。若屋面有易燃设备（如玻璃钢冷却塔），施工必须小心谨慎，以免引起火灾。

4）施工中必须遵照国务院颁发的《建筑安装工程安全技术规程》以及其他有关安全防火的专门规定。

5）火焰喷枪或汽油喷灯应设专人保管和操作。点燃的火焰喷枪（喷灯）不准对着人或堆放卷材处，以防造成烫伤或着火。

3. 自粘卷材施工

自粘贴施工是指自粘型卷材的铺贴施工。由于这种卷材在工厂生产时底面涂了一层高性能胶粘剂，并在表面敷有一层隔离纸，使用时将隔离纸剥去，即可直接粘贴。自粘贴施工一般可采用满粘和条粘方法，采用条粘时，可在不粘贴的基层部位，刷一层石灰水或干铺一层卷材。施工时应注意以下几点：

(1)铺贴前，基层表面应均匀涂刷基层处理剂，干燥后应及时铺贴卷材。

(2)铺贴时，应将自粘型卷材表面的隔离纸完全撕净。

(3)铺贴过程中，应排除卷材下面的空气，并滚压粘结牢固。

(4)铺贴的卷材应平整顺直，搭接尺寸准确，不得扭曲、皱折。搭接部位宜用热风焊枪加热，加热后粘贴牢固，随即将溢出的自粘胶刮平封口。

(5)接缝口应用密封材料封严，宽度不应小于 10mm。

(6)铺贴立面和大坡面卷材时，应加热后粘贴牢固。

4. 保护层施工

(1)卷材铺贴完成并经检验合格后，方可进行保护层施工。

(2)保护层可采用浅色涂料，亦可采用刚性材料。保护层施工前应将卷材表面清扫干净。涂料层应与卷材粘结牢固，厚薄均匀，不得漏涂。

如卷材本身采用绿页岩片覆面时，这种卷材防水层不必另做保护层。

5. 高聚物改性沥青防水卷材施工注意事项

高聚物改性沥青防水卷材施工注意事项与关沥青防水卷材施工基本相同，所不同的是采用热熔法可在不低于－10℃条件下进行卷材的施工作业。

技能要点 4：合成高分子防水卷材施工

1. 三元乙丙防水卷材施工

(1)涂布基层处理剂。一般是将聚氨酯防水涂料的甲料、乙料和稀释剂按重量 1∶2∶3 的比例配合，搅拌均匀，再用长把辊刷蘸取这种混合料，均匀涂刷在干净、干燥的基层表面上，涂刷时不得漏刷，也不应有堆积现象，待基层处理剂固化干燥(一般 4h 以上)后才能铺贴卷材；也可以采用喷浆机压力喷涂含固量为 40%、pH

值为 4、黏度为 10cP(10×10^{-3}Ps·s)的氯丁橡胶乳液处理基层，喷涂时要求厚薄均匀一致，并干燥 12h 时以上，方可铺贴卷材。

(2)涂刷基层胶粘剂。先将与卷材相容的专用配套胶粘剂(如氯丁胶粘剂)搅拌均匀，方可进行涂布施工。

基层胶粘剂可涂刷在基层或涂刷在基层和卷材底面。涂刷应均匀，不露底，不堆积。采用空铺法、条粘法及点粘法时，应按规定的位置和面积涂刷。

1)在卷材表面涂刷胶粘剂。将卷材展开摊铺在平坦干净的基层上，用长把辊刷蘸取专用胶粘剂，均匀涂刷在卷材表面上，涂刷时不得漏涂，也不得堆积，且不能往返多次涂刷。除铺贴女儿墙、阴角部位的第一张起始卷材须满涂外，其余卷材搭接部位的长边和短边各 80mm 处不涂刷基层胶粘剂，如图 3-4 所示，涂胶后静置 20～40min，待胶膜基本干燥，指触不粘时，即可进行铺贴施工。

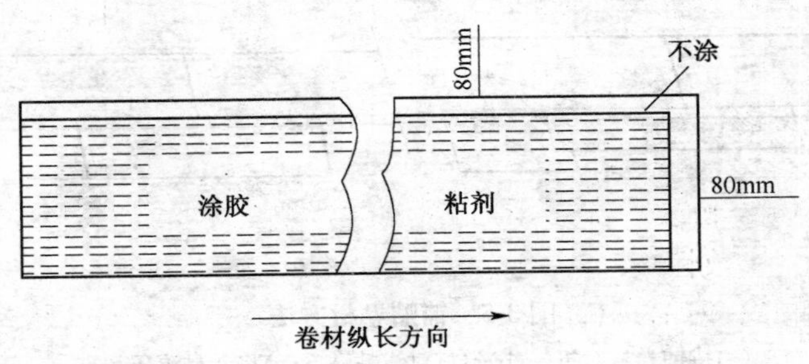

图 3-4 卷材涂胶部位

2)在基层表面涂刷胶粘剂。在卷材表面涂刷胶粘剂的同时，用长把辊刷蘸取胶粘剂，均匀涂刷在基层处理剂已干燥和干净的基层表面上，涂胶后静置 20～40min，待用手指接触基本不粘时，即可进行卷材铺贴施工。

3)铺贴卷材。铺贴卷材时，可根据卷材的配置方案，先用彩粉弹出基准线。第一种方法是将卷材沿长边方向对折成二分之一幅宽卷材，涂胶面相背，如图 3-5a 所示，然后将待铺卷材卷首对准已铺卷材短边搭接基准线，待铺卷材长边对准已铺卷材长边搭接基准线，如图3-5b所示；贴压完毕后，将另一半展铺并用压辊将卷材滚压粘牢，如图3-5c所示。

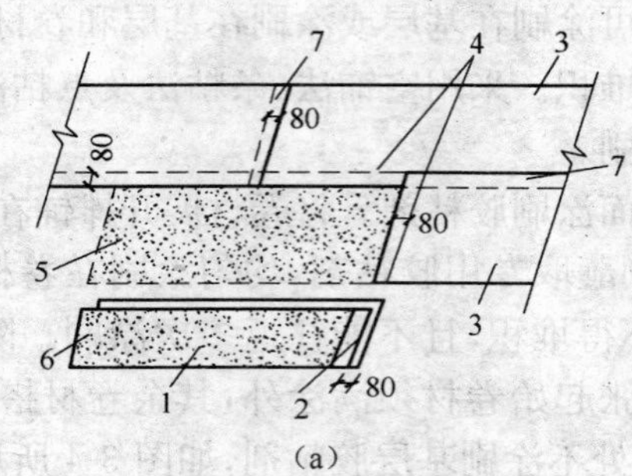

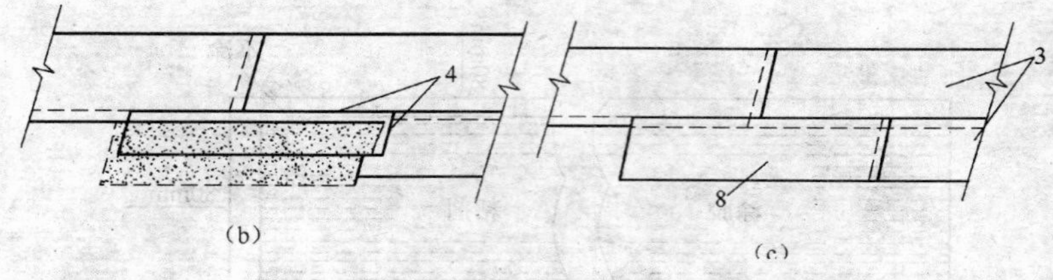

图3-5　铺贴卷材方法

(a)待铺卷材对折　(b)卷材对线粘贴　(c)将卷材滚压粘牢

1. 待铺卷材涂胶　2. 待铺卷材卷首　3. 已铺卷材　4. 长、短边搭接基准线　5. 平层涂胶　6. 铺卷材卷尾　7. 铺卷材长、短边搭接边　8. 压粘牢后的卷材

平面与立面相连接的卷材，应先铺贴平面然后由下向上铺贴，并使卷材紧贴阴角，不应有空鼓的现象存在。施工时要防止卷材在阴角处进行接缝处理，接缝部位必须距离阴角中心200mm以上，并使阴角处设有增强处理的附加层。

每铺完一卷卷材后，应立即用干净松软的长把辊刷从卷材一端开始朝横方向顺序用力滚压一遍，如图3-6所示，以彻底排除卷材与基层之间的空气,使其粘结牢固。

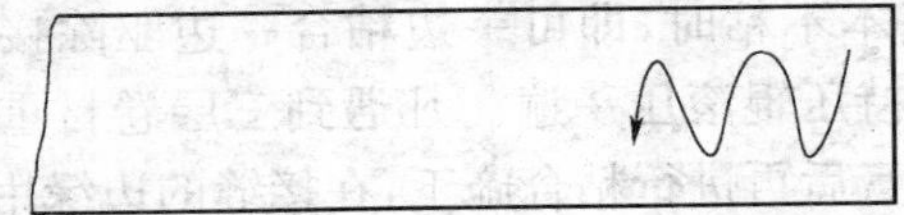

图 3-6 排除空气的滚压方向

(3)卷材搭接粘结处理。由于已粘贴的卷材长、短边均留出80mm空白的卷材搭接边,因此还要用卷材搭接胶粘剂对搭接边做粘结处理。而涂布于卷材的搭接胶粘剂(如丁基橡胶卷材搭接胶粘剂,其粘结剥离强度不应小于15N/10mm,浸水168h后粘结剥离强度保持率不应小于80%)不具有可立即粘结凝固的性能,需静置20~40min待其基本干燥,用手指试压无粘感时方可进行贴压粘结。这样,必须先将搭接卷材的覆盖边做临时固定,即在搭接接头部位每隔1m左右涂刷少许基层胶粘剂,待指触基本不粘时,再将接头部位的卷材翻开临时粘结固定,如图3-7所示。将卷材接缝用的双组分或单组分专用胶粘剂(如为双组分胶粘剂应按规定比例配合搅拌均匀)用油漆刷均匀涂刷在翻开的卷材接头的

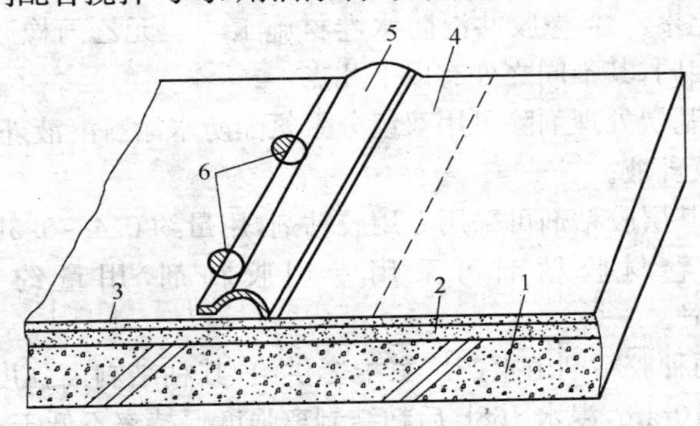

图 3-7 搭接缝部位卷材的临时粘结固定

1. 混凝土垫层 2. 水泥砂浆找平层 3. 卷材防水层
4. 卷材搭接缝部位 5、6. 头部位翻开的卷材

两个粘结面上，涂胶量一般以 0.5kg/m² 左右为宜。涂胶 20～40min，指触基本不粘时，即可一边粘合一边驱除接缝中的空气，粘合后再用手持压辊滚压一遍。凡遇到三层卷材重叠的接头处，必须嵌填密封膏后再进行粘合施工，在接缝的边缘用密封材料（如单组分氯磺化聚乙烯密封膏或双组分聚氨酯密封膏，用量 0.05～0.1kg/m²）封严，如图 3-8 所示。

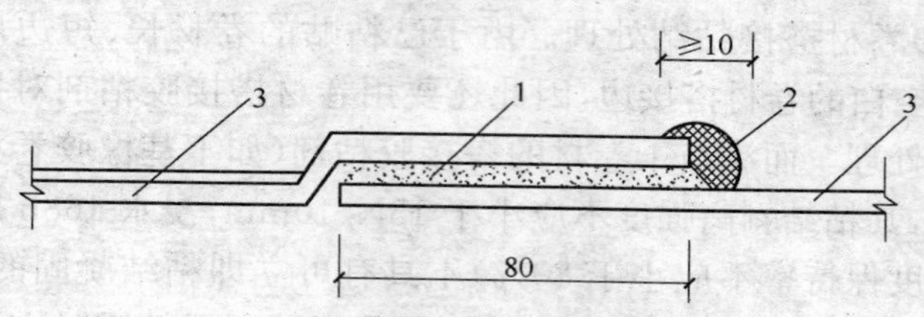

图 3-8　搭接缝密封处理示意图

1. 卷材胶粘剂　2. 密封材料　3. 防水卷材

（4）保护层的施工。保护层的施工用 30mm 厚水泥砂浆或 40mm 厚混凝土覆盖。

2. 氯化聚乙烯-橡胶共混防水卷材施工

氯化聚乙烯-橡胶共混防水卷材施工与三元乙丙橡胶防水卷材基本相同，其不同之处有以下几点：

（1）基层处理剂除可用双组分聚氨酯防水涂料溶液外，亦可采用氯丁胶乳液。

（2）基层胶粘剂可采用专用胶粘剂，用量约 0.4～0.5kg/m²。

（3）卷材胶粘剂可采用专用胶粘剂，用量约 0.15～0.2kg/m²。

后两种胶粘剂由生产厂家配套供给，其粘结剥离强度不应小于 15N/10mm，浸水 168h 后粘结剥离强度保持率不低于 70%。

（4）由于基层胶粘剂的干燥时间比卷材胶粘剂的干燥时间略慢一些，因此将该两种胶粘剂的涂刷时间错开，利用时间差就能使两者达到的干燥时间一致。这样即可将分步铺贴的方法改为一步完成，具体方法如下：

1)将待铺贴卷材在铺贴位置折成二分之一幅宽。

2)在卷材表面及相对应的基层表面涂布基层胶粘剂，涂布时搭接边留出 250mm 宽空白边。

3)待基层胶粘剂涂布完毕，即可涂刷卷材胶粘剂于 250mm 宽的空白边上如图 3-9a 所示。

4)待两种胶粘剂静置干燥基本不粘手后，即可铺贴，并排除空气滚压服贴。

5)翻折另外二分之一幅宽，按上述步骤分别涂布基层胶粘剂和卷材胶粘剂如图 3-9b 所示，待基本干燥后铺贴。

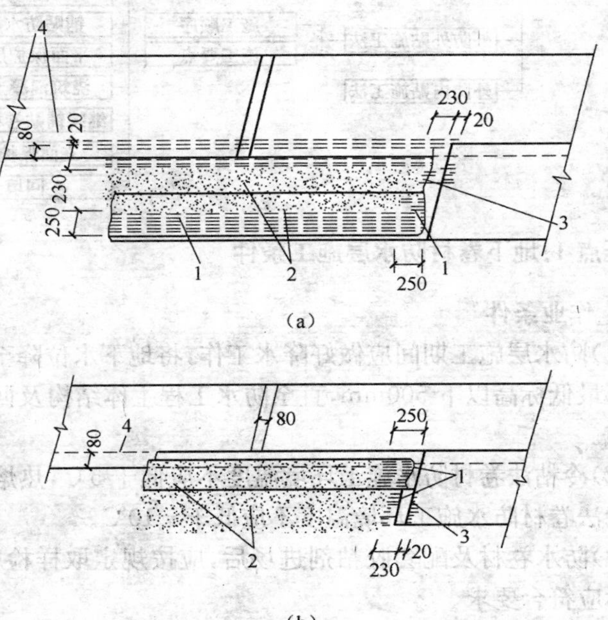

图 3-9　卷材粘贴胶粘剂涂布示意图

(a)前半幅涂布　(b)后半幅涂布

1. 卷材胶粘剂　2. 基层胶粘剂　3. 短边基准线　4. 长边基准线

第二节　地下卷材防水层施工

本节导读：

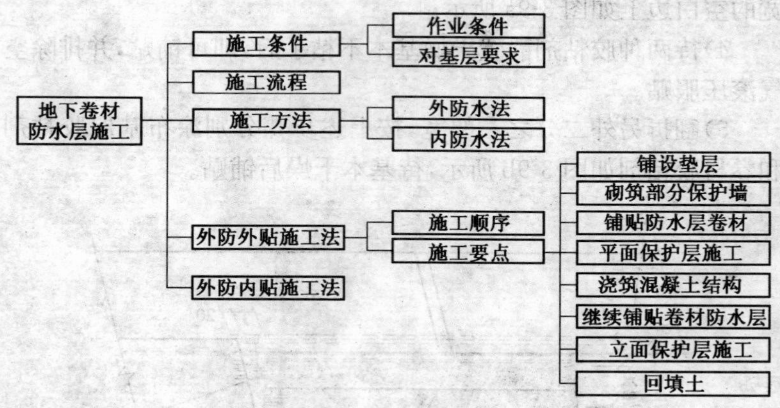

技能要点 1：地下卷材防水层施工条件

1. 作业条件

(1)防水层施工期间应做好降水工作，将地下水位降至防水工程底部最低标高以下 500mm，直至防水工程主体结构及回填土全部完成。

(2)冷粘法卷材防水施工环境温度不应低于 5℃，热熔法及热风焊接法卷材防水施工环境温度不应低于－10℃。

(3)防水卷材及配套胶粘剂进场后，应按规定取样检验，其性能指标应符合要求。

(4)地下穿墙管道应预留孔洞。

2. 对基层要求

地下卷材防水层施工对基层的要求见表 3-4。

如果基层有局部渗漏，可用速凝堵漏剂堵住渗漏部位。如果有局部慢渗水，使防水施工无法进行，可用有机的化学浆材与无机的防水材料，配制成复合胶泥敷贴在慢渗部位上，可以收到“内病外治”的功效。

表 3-4　地下卷材防水层施工对基层的要求

项　目	内　容
坚固	防水基层如为水泥砂浆找平层时，砂浆配合比应不低于 1∶3；水泥强度等级不低于 32.5；水泥砂浆的稠度应控制在 7～8mm。控制水泥砂浆的配合比是提高基层坚固性、防止起砂的关键 如果基层不做找平层，卷材防水层可直接铺贴在混凝土表面，但应检查混凝土表面是否有蜂窝、麻面、孔洞。如有类似情况，应用掺 108 胶的水泥砂浆或胶乳水泥浆修补
平整	不得有突出的夹角和凹坑。用 2m 直尺检查，直尺与基层间的空隙不应超过 5mm，空隙只允许平缓变化，每米长度内不得超过 1 处
干燥	含水率不大于 9%。作为地下防水工程，要使基层干燥是比较困难的

技能要点 2：地下卷材防水层施工流程

地下卷材防水层施工工艺流程，如图 3-10 所示。

技能要点 3：地下卷材防水层施工方法

地下卷材防水层的防水方法，根据水浸入的方向来区分，有外防水法与内防水法两种。

1. 外防水法

外防水法是将卷材防水层粘贴在地下结构的迎水面，形成一个卷材防水层与防水结构层共同工作的地下结构物，以抵抗地下水向结构物内部渗漏和侵蚀。这种防水层位于地下结构的外表面，故称为“外防水法”，它是地下工程中最常用的防水方法，如图 3-11 所示。

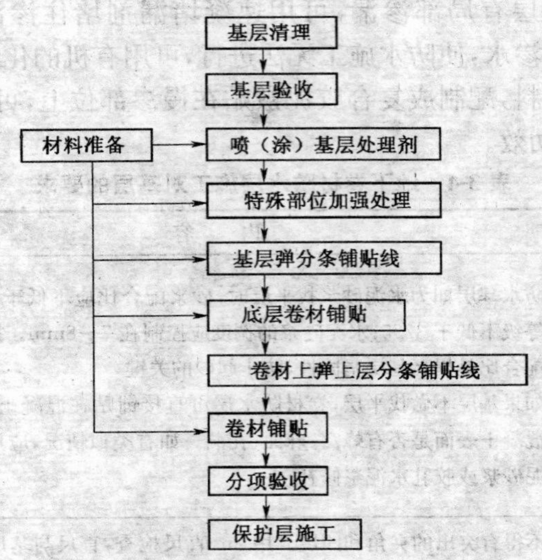

图 3-10　卷材防水层施工工艺流程

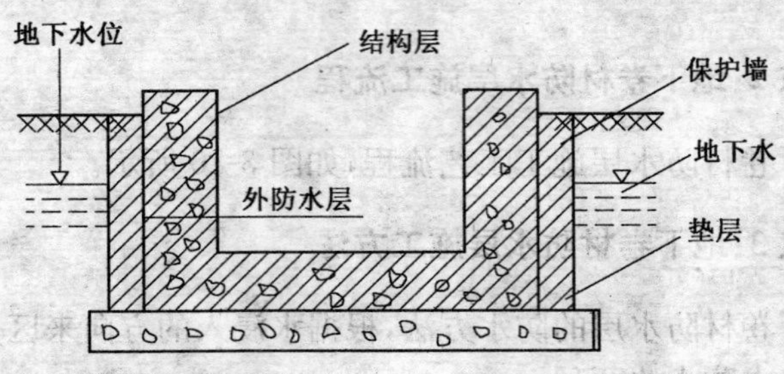

图 3-11　外防水结构

2. 内防水法

内防水法是将卷材防水层粘贴在地下结构的背水面，即结构的内表面，这种防水层不能直接阻隔地下水对结构内部的侵蚀和抵抗水的侧压力。因为卷材防水层承受荷载的能力很小，需要与结构层共同承受荷载，因此必须在卷材防水层的内表面加做刚性内衬层，以压紧卷材防水层，增强抵抗水压的能力，如图 3-12 所示。这种防水层位于结构内表面，故称为“内防水法”，目前在一般建筑工程中较少采用。

技能要点 4：外防外贴法施工

1. 施工顺序

铺设垫层→砌筑部分保护墙→铺贴防水层卷材→平面保护层施工→浇筑混凝土结构→继续铺贴防水层→立面保护层→施工→回填土。

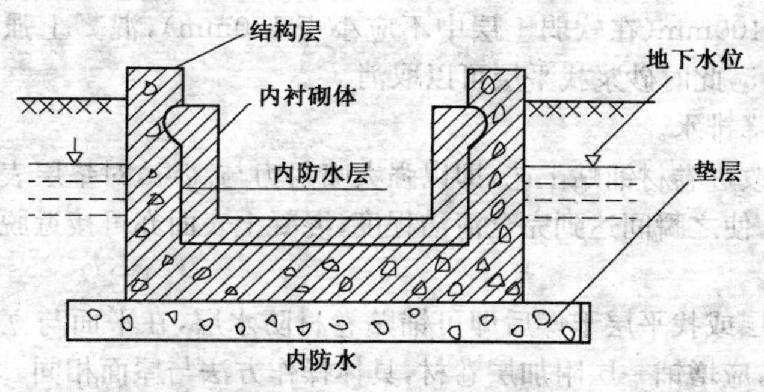

图 3-12 内防水结构

2. 施工要点

(1)铺设垫层。按设计要求浇筑混凝土垫层，然后在垫层上抹 1∶3 水泥砂浆找平层。找平层要求抹平、压光，平整度达到规范要求。如有条件时，尽量使混凝土垫层表面平整、压光，此时可取消砂浆找平层，更有利于防水层铺贴的质量。

(2)砌筑部分保护墙。在需做垂直防水层的结构外侧四周，自垫层面至底板面砌筑永久性保护墙，其高度不小于 $B+(200\sim500\text{mm})$(B 为底板厚度)。而上部砌临时性保护墙，高度按卷材搭接长度而定，一般为 $150(n+1)\text{mm}$(n 为卷材层数)。临时保护墙要用石灰砂浆砌筑，以便拆除。在永久性保护墙内侧抹 20mm 厚 1∶3 水泥砂浆找平层，而临时性保护墙内侧则抹 20mm 厚

1∶3石灰浆找平层，在与平面交接处应抹成圆弧或钝角。

(3)铺贴防水层卷材。地下工程水源较多，形成条件复杂，不像屋面工程只有大气降水或降雪，并且地下工程如发生渗漏，检查与修补比较困难，工程造价较高，因此地下卷材防水工程的铺贴，在有条件时宜采用满粘法，即卷材与基层采用全部粘结(100%)的施工工艺。但地下工程的基层干燥又十分困难，如何保证地下卷材防水工程铺贴质量，这是施工难点与关键。

保证地下工程卷材防水的质量可从以下几方面着手：

1)提高垫层设计标准，即铺贴卷材防水的基层(垫层)厚度不宜小于100mm(在软弱土层中不应小于150mm)，混凝土强度不小于C15，此时砂浆找平层可以取消。

2)降排水。

3)改进卷材铺贴工艺，即以强大喷射力与高温，对垫层表面进行烘烤，使之瞬间达到完全清洁程度，混凝土表面亦可接近脱水干燥状态。

垫层或找平层干燥后即可铺贴卷材防水层，在平面与立面的转角处，应增铺一层附加层卷材，具体操作方法与屋面相同。

四周甩槎的卷材贴于保护墙上，临时保护墙表面不刷基层处理剂，上部临时收头的卷材，应用强度等级低的砂浆砌砖压住，以免坠落。

(4)平面保护层施工。底板垫层上的卷材及立面保护墙的卷材铺贴后，可在底平面铺筑30～50mm厚C20细石混凝土保护层。而在立面防水层表面应抹1∶3水泥砂浆保护层。

(5)浇筑混凝土结构。利用临时保护墙做外侧模板，浇筑结构底板及墙体混凝土。

(6)继续铺贴卷材防水层。混凝土结构施工、验收后，可拆除临时保护墙，抹水泥砂浆找平层。清理出甩槎接头的卷材，如有破损处应进行修补，再依次分层铺贴结构外表面的防水卷材。

卷材接茬的搭接长度：高聚物改性沥青卷材为150mm，合成高分子卷材为 100mm。当使用两层卷材时，卷材应错茬接缝，上层卷材应盖过下层卷材。卷材的甩茬、接茬做法如图 3-13、图3-14所示。

如果地下工程采用自粘法铺贴卷材，在立面与平面相交处，由于卷材仅有一个粘结面，因此在与其他卷材搭接处，应先在被搭接的卷材表面，预先涂刷一层胶粘剂（与冷粘法工艺相同），待指触干燥后，即可与相邻卷材的粘结面（撕去剥离纸）搭接牢固，同时在所有接缝口用密封材料封死，如图 3-15 所示。

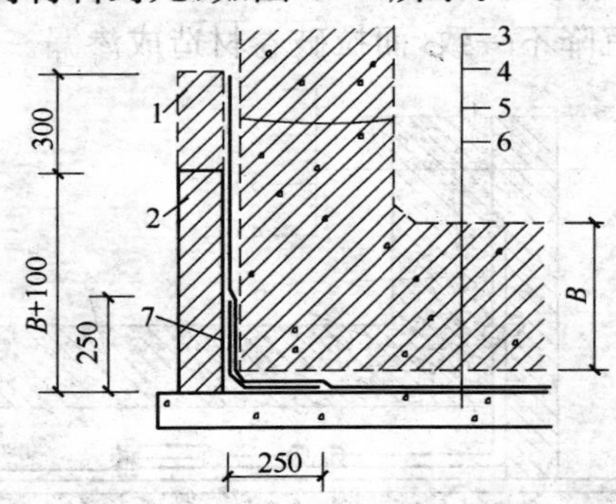

图 3-13　卷材防水层甩茬做法

1. 临时保护墙　2. 永久保护墙　3. 细石混凝土保护层　4. 卷材防水层　5. 水泥砂浆找平层　6. 混凝土垫层　7. 卷材加强层

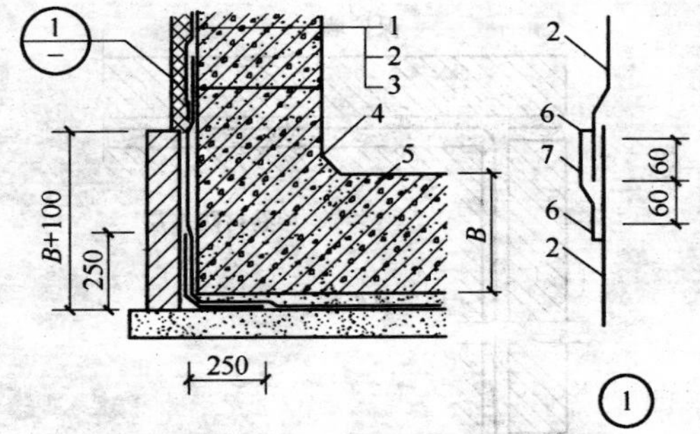

图 3-14　卷材防水层接茬做法

1. 结构墙体　2. 卷材防水层　3. 卷材保护层　4. 卷材加强层　5. 结构底板　6. 密封材料　7. 盖缝条

(7)立面保护层施工。卷材防水层铺贴后,经验收合格后即可施工保护层。立面保护层可采取永久性保护墙,也可铺贴高压聚乙烯泡沫板或再生聚苯板、沥青板等柔性保护层。

采用砖砌保护层时,保护墙每隔 5～6m 及转角处应留缝隙,缝宽不小于 20mm,缝内用卷材条或沥青麻丝以及其他柔性密封材料填塞,如图 3-16 所示。另外保护墙与防水层之间宜留 50mm 空隙,以便填塞松散材料或石灰砂浆。随砌砖随填塞,防止保护墙与主体结构因沉降不一致,而拉破卷材造成渗漏。

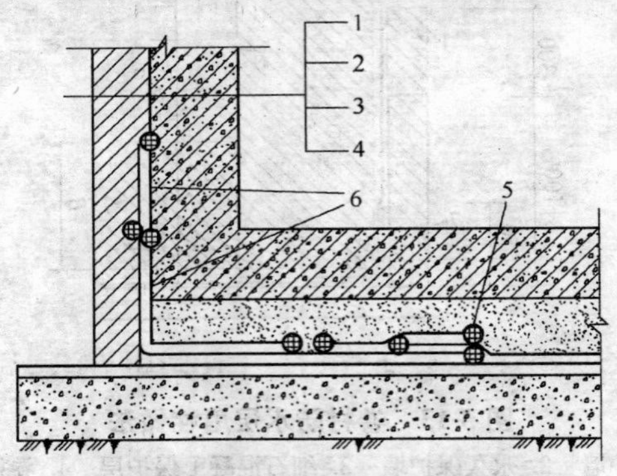

图 3-15　自粘型卷材地下室的铺贴

1. 保护层　2. 自粘型卷材　3. 基层处理剂　4. 结构层　5. 密封材料　6. 采用胶粘剂粘贴

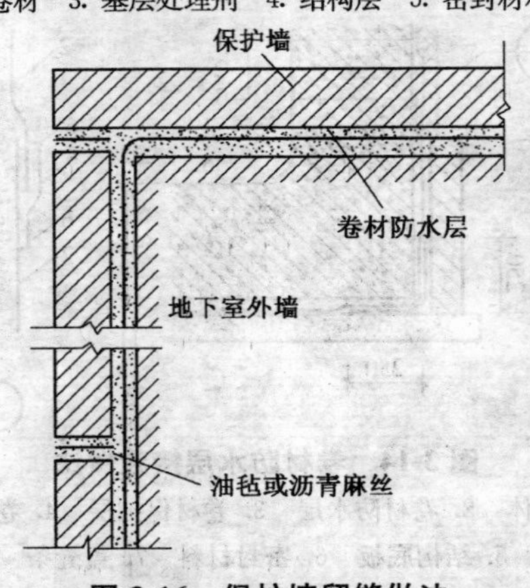

图 3-16　保护墙留缝做法

采用再生聚苯板做保护层时，可用 30mm 或 50mm 厚的板，直接粘贴在防水卷材的表面，也可使用正品的聚苯乙烯泡沫板。使用这两种板均可采用聚氨酯防水涂料作为胶粘剂，也可采用 903 多用建筑胶或醋酸乙烯乳液水泥浆等。

柔性保护层还可采用高压聚乙烯泡沫板材（厚度 10mm），需用醋酸乙烯乳液水泥砂浆或 903 多用建筑胶粘结。

(8)回填土。立面保护层施工完毕，即可进行回填土。回填土时必须认真施工。及时回填土可以避免防水结构或防水层被水浸泡，而且要把回填土视为地下工程的第一道防水线，认真按设计要求分层夯实。同时要求土中不得含有石块、碎砖、灰渣以及其他有机杂物。另外，一般在距立面保护层外侧 500mm 范围内，应用黏土或 2∶8 灰土回填分层夯实。

立面卷材防水施工、粘贴保护层以及回填土施工，均可采用流水作业，以减少支搭脚手架的费用，同时也有利于保证工程质量。当防水层做到 1.8～2.0m 高时，经检查验收合格即可粘贴保护层，然后回填土。在上升至这一标高后，再支搭脚手架，随后依次进行防水层、保护层、回填土施工，如此分层流水作业，直到自然地面。

技能要点 5：外防内贴法施工

1. 施工顺序

铺设垫层→砌筑永久保护墙→抹水泥砂浆找平层→铺贴防水卷材→保护层施工→浇筑混凝土结构→回填土。

2. 施工要点

外防内贴法施工要点见表 3-5。

表 3-5　外防内贴法施工要点

序号	项　目	内　容
1	铺设垫层	按照设计要求铺设底板垫层
2	砌筑永久保护层	在混凝土底板垫层做好后，先在四周砌筑铺贴卷材防水层用的永久保护墙。一般为 240mm 厚砖墙，也可按设计要求的厚度

续表 3-5

序号	项　目	内　容
3	抹水泥砂浆找平层	在垫层及保护墙表面抹 20mm 厚水泥砂浆找平层。在平面与立面的交接处应抹成圆弧形或钝角
4	铺贴防水卷材	先做转角，后做大面。转角处应先铺贴一层附加卷材，大面卷材应按规范要求施工
5	保护层施工	平面可浇筑 30～50mm 厚细石混凝土，立面抹一层 20mm 厚 1∶3 水泥砂浆 做立面保护层时，可先在卷材防水层表面涂刷一道底胶（聚氨酯涂料或 107 胶水泥浆），随涂胶随撒粗砂。待干燥后，可在粗糙的防水层表面抹水泥砂浆保护层；也可粘贴 5～10mm 厚高压聚乙烯柔性板材做立面保护层
6	浇筑混凝土结构	按设计要求浇筑混凝土底板及墙体
7	回填土	按设计要求进行回填土施工

第三节　细部构造防水施工

本节导读：

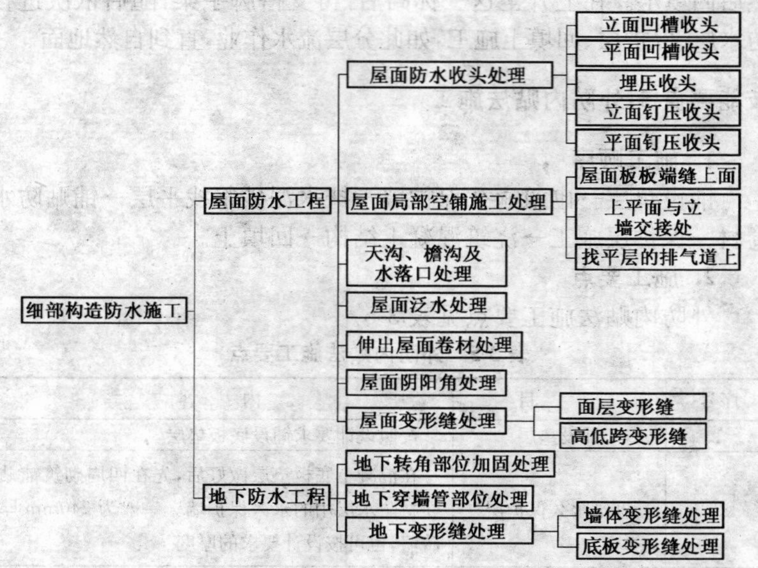

技能要点 1:屋面防水收头处理

卷材收头是卷材防水层的关键部位,处理不好极易张口、翘边、脱落。因此对卷材的收头必须做到“固定、密封”的要求。常见的卷材收头做法如下:

(1)立面凹槽收头。一般在砖砌体墙上预留 60mm×60mm 的凹槽,槽内用水泥砂浆抹成平整的斜坡,将卷材粘贴到斜坡上,用压条和水泥钉钉入凹槽内固定,再用密封材料封口,水泥砂浆抹平,如图 3-17 所示。

(2)平面凹槽收头。一般多用于无组织排水屋面,在抹找平层时,离开檐口 100mm 抹出 40mm×20mm 的梯形凹槽,将卷材收头压入凹槽,再用压条和水泥钉钉压,上面用密封材料封严,如图 3-18 所示。

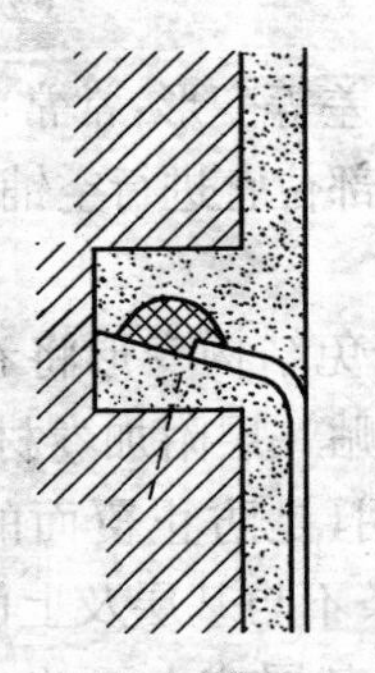

图 3-17 立面凹槽收头

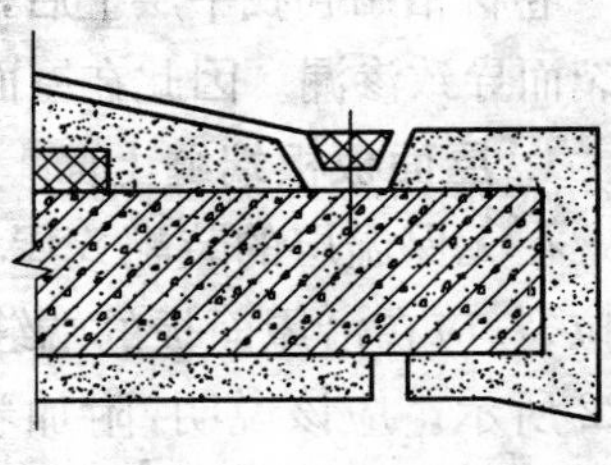

图 3-18 平面凹槽收头

(3)埋压收头。当女儿墙较低时,可将卷材直接铺贴到女儿墙顶部约 1/3 砖墙厚度,上面再用钢筋混凝土压顶埋压,如图 3-19 所示。

(4)立面钉压收头。在混凝土女儿墙上不易留凹槽时,可将卷材粘贴在立墙上后,用压条和水泥钉钉压,卷材上口用密封材料封严,上面再用金属或合成高分子盖板保护,如图 3-20 所示。

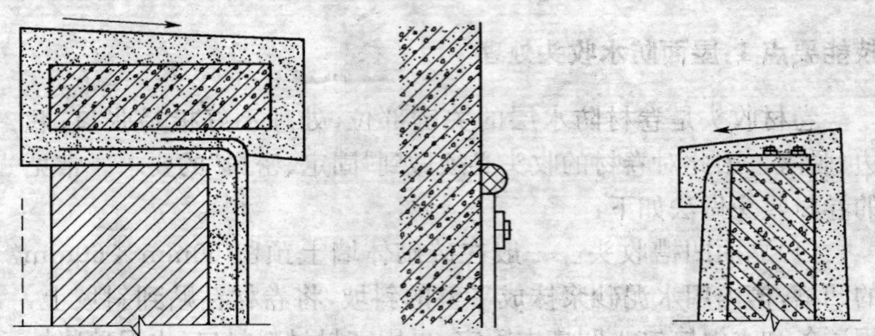

图 3-19　埋压收头　　图 3-20　立面钉压收头　　图 3-21　平面钉压收头

(5)平面钉压收头。对于天沟、檐沟处的防水卷材收头，可将卷材用水泥钉钉压在混凝土沟帮上面，再用密封材料封口，上面用水泥砂浆保护，如图 3-21 所示。

技能要点 2：屋面局部空铺施工处理

卷材粘贴到找平层上后，由于结构、温差等变形，常常将防水层拉裂而导致渗漏。因此在屋面的一些主要部位宜进行空铺处理。

1. 屋面板板端缝上面

在无保温层的装配式屋面上，为了避免结构变形将卷材防水层拉裂，应在沿屋面板的端缝上先单边点贴一层附加卷材条，如图 3-22 所示。应该说明，附加卷材条的作用，是防止覆面的卷材在端缝(或接缝)处断裂。只有干铺的卷材条不与基层及上面的卷材连接在一起才能有效。否则，它只不过将基层或上面的一层卷材局部增厚而已，同样会因基层变形或开裂使设计卷材层一起发生裂缝，如图 3-23 所示。

2. 屋面上平面与立墙交接处

屋面常因温差变形及体积膨胀，导致转角部位防水层剪坏，故在此处应空铺卷材，以适应变形的需要，如图 3-24 所示。

3. 找平层的排汽道上

当做排气屋面时，在找平层的排气道上宜空铺 200～300mm

的卷材条，如图 3-25 所示。

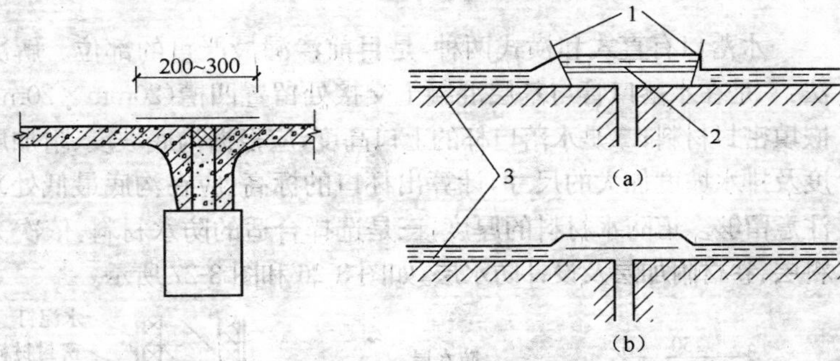

图 3-22 屋面板板端缝空铺卷材条

图 3-23 干铺卷材条的方法

(a)不正确 (b)正确

1. 卷材破裂位置 2. 铺卷材条与上部卷材错误粘牢 3. 粘层

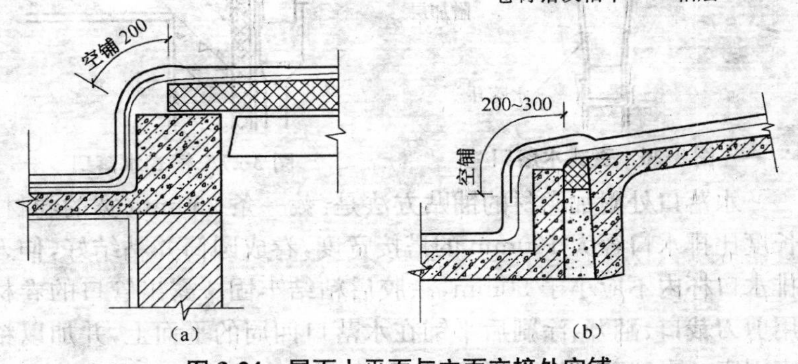

图 3-24 屋面上平面与立面交接处空铺

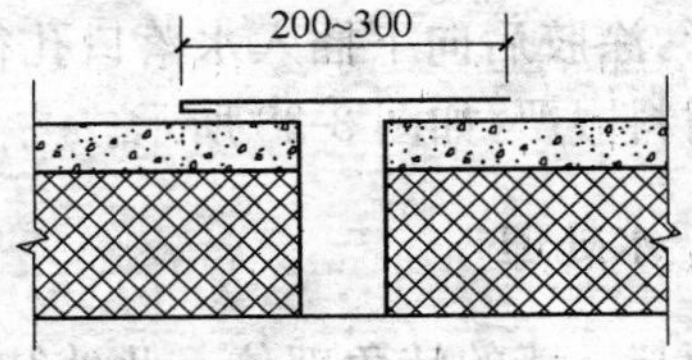

图 3-25 排气道上空铺卷材条

技能要点3：天沟、檐沟及水落口处理

水落口有直式和横式两种，是目前渗漏最严重的部位。解决办法：一是在水落口管与基层混凝土交接处留置凹槽（20mm×20mm），嵌填密封材料；二是水落口杯的上口高度，应根据沟底坡度、附加层厚度及排水坡度加大的尺寸，计算出杯口的标高（应在沟底最低处），应注意留够多道防水材料的厚度；三是选择合适的防水材料，依次为涂料层、卷材附加层及设计防水层，如图3-26和图3-27所示。

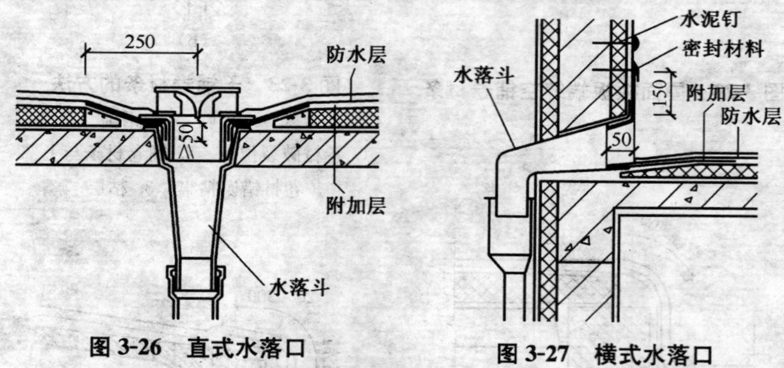

图3-26　直式水落口

图3-27　横式水落口

水落口处附加卷材的铺贴方法是：裁一条250mm宽的卷材，长度比排水口径大100mm的搭接宽度，卷成圆筒并粘结好，伸入排水口杯内不应小于50mm，涂胶后粘结牢固。露出管口的卷材用剪刀裁口、翻开，涂刷后平铺在水落口四周的平面上，并加以粘牢固定。再裁剪一块方形卷材，比水落口大150mm，以水落口中心点裁成"米"字形，涂胶后向下插入水落口孔径内，并粘结牢固，封口处再用密封材料嵌严，如图3-28所示。

技能要点4：屋面泛水处理

泛水是指屋面与立墙的转角部位。此处结构变形较大，容易造成防水层的破坏。为此在立面和平面上应加铺各为250mm宽的卷材附加层，如图3-29所示。

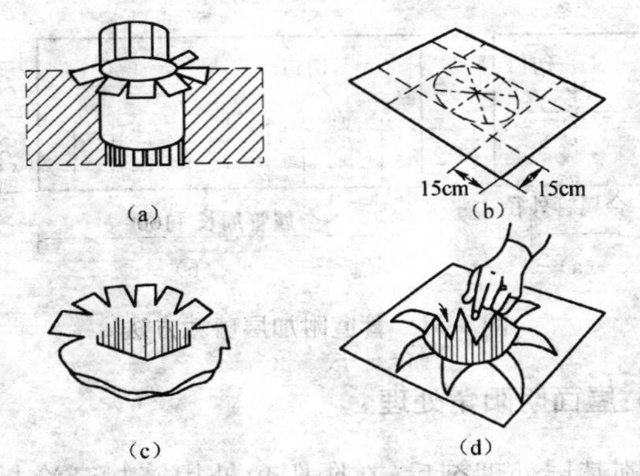

图 3-28 水落口卷材铺贴

技能要点 5:伸出屋面卷材处理

伸出屋面管道的找平层应抹成圆锥台,高出屋面找平层应不小于 30mm,以防止根部积水。在管道根部与找平层之间预留 20mm×20mm的凹槽,嵌填密封材料,以适应金属管道的胀缩,然后加铺附加层,最后做防水层,如图 3-30 所示。由于管道为圆形,所以应在附加层上剪出切口,上下层切缝粘贴时错开,严密压盖。剪裁方法如图 3-31 所示。

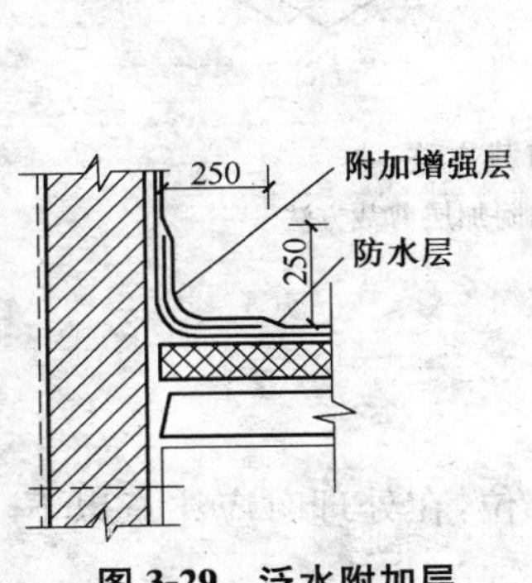

图 3-29 泛水附加层

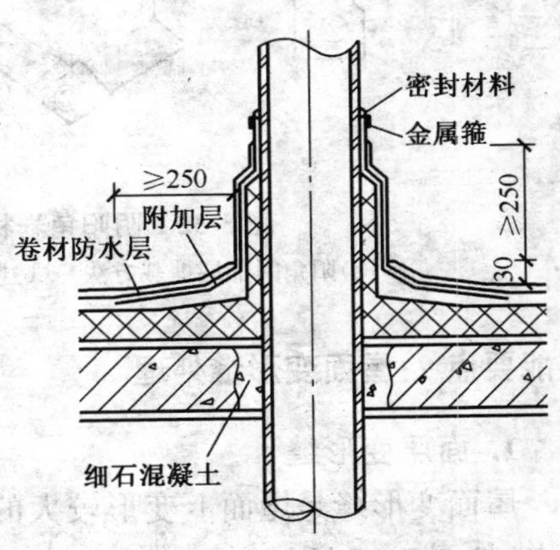

图 3-30 管子穿过防水层的做法

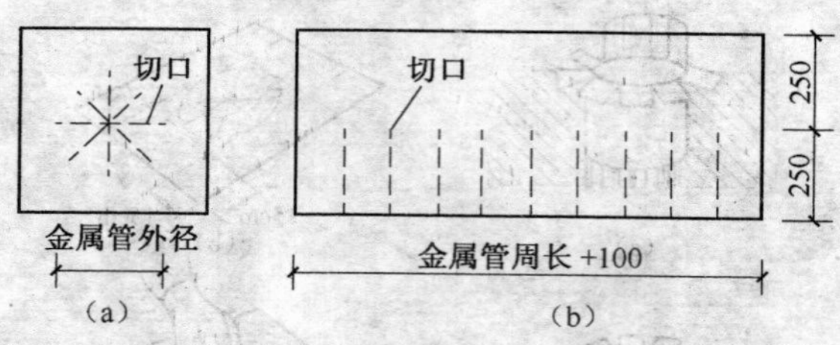

图 3-31 管道附加层剪裁方法

技能要点 6:屋面阴阳角处理

(1)涂刷基层处理剂后,在阴阳角处用密封膏涂封,距离为每边 100mm。

(2)铺设卷材附加层,剪缝处用密封膏封固。

(3)阴阳角处附加层卷材的剪裁方法,如图 3-32 所示。

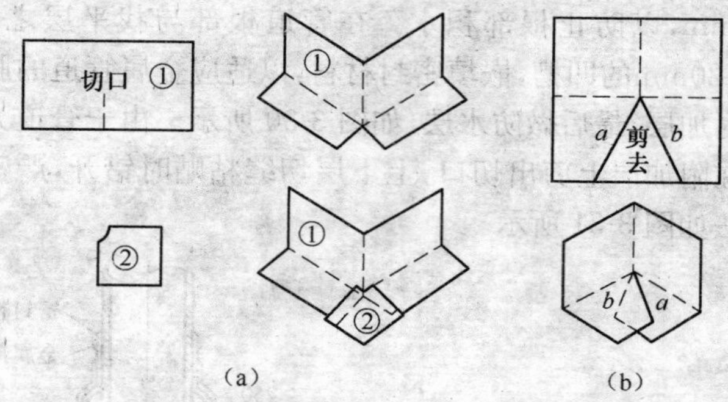

图 3-32 阴阳角卷材剪裁方法
(a)阳角附加层剪裁方法 (b)阴角附加层剪裁方法

技能要点 7:屋面变形缝处理

1. 面层变形缝

屋面变形缝是屋面上变形较大的部位,在处理时应注意以下几点,如图 3-33 所示。

(1)附加墙与屋面交接处的泛水部位,应增铺卷材附加层,立面和平面上附加层的宽度不小于 250mm。

(2)卷材防水层应粘贴到附加墙的顶面上,要求粘结牢固。

(3)缝中填塞沥青麻丝后,沿缝粘贴一层 U 形材,并在其内放置聚氯乙烯泡沫塑料棒等衬垫材料。

(4)上部覆盖一层 U 形盖缝卷材,并延伸到附墙立面上。卷材在立面上采用满粘法,铺贴宽度不小于 100mm,但卷材与附加墙顶面不宜粘结。

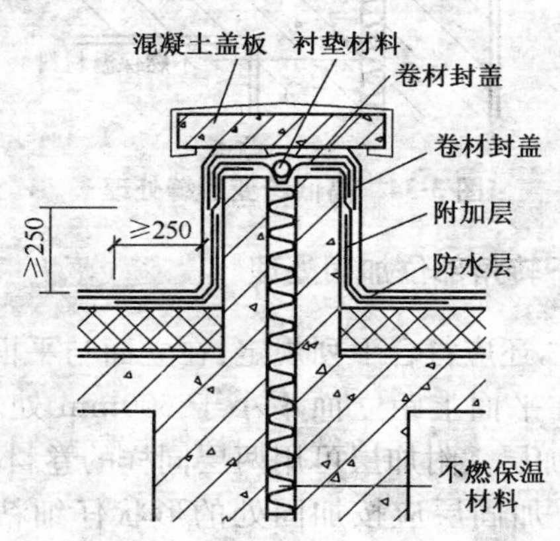

图 3-33　变形缝防水处理方法

2. 高低跨变形缝

(1)将低跨屋面防水层铺贴至附加墙顶面缝边。

(2)将另一幅卷材上部用金属压条钉子固定于高跨屋面或其预留的凹槽内,用密封材料封固,再将器材弯成 U 形放入变形缝中,另一端满粘于低跨屋面,与铺至附加墙顶的低跨屋面卷材搭接、密封。

(3)用带垫片的钉子将金属或合成高分子盖板两端分别固定于高跨外墙面和低跨附加墙面上,并用密封材料封严,如图 3-34

所示。

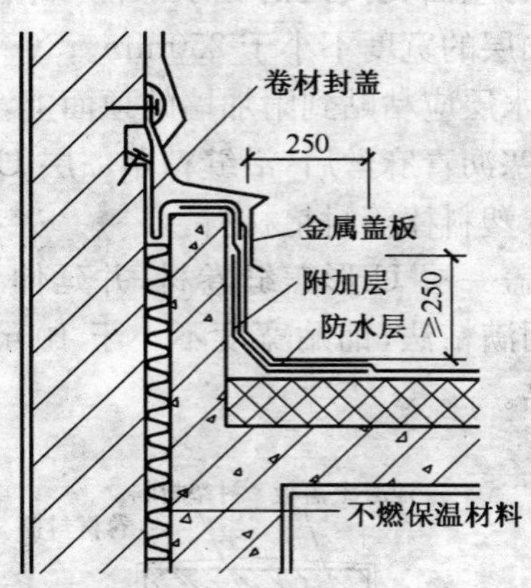

图 3-34 高低跨变形缝处理

技能要点 8:地下转角部位加固处理

卷材铺贴时,还应符合下列规定:在立面与平面的转角处,卷材的接缝应留在平面上距立面不小于 600mm 处。在所有转角处,均应铺贴附加层。附加层可用两层同样的卷材或一层抗拉强度较高的卷材。加固层应按加固处的形状仔细粘贴紧密,如图 3-35所示。

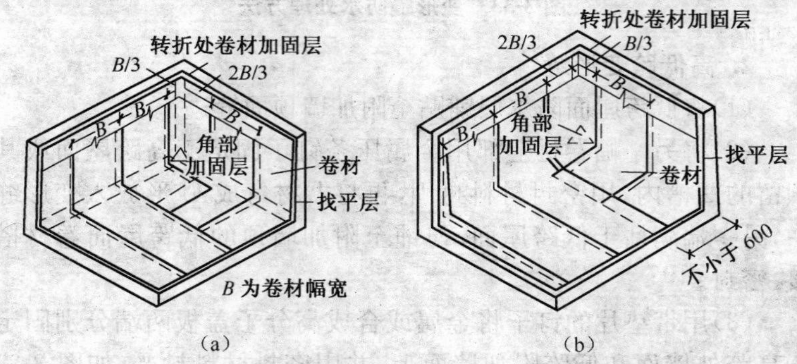

图 3-35 三面角的卷材铺设法

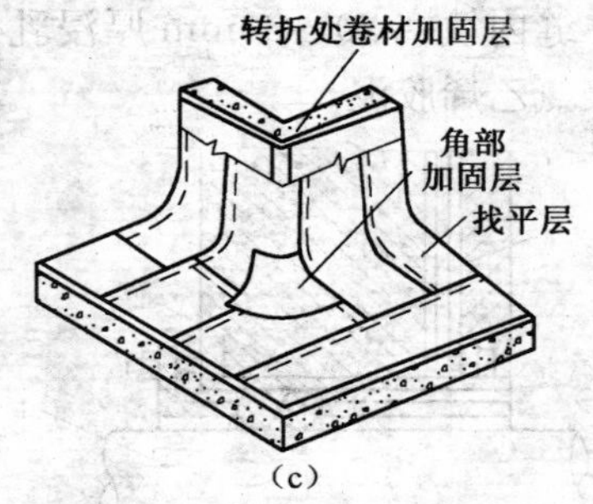

图 3-35　三面角的卷材铺设法(续)

(a)阴角的第一层卷材铺贴法　(b)阴角的第二层卷材铺贴法

(c)阳角的第一层卷材铺贴法

技能要点 9:地下穿墙管部位处理

(1)穿墙管道周边找平层时,应将管道根部抹成直径不小于 50mm 的圆角,卷材防水层应按转角要求铺贴严实,如图 3-36 所示。

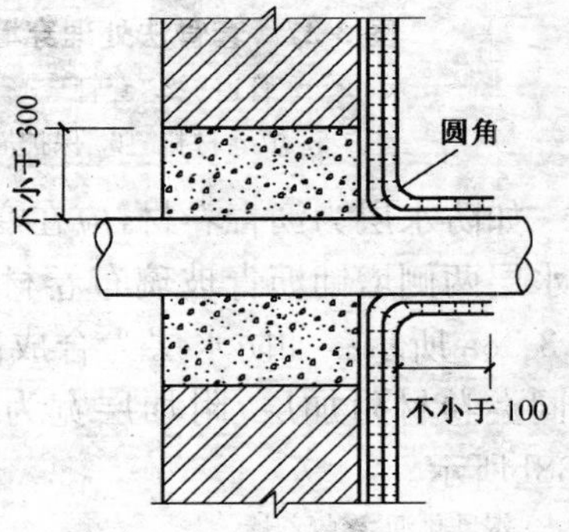

图 3-36　穿墙管道处卷材铺贴示意

(2)必要时可在穿管处埋设带法兰的套管,将卷材防水层粘贴在法兰上,粘贴宽度应在 100mm 以上,并应用夹板将卷材防水层压紧。法兰及夹板都应清理洁净。涂刷沥青粘结剂,夹板下面应加油毡衬垫,如图 3-37 所示。

技能要点 10:地下变形缝处理

1. 墙体变形缝处理

墙体变形缝宽度宜为 20～30mm。在墙体中间埋设橡胶止水带或塑料止水带。缝内填塞 20～30mm 厚浸乳化沥青木丝板，在变形缝里口填嵌聚氯乙烯胶泥。

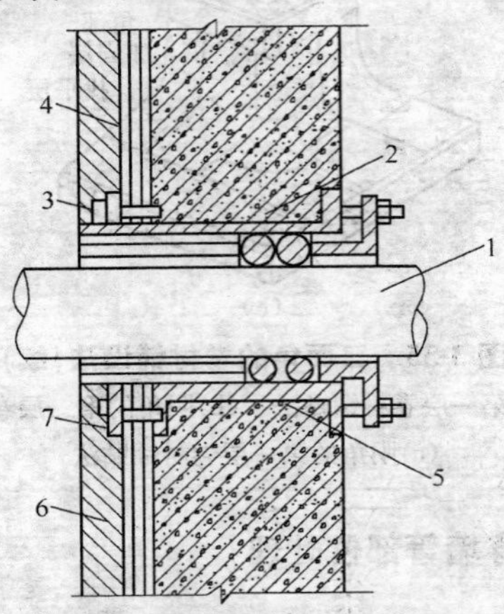

图 3-37　套管法处理穿墙管道与卷材的连接示意

1. 管道　2. 套管　3. 夹板　4. 卷材防水层
5. 填缝材料　6. 保护墙　7. 附加卷材层衬垫

如防水层为沥青卷材，应在变形缝外口填塞沥青卷材卷筒，在防水层两侧增铺沥青玻璃布卷材加固层，加固层宽为 600mm，如图 3-38a 所示。如防水层为合成高分子卷材，应在防水层两侧增铺同类卷材附加层，附加层宽为 600mm，厚 1.2～1.5mm，如图 3-38b所示。

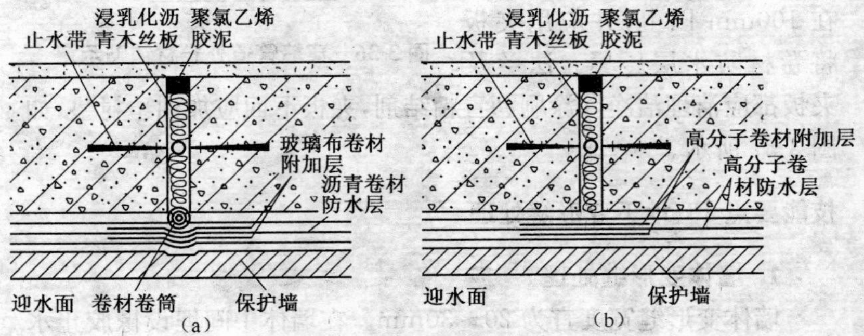

图 3-38　墙体变形缝

2. 底板变形缝处理

底板变形缝宽度宜为20～30mm。在底板中间埋设橡胶止水带或塑料止水带。在缝内填塞20～30mm厚浸乳化沥青木丝板。在变形缝上口填嵌聚氯乙烯胶泥。

如防水层为沥青卷材,应在变形缝下口填塞沥青卷材卷筒,在防水层上下增铺沥青玻璃布卷材附加层,加固层宽为600mm,如图3-39a所示。如防水层为合成高分子卷材,应在防水层上下增铺同类卷材附加层,加固层宽为600mm,厚1.2～1.5mm,如图3-39b所示。

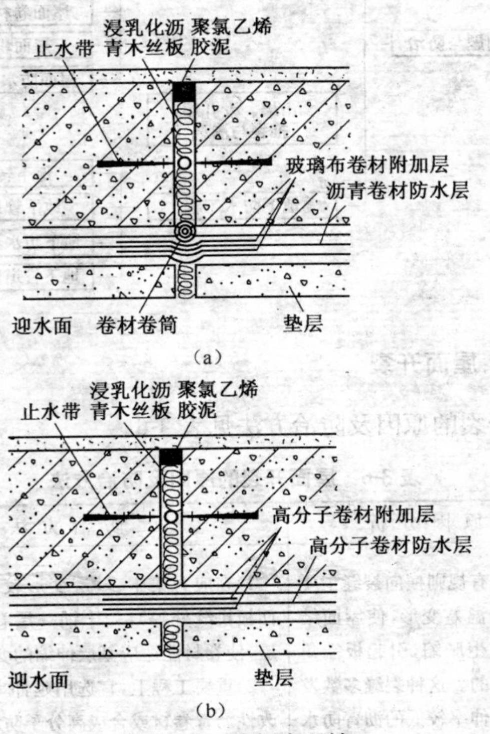

图3-39　底板变形缝

第四节 施工质量问题与防治

本节导读：

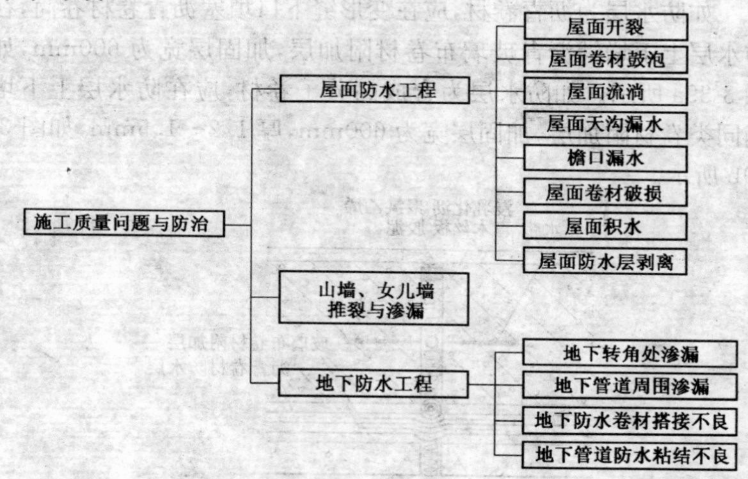

技能要点1：屋面开裂

屋面开裂的原因及防治方法见表3-6。

表3-6 屋面开裂的原因及防治方法

序号	原因分析	防治方法
1	产生有规则横向裂缝主要是由于温差变形，使屋面结构层产生胀缩，引起板端角变造成的。这种裂缝多数发生在延伸率较低的沥青防水卷材中	1)在应力集中、基层变形较大的部位(如屋面板拼缝处等)，先干铺一层卷材条作为缓冲层，使卷材能适应基层伸缩的变化 2)重要工程上，宜选用延伸率较大的高聚物改性沥青卷材或合成高分子防水卷材 3)选用合格的卷材，腐朽、变质者应剔除不用

续表 3-6

序号	原因分析	防治方法
2	产生无规则裂缝主要是由水泥砂浆找平层不规则开裂造成的；此时找平层的裂缝，与卷材开裂的位置和大小相对应；另外，如找平层分格缝位置不当或处理不好，也会引起卷材无规则裂缝	1)确保找平层的配比计量、搅拌、振捣或辊压、抹光与养护等工序的质量，而洒水养护的时间不宜少于 7 天，并视水泥品种而定 2)找平层宜留分格缝。缝宽一般为 20mm，缝口设在预制板的接缝处。当采用水泥砂浆材料时，分格缝间距不宜大于 6m；采用沥青砂浆材料时，不宜大于 4m 3)卷材铺贴与找平层的相隔时间宜控制在 7～10 天
3	外露单层的合成高分子防水卷材屋面中，如基层比较潮湿，且采用满粘法铺贴工艺或胶粘剂剥离强度过高时，在卷材搭接缝处亦易产生断续裂缝	1)卷材铺贴时，基层应达到平整、清洁、干燥的质量要求。如基层干燥有困难时，宜采用排气屋面技术措施。另外，与合成高分子防水卷材配套的胶粘剂的剥离强度不宜过高 2)卷材搭接缝宽度应符合屋面规范要求，卷材铺贴后，不得有粘结不牢或翘边等缺陷

技能要点 2：屋面卷材鼓泡(起鼓)

屋面卷材鼓泡(起鼓)的原因及防治方法见表 3-7。

表 3-7　屋面卷材鼓泡(起鼓)的原因及防治方法

序号	原因分析	防治方法
1	在卷材防水层中粘结不实的部位，窝有水分，当其受到太阳照射或人工热源影响后，内部体积膨胀，造成起鼓，形成大小不等的鼓泡。卷材起鼓一般在施工后不久产生，鼓泡由小到大逐渐发展，小的直径约数十毫米，大的可达 200～300mm。鼓泡内呈蜂窝状，内部有冷凝水珠	1)找平层应平整、清洁、干燥，基层处理剂应涂刷均匀，这是防止卷材起鼓的主要技术措施 2)原材料在运输和储存过程中，应避免水分浸入，尤其要防止卷材受潮。卷材铺贴应先高后低，先远后近，分区段流水施工，并注意掌握天气预报，连续作业，一气呵成 3)不得在雨天、大雾、大风天施工，防止基层受潮 4)当屋面基层干燥有困难，而又急需铺贴卷材时，可采用排气屋面做法；但在外露单层的防水卷材中，则不宜采用

续表 3-7

序号	原因分析	防治方法
2	在卷材防水层施工中,由于铺贴时压实不紧,残留的空气未全部赶出而形成鼓泡	1)沥青防水卷材施工前,应先将卷材表面清刷干净;铺贴卷材时,玛蹄脂应涂刷均匀,并认真做好压实工作,以增强卷材与基层、卷材与卷材层之间的粘结力 2)高聚物改性沥青防水卷材施工时,火焰加热要均匀、充分、适度;在铺贴时要趁热向前推滚,并用压辊滚压,排除卷材下面的残留空气
3	合成高分子防水卷材施工时,胶粘剂未充分干燥就急于铺贴卷材,由于溶剂残留在卷材内,当挥发时就可形成鼓泡	合成高分子防水卷材采用冷粘法铺贴时,涂刷胶粘剂应做到均匀一致,待胶粘剂手感(指触)不粘结时,才能铺贴并压实卷材。特别要防止胶粘剂堆积过厚、干燥不足而造成卷材的起鼓

技能要点 3:屋面流淌

屋面流淌的原因及防治方法见表 3-8。

表 3-8 屋面流淌的原因及防治方法

序号	原因分析	防治方法
1	多数发生在沥青防水卷材屋面上,主要原因是沥青玛琋脂耐热度偏低。此时严重流淌的屋面,卷材大多折皱成团,垂直面卷材拉开脱空,卷材横向搭接有严重错动	1)沥青玛琋脂的耐热度必须经过严格检验,其标号应按规范选用。垂直面用的耐热度还应提高 5~10 号 2)对于重要屋面防水工程,宜选用耐热性能较好的高聚物改性沥青防水卷材或合成高分子防水卷材 3)在沥青卷材防水屋面上,还可增加刚性保护
2	卷材屋面施工时,沥青玛琋脂铺贴过厚	每层沥青玛琋脂厚度必须控制在 1~1.5mm,确保卷材粘结牢固,长短边搭接宽度应符合规范要求

续表 3-8

序号	原因分析	防治方法
3	屋面坡度大于15%或屋面受振动时，沥青防水卷材错误采用平行屋脊方向铺贴；而采用垂直屋脊方向铺贴卷材，在半坡进行短边搭接	1)根据屋面坡度和有关条件，选择与卷材品种相适应的铺设方向，以及合理的卷材搭接方法 2)垂直面上，在铺贴完沥青防水卷材层后，可铺筑细石混凝土作为保护层；这对立铺卷材的流淌和滑坡有一定的阻止作用

技能要点 4:屋面天沟漏水

屋面天沟漏水的原因及防治方法见表 3-9。

表 3-9　屋面天沟漏水的原因及防治方法

序号	原因分析	防治方法
1	天沟纵向找坡太小(如小于5‰)，甚至有倒坡现象(雨水斗高于天沟面)；天沟堵塞，排水不畅	天沟应按设计要求拉线找坡，纵向坡度不得小于5‰，在水落口周围直径500mm范围内不应小于5%，并应用防水涂料或密封材料涂封，其厚度不应小于2mm。水落口杯与基层接触处应留20mm×20mm凹槽，嵌填密封材料
2	水落口杯(短管)没有紧贴基层	水落口杯应比天沟周围低20mm，安放时应紧贴于基层上，便于上部做附加防水层
3	水落口四周卷材粘贴不密实，密封不严，或附加防水层标准太低	水落口杯与基层接触部位，除用密封材料封严外，还应按设计要求增加涂膜道数或卷材附加层数。施工后应及时加设雨水罩予以保护，防止建筑垃圾及树叶等杂物堵塞

技能要点 5:檐口漏水

檐口漏水的原因及防治方法见表 3-10。

技能要点 6:屋面卷材破损

屋面卷材破损的原因及防治方法见表 3-11。

表 3-10　檐口漏水的原因及防治方法

序号	原因分析	防治方法
1	檐口泛水处卷材与基层粘结不牢	铺贴泛水处的卷材应采取满粘法工艺，确保卷材与基层粘结牢固。如基层潮湿而又急需施工时，则宜用“喷火”法进行烘烤，及时将基层中多余潮气予以排除
2	檐口处收头密封不严	檐口处卷材密封固定的方法有两种：当为砖砌女儿墙时，卷材收头可直接铺压在女儿墙的压顶下，压顶应做防水处理；也可在砖墙上留凹槽，卷材收头压入槽内固定密封，凹槽距基层最低高度不应小于 250mm，同时凹槽的上部亦应做防水处理。另一种是混凝土女儿墙，此时卷材收头可用金属压条钉压，并用密封材料封固

表 3-11　屋面卷材破损的原因分析及防治方法

序号	原因分析	防治方法
1	基层清扫不干净，残留砂粒或小石子	卷材防水层施工前应进行多次清扫，铺贴卷材前还应检查有否残存砂、石粒屑，遇五级以上大风应停止施工，防止脚手架上或上一层建筑物上刮下的灰砂
2	施工人员穿硬底鞋或带铁钉的鞋子	施工人员必须穿软底鞋，无关人员不准在铺好的防水层上任意行走踩踏
3	在防水层上做保护层时，运输小车（手推车）直接将砂浆或混凝土材料倾倒在防水层上	在防水层上做保护层时，运输材料的手推车必须包裹柔软的橡胶或麻布；在倾倒砂浆或混凝土材料时，其运输通道上必须铺设垫板，以防损坏卷材防水层
4	架空隔热板屋面施工时，直接在防水层砌筑砖墩，沥青防水卷材在高温时变形被上部重量压破	在沥青卷材防水层铺砌砖墩时，应在砖墩下加垫一方块卷材，并均匀铺砌砖墩，安放隔热板

技能要点 7:屋面积水

屋面积水的原因及防治方法见表 3-12。

表 3-12　屋面积水的原因及防治方法

序号	原因分析	防治方法
1	基层找坡不准,形成洼坑;水落口标高过高,雨水在天沟中无法排除	防水层施工前,找平层坡度应作为主要项目进行检查,遇有低洼或坡度不足时,经修补后,才可继续施工
2	大挑檐及中天沟反梁过水孔标高过高或过低,孔径过小,易堵塞造成长期积水	水落口标高必须考虑天沟排水坡度高差,周围加大的坡度尺寸和防水层施工后的厚度因素,施工时需经测量后确定。反梁过水孔标高亦应考虑排水坡度的高度,逐个实测确定
3	雨水管径过小,水落口排水不畅造成堵塞	设计时应根据年最大雨量计算确定雨水口数量与管径,且排水距离不宜太长。同时应加强维修管理,经常清理垃圾及杂物,避免雨水口堵塞

技能要点 8:山墙、女儿墙推裂与渗漏

山墙、女儿墙推裂与渗漏的原因及防治方法见表 3-13。

表 3-13　山墙、女儿墙推裂与渗漏的原因及防治方法

序号	原因分析	防治方法
1	结构层与女儿墙、山墙间未留空隙或填嵌松软材料,屋面结构在高温季节曝晒时,屋面结构膨胀产生推力,致使女儿墙、山墙出现横向裂缝,并使女儿墙、山墙向外位移,从而出现渗漏	屋面结构层与女儿墙、山墙间应留出大于20mm 的空隙,并用低强度等级砂浆填塞找平

续表 3-13

序号	原因分析	防治方法
2	刚性防水层、刚性保护层、架空隔热板与女儿墙、山墙间未留空隙，受温度变形推裂女儿墙、山墙，并导致渗漏	刚性防水层与女儿墙、山墙间应留温度分格缝；刚性保护层和架空隔热板应距女儿墙、山墙至少 50mm，或填塞松散材料、密封材料
3	女儿墙、山墙的压顶如采用水泥砂浆抹面。由于温差和干缩变形，使压顶出现横向开裂，有时往往贯通，从而引起渗漏	为避免开裂，水泥砂浆找平层水灰比要小，并宜掺微膨胀剂；同时卷材收头可直接铺压在女儿墙的压顶下，而压顶应做防水处理

技能要点 9：屋面防水层剥离

屋面防水层剥离的原因及防治方法见表 3-14。

表 3-14 屋面防水层剥离的原因及防治方法

序号	原因分析	防治方法
1	找平层有起皮、起砂现象，施工前有灰尘和潮气	严格控制找平层表面质量，施工前应进行多次清扫。如有潮气和水分，宜用“喷火”法进行烘烤
2	热玛蹄脂或自粘型卷材施工温度低，造成粘结不牢	适当提高热玛蹄脂的加热温度。对于自粘型卷材，可在施工前对基层适当烘烤，以利于卷材与基层的粘结
3	在屋面转角处，因卷材拉伸过紧，或因材料收缩，使防水层与基层剥离	在大坡面和立面施工时，卷材一定要采取满粘法工艺，必要时还可采取压条钉压固定；另外在铺贴卷材时，要注意用手持辊筒滚压，尤其在立面和交界处更应注意

技能要点 10：地下转角处渗漏

地下转角处渗漏的原因及防治方法见表 3-15。

表 3-15 地下转角处渗漏的原因及防治方法

序号	原因分析	防治方法
1	转角部位，卷材未能按转角轮廓铺贴严实，后浇主体结构时，此处卷材被破坏	转角处应做成圆弧形
2	转角处未按规定增补附加增强层卷材	转角处应先铺附加增强层卷材，并粘贴严密，尽量选用延伸率大、韧性好的卷材
3	所选用的卷材韧性较差，转角处操作不便，未确保转角处卷材铺贴严密	在立面与平面的转角处不应留设卷材搭接缝，卷材搭接缝应留在平面上，距立面不应小于 600mm

技能要点 11：地下管道周围渗漏

地下管道周围渗漏的原因及防治方法见表 3-16。

表 3-16 地下管道周围渗漏的原因及防治方法

序号	原因分析	防治方法
1	管道表面未认真进行清理、除锈，铺贴不严	穿墙管道处卷材防水层铺实贴严，严禁粘结不严，出现张口、翘边现象，而导致渗漏 对其穿墙管道必须认真除锈和尘垢，保持管道洁净，确保卷材防水层与管道粘结附着力
2	穿管处周边呈死角，使卷材不易铺贴	穿墙管道周边找平层时，应将管道根部抹成直径不小于 50mm 的圆角，卷材防水层应按转角要求铺贴严实（如图 3-40所示） 必要时可在穿管处埋设带法兰的套管，将卷材防水层粘贴在法兰上，粘贴宽度应在 100mm 以上，并应用夹板将卷材防水层压紧。法兰及夹板都应清理洁净。涂刷沥青粘结剂，夹板下面应加油毡衬垫

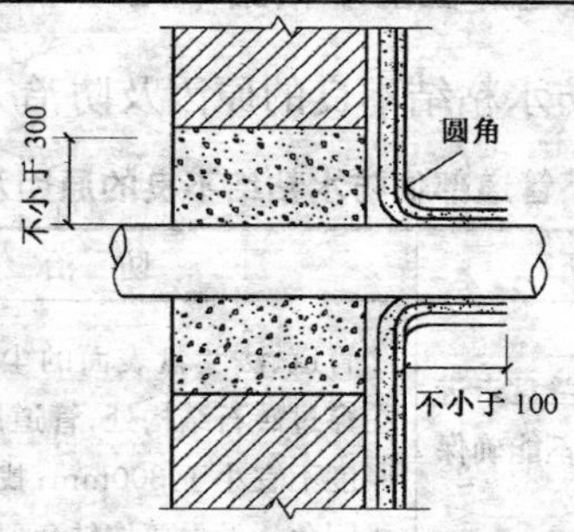

图 3-40 穿墙管道处卷材铺贴示意

技能要点 12:地下防水卷材搭接不良

地下防水卷材搭接不良的原因及防治方法见表 3-17。

表 3-17　地下防水卷材搭接不良的原因及防治方法

序号	原因分析	防治方法
1	搭接形式以及长、短边的搭接长度不符合规范要求	应根据铺贴面积及卷材规格,事先丈量弹出基准线,然后按线铺贴;搭接形式应符合规范要求,立面铺贴自下而上,上层卷材应盖过下层卷材不少于 150mm。平面铺贴时,卷材长短边搭接长度均应不少于 100mm,上下两层卷材不得相互垂直铺贴 施工时确保地下水位降低到垫层以下 500mm,并保持到防水层施工完毕
2	接头甩槎部位损坏,甚至无法搭接	临时性保护墙应用石灰砂浆砌筑以利拆除;临时性保护墙内的卷材不可用胶粘剂粘贴,可用保护隔离层卷材包裹后埋设于临时保护墙内,接头施工时,拆除临时性保护墙,拆去保护隔离层卷材,即可分层按规定搭接施工
3	接头处卷材粘结不密实,有空鼓、张嘴、翘边等现象	接头甩槎应妥加保护,避免受到环境或交叉工序的污染和损坏;接头搭接应仔细施工,满涂胶粘剂,并用力压实,最后粘贴封口条,用密封材料封严,封口宽度不应小于 10mm

技能要点 13:地下管道部位防水粘结不良

地下管道部位防水粘结不良的原因及防治方法见表 3-18。

表 3-18　地下管道部位防水粘结不良的原因及防治方法

序号	原因分析	防治方法
1	对管道表面及法兰盘未进行认真清理、除锈,不能确保卷材与管道的粘结	管道、法兰盘表面的尘垢、铁锈要清理干净。在穿过砖石结构处,管道周围浇筑细石混凝土,厚度不宜小于 300mm;找平层在管道根部应抹成圆角。卷材要按转角要求铺贴严实

续表 3-18

序号	原因分析	防治方法
2	穿管处周围未抹成圆角，使卷材不易铺贴严密	穿过混凝土的管道，可预埋带法兰盘的套管，卷材铺贴前，先将穿墙管和法兰盘及夹板表面处理干净，涂刷基层处理剂，然后将卷材铺贴在法兰盘上，粘贴宽度至少 100mm，再用夹板将卷材压紧，夹板下加卷材衬垫，穿墙管与套管之间填塞沥青麻丝，管口用密封材料封固或用铅捻口

第四章　涂膜防水施工

第一节　屋面涂膜防水层施工

本节导读：

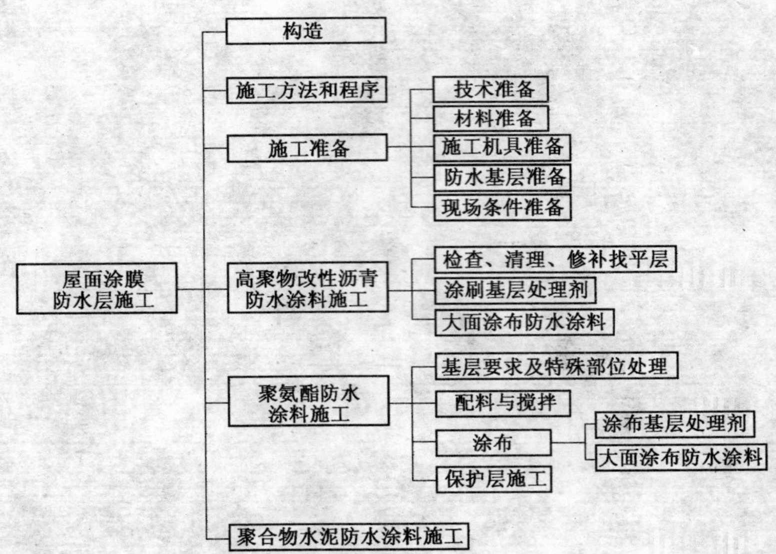

技能要点 1:屋面涂膜防水层构造

屋面涂膜防水层的构造,见表 4-1。

表 4-1　屋面涂膜防水层的构造

序号	适用材料	构造示意图	防水层做法及厚度	胎体增强材料
1	高聚物改性沥青防水涂料	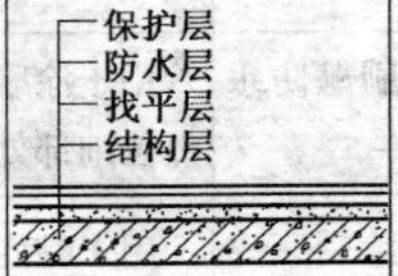 保护层 防水层 找平层 结构层	Ⅱ级防水屋面可作为一道防水层，不小于 3mm Ⅲ级防水屋面，单独使用时不小于 3mm；复合使用时不小于 1.5mm Ⅳ级防水屋面，单独使用时不小于 2mm	1.5mm 防水层宜铺一层聚酯毡；3mm 防水层宜铺设两层玻纤布或铺设聚酯毡、玻纤布各一层
2	合成高分子防水涂料	同上	Ⅰ级防水屋面只能有一道，不小于 1.5mm Ⅱ级防水屋面可作为一道防水层，不小于 1.5mm Ⅲ级防水屋面，单独使用时不小于 2mm	1.5mm 以下防水层可不铺设胎体增强材料；2mm 以上防水层宜铺设一层聚酯毡或化纤毡
3	聚合物水泥防水涂料	同上	同上	选用 JS-I 型，1.5mm 防水层内应铺设一层聚酯毡或化纤毡

技能要点 2：屋面涂膜防水层的施工方法和程序

1. 涂膜防水屋面的施工方法

涂膜防水屋面的施工方法，主要包括抹压法、涂刷法、涂刮法和机械喷涂法。施工方法不同，其适用的范围也各不相同。施工方法与适用范围见表 4-2。

表 4-2 涂膜防水层施工方法与适用范围

施工方法	具体做法	适用范围
抹压法	涂料用刮板刮平后，待其表面收水而尚未结膜时，再用铁抹子压实抹光	用于流平性差的沥青基厚质防水涂膜施工
涂刷法	用棕刷、长柄刷、圆滚刷蘸防水涂料进行涂刷	用于涂刷立面防水层和节点部位细部处理
涂刮法	用胶皮刮板涂布防水涂料。先将防水涂料倒在基层上，用刮板来回涂刮，使其厚薄均匀	用于黏度较大的高聚物改性沥青防水涂料和合成高分子防水涂料在大面积上的施工
机械喷涂法	将防水涂料倒入设备内，通过喷枪将防水涂料均匀喷出	用于黏度较小的高聚物改性沥青防水涂料和合成高分子防水涂料在大面积上的施工

2. 涂膜防水屋面的施工程序

涂膜防水层的施工程序一般为：施工准备工作→板缝处理及基层施工→基层检查及处理→涂刷基层处理剂→节点和特殊部位附加增强处理→涂布防水涂料铺贴胎体增强材料→防水层清理与检查维修→保护层施工。

技能要点 3：屋面涂膜防水层施工准备

1. 技术准备

涂膜防水屋面的技术准备包括的各项工作如下：

(1)熟悉和会审图纸，掌握和了解设计意图；收集有关该产品的有关资料。

(2)编制屋面防水工程施工方案。

(3)向操作人员进行技术交底或培训。

(4)确定质量目标和检验要求。

(5)提出施工记录的内容要求。

(6)掌握天气预报资料。

2. 材料准备

材料准备包括以下内容:

(1)进场的涂料经抽样复验,技术性能符合质量标准。

(2)防水涂料的进场数量能满足屋面防水工程的使用。

(3)各种屋面防水的配套材料准备齐全。

(4)涂膜防水层的材料用量可参考有关厂家提供的说明书。

3. 施工机具准备

涂膜防水施工前,应根据所选用的防水涂料的种类、涂布方法,准备施工中所使用的计量器具、搅拌机具、涂布工具及运输工具等,以保证施工的顺利进行。

4. 防水基层准备

基层是防水层赖以存在的基础,涂膜防水层与卷材防水层相比,涂膜防水对基层的要求更为严格。防水基层的准备,主要包括屋面坡度、平整度与表面质量、基层干燥程度等。

(1)屋面坡度。如果坡度过于平缓,或坡度不符合设计要求,则容易形成积水,成为屋面渗漏的原因之一。屋面防水是一个完整的概念,必须坚持防排结合的原则,只有在屋面不积水的情况下,防水才具有可靠性和耐久性。在涂膜防水层施工前,必须认真检查屋面的坡度是否符合设计要求,对不符合要求之处要进行整修。

(2)平整度。基层的平整度是保证涂膜防水质量的主要条件。如果基层凹凸不平或呈局部隆起,在涂膜防水施工时,必然会使其厚度不均匀。基层凸起部分,使涂膜防水层厚度减少,影响其耐久性;基层凹陷部分,使涂膜防水层过厚,易产生皱纹。尤其是上人屋面或设有块体保护层的屋面,在重力较大的压紧条件下,由于基层与保护层之间的错动,防水层处于不利状态,凹凸不平或有局部隆起的部位,防水层最容易引起破坏。因此,对于面积较大的基层,应用 2m 直尺检查其平整度,表面平整度不得超过 5mm;对檐口、檐沟、天沟、女儿墙等细部构造处，还要求基层坡度符合设计要求。

(3)表面质量。涂膜防水屋面之所以具有产生防渗漏作用，主要是靠涂料渗入基层表面，并形成足够厚度的薄膜，这就要求防水层与基层之间有一定的粘结力。而对其他类型的防水(如卷材防水层)，防水层与基层之间的粘结力则不是决定性因素。如果基层表面疏松和不清洁或强度太低，或裂缝过大等，都容易使涂膜与基层粘结不牢，在使用过程中，往往会造成防水层与基层的剥离，成为防水层渗漏的主要原因之一。因此，涂膜防水要求基层不仅压实平整，而且不得有酥松、起砂、起皮现象；基层的厚度应符合《屋面工程技术规范》的规定；基层强度一般不应小于 5MPa；基层表面不得出现过大的裂缝(一般不大于 0.3mm)。

(4)干燥程度。基层的干燥程度如何，显著影响涂膜防水层与基层的结合。如果基层不充分干燥，防水涂料渗透不进基层内部，施工后在水蒸气压力作用下，会使防水层剥离，发生鼓泡现象。特别是外露的防水层，一旦发生起鼓，由于昼夜的温差较大，产生温度变形使防水层反复伸缩疲劳，从而加速其老化，起鼓的范围将逐渐扩大。

5. 现场条件准备

施工现场条件应符的要求如下：

(1)现场储料仓库符合要求，设施完善。

(2)找平层已检查验收，质量合格，含水率符合要求。

(3)屋面上安设的一些设施已安装就位。

(4)消防设施齐全，安全设施可靠，劳保用品已能满足施工操作需要。

技能要点 4：高聚物改性沥青防水涂料施工

1. 检查、清理、修补找平层

屋面坡度应符合设计要求，不得有流水不畅或长期积水的隐患。

伸出屋面管道周围的找平层应做成圆锥台，管道与找平层间应预留凹槽。

屋面基层应平整、干净，无孔隙、起砂和裂缝，如有起砂、灰渣等浮物应彻底清除，有低凹不平处可用1：2.5水泥砂浆掺10%～15%的108胶抹平，较浅时可用素水泥掺胶涂刷。

屋面板缝中嵌填的密封材料应粘结牢固，封闭严密。

屋面基层的干燥程度，应视所选用的涂料特性而定。水乳型可以在无明水的潮湿基层上施工，而溶剂型、热熔型改性防水涂料必须在干燥、干净的基层上施工。

2. 涂刷基层处理剂

首先配制基层处理剂，当用水乳型涂料施工时，可在生产单位说明下，直接将水乳型涂料适当稀释成低含固量的找平层处理剂；溶剂型可用汽油等溶剂稀释成找平层处理剂。

将基层处理剂搅拌均匀后，先对屋面节点、预埋管周边、拐角等所有特殊部位进行涂刷，然后对大面积找平层涂刷。

涂刷基层处理剂时，用刷子用力薄涂，使处理剂尽量刷进基层表面的毛细孔中，每处都应涂刷均匀、不露底。

3. 大面涂布防水涂料

特殊部位经预先处理好后，再开始大面涂布。小包装的涂料开桶后，将桶内涂料上下搅拌均匀即可使用。如果是大包装涂料，在开桶前，最好将大包装桶就地反复滚动，然后再搅拌，防止桶内填料沉淀桶底部，因搅拌不均而影响质量。

采用溶剂型、热熔型改性沥青防水涂料涂布时，应在基层干燥后进行，而水乳型涂料只要基层无明水或在潮湿情况下，就可大面涂布。涂布时应先涂立面、节点，后涂平面。

涂布立面最好采用蘸涂法，在立面和转角处应薄涂多遍，不得有流淌和堆积现象，涂刷应均匀一致。

平面按倒退方式涂布，倒料时控制好涂料均匀倒撒。因高聚物改性沥青防水涂料属于薄质涂料，涂膜应多遍涂布，涂布时掌握好每遍涂膜厚度，不得因赶工期而将每一遍涂料涂布过厚，每次涂刷时应待前一遍涂层固化后，紧接着进行后一遍涂层的涂刷，直至涂布到规定涂膜厚度。中层涂布施工时，应尽量避免上人反复踩踏涂膜，以防因涂膜粘脚而影响涂膜与基层粘结效果。

涂层间接槎时，在每遍涂刷时应退槎 50～100mm，接槎时也应超过 50～100mm，避免在搭接处发生渗漏。

各道涂层之间的涂刷方向应相互垂直，以提高防水层的整体性和均匀性，直至涂刷到规定厚度。层间涂布不宜间隔时间过长，防止落入灰尘而影响涂层间结合力。在施工时发现空气裹进涂层中应立即消除，应使涂膜厚度均匀、表面平整，保证涂层有很好的致密性。

涂料涂布时应分条进行，需铺设胎体增强材料时，每条宽度应与胎体增强材料的宽度相一致，以免操作人员踩坏刚涂好的涂层。当屋面坡度小于 15%时，胎体增强材料可平行屋脊铺设；当屋面坡度大于 15%时，胎体增强材料应垂直于屋脊铺设，并由屋面最低处向上进行。

胎体增强材料长边搭接宽度不得小于 50mm，短边搭接宽度不得小于 70mm，搭接缝应顺流水方向或年最大频率主导风向。采用二层胎体增强材料时，上下层不得垂直铺设，搭接缝应错开，其间距不应小于幅宽的 1/3。第一层胎体增强材料应越过屋脊 400mm，第二层应越过 200mm。

涂层夹铺胎体增强材料有湿法施工和干法施工。

湿法施工是边倒料涂布防水涂料、边铺胎体的操作方法。施工时先在已干燥的涂层上，仔细将涂料涂刷均匀，然后将成卷的胎体材料平放在面层上，逐渐推滚铺贴在刚刷上涂料的面层上，用辊刷辊压，使布眼浸满涂料，铺贴胎体应平整，排除气泡，使上下两层涂料粘结牢固，达到良好结合。

干法施工是先将胎体铺设在前一遍已固化的涂膜上，然后将渗透性好的涂料，用橡胶刮板在胎体上均匀满刮涂料，涂布时使涂料浸透胎体，覆盖完全，不得有胎体外露现象。

不管选用湿法施工还是干法施工，胎体上面的涂层厚度都不应小于 1.0mm。铺设胎体增强材料时更加注意涂层的致密性。

在施工中，尤其注意胎体接槎应压紧、贴牢。收头均应用密封材料压边，压边宽度不得小于 10mm。收头处的胎体材料应裁剪整齐，如有凹槽应压入凹槽内，不得出现翘边、皱褶、露白等影响施工质量的现象。

无论是纯防水涂层或铺贴胎体防水涂层，都是通过多次涂布完成，准确掌握好最终涂膜厚度，必须符合设计施工要求。如果在没有经验的情况下，应通过试验确定用料量来保证涂膜厚度。在已知涂膜厚度的条件下，通过试验模拟实际现场施工时的温度、涂层间隔时间，确定单位面积所需用涂料数量，然后根据试验结果，用控制用料量的方法指导实际施工时应达到的涂膜厚度，可用针测法或取样测量固化涂层的实际厚度，避免出现涂膜厚度不够，从而影响防水工程质量。

技能要点 5：聚氨酯防水涂料施工

1. 基层要求及特殊部位处理

聚氨酯防水涂料施工时，基层要求及特殊部位处理与高聚物改性沥青防水涂料具体要求相同。

2. 配料与搅拌

双组分或多组分的聚氨酯防水涂料，在生产合成的中间过程和施工时的涂膜固化，是按化学反应当量计算好的，因此，在采用双组分或多组分涂料施工时，应根据生产厂家规定的配合比例在现场配制，一般生产单位都是按产品质量比例配套出厂，在施工现场不得任意改变涂料质量配比。

双组分或多组分在现场混合涂料时，应先将主剂放入不存在死角的圆形容器内，然后放入固化剂，并立即开始搅拌。为了充分搅拌均匀，应采用手持电动搅器搅拌，搅拌时间不得少于 2min，直至将混合物料彻底搅拌均匀为止。

每次配料(搅拌)量，应根据现场施工进度用量确定，混合搅拌后的涂料应在规定时间内用完，不得久存。已配制好的涂料应及时施工，防止涂料凝胶而失效，发现已出现凝胶的物料不得再凑合继续使用。原则上用多少，就配多少，现用现配。

配料时可根据施工环境气温的高低、涂膜固化时间的快慢，再另加入适量的缓凝剂(如磷酸或苯磺酰氯等)或促凝剂(如二月桂酸二丁基锡等)来调整涂膜固化时间，但不得混入已固化的涂料或已固化的涂料中不得再加入任何助剂和稀释剂再施工。

采用单组分涂料时，小包装的涂料开桶后，将桶内涂料上下搅拌均匀即可使用。如果是大包装涂料，与高聚物改性沥青防水涂料一样，在开桶前，最好将大包装桶就地反复滚动，然后再开桶搅拌，防止桶内填料沉淀，因搅拌不均而影响施工质量。

3. 涂布

采用水乳型涂料时，基层可以在潮湿情况下涂布，当采用油溶型涂料施工时，基层必须干燥。

(1)涂布基层处理剂。基层处理剂(或称底料、底胶)是低黏度的聚氨酯防水涂料或其他材料，应与聚氨酯涂层有很好的结合力。基层处理剂的作用是隔离或封闭基层潮气，提高防水层与基层的粘结力，防止因基层出现潮气而导致防水层鼓包。

基层处理剂的使用，以生产单位提供的说明为准，不得任意将防水涂料随意稀释使用。施工前将基层处理剂充分搅拌均匀，当用于小面积的施工时，可用油漆刷进行；大面积的涂布时，可先用油漆刷蘸基层处理剂在阴阳角、管子根部等复杂部位均匀涂布一遍，再用长把辊刷进行大面积涂布施工。基层处理剂应涂刷均匀，不得涂刷过厚或过薄，更不允许露白见底。一般涂布量宜在0.15～0.2kg/m^2。

(2)大面涂布防水涂料。待基层处理剂的涂膜固化干燥后，即可大面涂布。涂布时应先涂立面、节点，后涂平面。开始刮涂时，应根据施工面积大小、形状和环境，统一考虑施工退路和涂刮顺序。

涂布立面最好采用蘸涂法，涂刷均匀一致。平面按倒退方式涂布，倒料时控制好均匀倒撒。涂布时掌握好每遍涂膜厚度，不得因赶工期而将每一遍涂料涂布得过厚，待前一遍涂层固化后再进行后一遍涂层的涂布，施工时发现空气裹进涂层中应立即消除。

涂刮施工时，每遍涂刮的推进方向必须与前一遍相互垂直。重涂时间的间隔，由施工环境和涂膜固化的程度（一般以手触不粘为准）来确定。

一般对于合成高分子类，延伸率较大的防水涂料可不铺设胎体增强材料，当需要在涂层间夹铺胎体增强材料时，特殊部位处理及大面积涂布的具体操作方法与高聚物改性沥青防水涂料施工方法相似，但位于胎体下面的涂层厚度不宜小于1.0mm，在胎体上面的涂层不应少于两遍，其厚度不应小于0.5mm。

4. 保护层施工

通用型聚氨酯防水涂膜，由于原料化学性质的原因，致使防水涂膜耐老化性不好，尤其受到臭氧和紫外线照射后，涂膜很快老化，表面出现裂纹，各项技术性能指标迅速下降。为了达到装饰效果和提高抗老化性能，当做彩色柔面保护层时，多数采用特制聚氨酯系耐老化的彩色饰面层。为上人行走方便，还可施工成防滑饰面层或消光饰面层的双功能保护层。

聚氨酯系的柔面保护层，多数为双组分，其次是单组分。双组分按其质量配比搅拌后即可用辊刷、毛刷施工，刷涂量宜在0.2～0.3kg/m^2。涂刷保护层时，要求防水涂膜表面必须干燥，无油污和灰尘。先刷立面，后刷平面。

技能要点6：聚合物水泥防水涂料施工

1. 基层及特殊部位要求、处理

(1)基层的要求。聚合物水泥防水涂料施工时，屋面基层应平整、干净,无孔隙、起砂和裂缝,无尖锐角、明水、油污。

(2)界面处的要求。所有阴阳角以及管道根部等两面交接处,均应做成圆弧形,阴角直径应大于 50mm,阳角直径应大于10mm。

(3)特殊部位的处理。特殊部位的处理与高聚物改性沥青防水涂料施工时处理相同。

2. 配料与搅拌

(1)涂料的比例。防水涂料一般是由生产单位在出厂前,按桶装液料和袋装粉料的质量比例配套出厂,每个生产单位选用原料性能不同,考虑配套包装出厂方便等因素,所以出厂的液料与粉料质量比例会有所不同。目前市场常见液料与粉料的比例有10∶10和10∶7。

施工时,应有专人按规定的质量比例在现场混合配料。

用于基层处理剂(或称打底料)的涂料含固量相对低些,下层、中层和上层涂料的含固量相对高些。

(2)配制基层处理剂。基层处理剂含固量较低,一般在规定液料和粉料比例的条件下,在现场加入洁净水稀释。水的添加量根据基层干燥和潮湿程度适当调节,主要是调整防水涂料的稠度。

假设产品按液料:粉料质量比为10∶10出厂,在现场施工时,建议配制基层处理剂质量比宜为液料∶粉料∶水=10∶10∶20;配制下层、中层和上层防水涂料时,建议配制防水涂料质量比宜为液料∶粉料∶水=10∶10∶(0~4)。

(3)彩色涂料的配制。涂料一般为白色,如需要彩色,在上层涂料中可加入中性无机颜料或色浆(如氧化铁红等无机颜料,无机颜料相对有机颜料不鲜艳,但耐老化性好,保色时间长)以形成彩色涂层,建议配制彩色涂层涂料的质量比宜为液料∶粉料∶颜料∶水=10∶10∶(0.1~1)∶(0~4)。

如采用粉状颜料,一般将其配在粉料部分中;如采用水性色浆,可直接加入液料部分中。加入颜料或色浆的量,往往通过小样调试好后，再根据小试结果确定的比例，施工时只需将液料和粉料按配比要求称量拌和即可，然后进行大批配制彩色涂料施工。

(4)不同施工面的涂料加水。斜面、顶面或立面施工时应不加水或少加水，以免涂料流淌，不易达到规定厚度。平面烈日下施工时应适量增加水，以保证涂膜平整，防止涂膜水分蒸发过快，涂膜出现裂纹。

(5)涂料配制操作。按产品说明书规定的液料与粉料质量比例，搅拌时，先将液料倒入搅拌桶中(如需加水，先往液料中加水)，然后在手提搅拌器不断搅拌下，将粉料徐徐加入其中，再将整体涂料充分、彻底搅拌均匀为止，一般搅拌时间不少于5min，最后搅拌至物料呈浆状、无颗粒为止。

3. 涂布

(1)基层的处理。聚合物水泥防水涂料为水系涂料，应在基层潮湿、无明水条件下施工。如果基层干燥，应先将基层润湿后，再进行基层处理剂的施工。其具体施工方法及要求与水乳型高聚物改性沥青防水涂料方法基本相同。

(2)节点的处理。先将泛水、伸缩缝、檐沟等节点等铺设胎体增强材料处理好，屋面转角及立面薄涂多遍，涂层收头处反复多遍涂刷，确保粘结强度和周边密封好。保证不出现漏涂、流淌和堆积现象，待节点附加层干燥成膜、质量合格验收后，即可进行大面涂布。

(3)大面防水层施工。大面防水层施工时也应多遍涂布，每遍涂布应在前遍固化后再进行下遍涂布，否则涂料底层水分被封固在上层涂膜下不能及时蒸发，而且后一遍涂布时容易将前一遍涂膜破坏，形成起皮、起皱现象，破坏涂膜整体性。夏季涂布时，涂层固化间隔时间相对短些，固化快。因环境湿度大、通风差或温度低，涂层固化间隔时间和涂料可使用时间就会长些。各层之间的间隔时间以前一道涂层干固不粘为准，每层必须涂布均匀。

配制好的涂料，在使用时应随时搅拌均匀，以免沉淀。

(4)不加无纺布施工顺序。按打底层→下层→中层→上层的顺序逐层施工。打底层用料量：0.2～0.3kg/m^2；下层、中层和上层用料量：每层分别为 0.7～0.9kg/m^2。总用料量在 1.6～2.1kg/m^2时，涂膜厚度约为 1mm；当总用料量在 2.3～3.0kg/m^2时，涂膜厚度约为 1.5mm。

(5)加胎体增强材料涂层的施工顺序。按打底层→下层→无纺布→中层→上层的顺序逐层施工。铺设胎体增强材料时，宜将布幅两边每隔 1.5～2.0m 间距各剪 15mm 的小口，以利铺贴平整。铺好的胎体增强材料如发现皱褶、翘边和空鼓时，应用剪刀将其剪破，进行局部修补，使之完整。下层、无纺布和中层应连续施工，分条进行时，每条宽度应与胎体增强材料的宽度相一致，以免操作人员踩坏刚涂好的涂层。涂料浸透胎体，胎体铺贴应平整，覆盖完全，不得有胎体外露气泡等现象，涂料粘结牢固。打底层用料量：0.2～0.3kg/m^2；下层和中层用料量：0.6～0.7kg/m^2；上层用料量：0.7～0.9kg/m^2。总用料量在 2.1～2.6kg/m^2时，涂膜厚度约为 1.5mm。最上面的涂层厚度不应小于 1.0mm。

(6)涂布要求。按照工程设计要求逐层施工，涂布时可采用刮涂、滚涂或刷涂。涂布要与基面结合紧密、均匀，不得有气泡，每遍涂刮推进方向应与前一遍相互垂直、交叉进行，通过多次涂刮使涂层之间密实，直至涂刮到规定的涂层厚度。

每遍涂层用料量不得过大、涂层过厚。如果每遍涂布过厚，当涂层固化后，易在涂层表面出现裂纹，当防水层厚度不够时，可加涂一层或数层。

根据工程设计方案的要求，在整体性很好的基面上，可使用无布四涂和无布六涂的工法。在重要建筑物防水工程中，还可设计二布七涂的工法。一般来说，不论使用薄型胎体增强布还是厚型加胎体增强布，确保单位面积的用料量是保证工程质量的关键因素之一。

实际施工当中，利用聚乙烯丙纶卷材防水层与聚合物水泥防水涂料共同构成屋面防水层也是一种成功的施工方法。它是在聚乙烯丙纶卷材防水层施工后，在其卷材防水层上，直接涂布聚合物水泥防水涂料。

4. 保护层施工

聚合物水泥防水涂膜虽然比聚氨酯防水涂膜具有较好的耐老化性,但不耐碰撞和冲击,通常也需做增加耐老化性能、耐冲击保护层。

聚合物水泥防水涂料本身易与水泥砂浆粘结,可在其涂膜层上直接抹刮。如屋面女儿墙防水层及天沟、檐沟部位的保护层,待涂层固化后,直接抹刮水泥砂浆保护层。

为了更加方便施工,聚合物水泥防水涂膜和聚氨酯防水涂膜时也可在涂布最后一遍防水涂料后,立即撒上干净细砂,这些细砂粘牢在防水涂膜上,起到与保护层连接的作用。

第二节　地下涂膜防水层施工

本节导读:

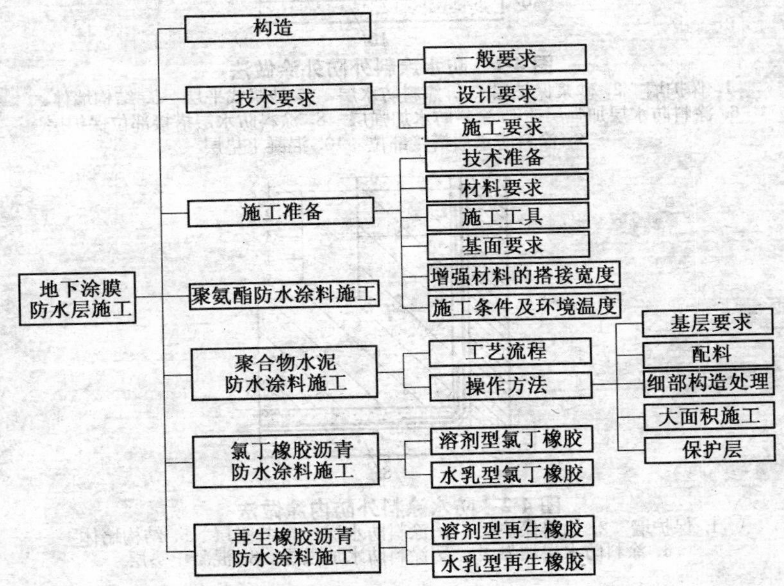

技能要点 1:地下涂膜防水层构造

地下工程涂膜防水可分为外防外涂和外防内涂两种施工方法,如图 4-1、图 4-2 所示。外防外涂法是先进行防水结构施工,然后将防水涂料涂刷于防水结构的外表面,再砌永久性保护墙或抹水泥砂浆保护层或粘贴软质泡沫塑料保护层。外防内涂法是在地下垫层施工完毕后,先砌永久性保护墙,然后涂刷防水涂料防水层,再在涂膜防水层上粘沥青卷材隔离层,该隔离层即可作为主体结构的外模板,最后进行结构主体施工。

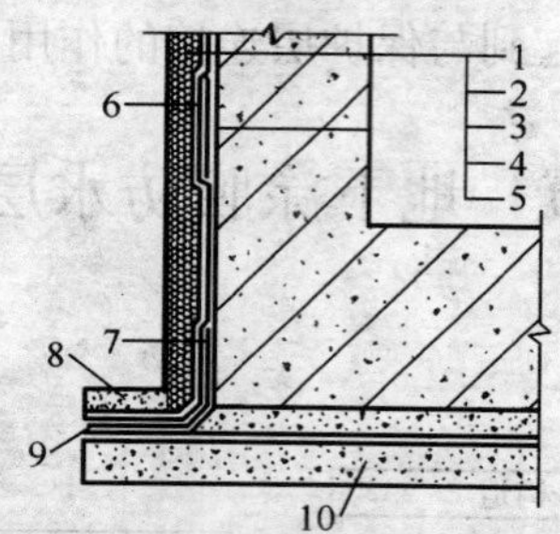

图 4-1　防水涂料外防外涂做法

1. 保护墙　2. 砂浆保护层　3. 涂料防水层　4. 砂浆找平层　5. 结构墙体　6. 涂料防水层加强层　7. 涂料防水加强层　8. 涂料防水层搭接部位保护层　9. 涂料防水层搭接部位　10. 混凝土垫层

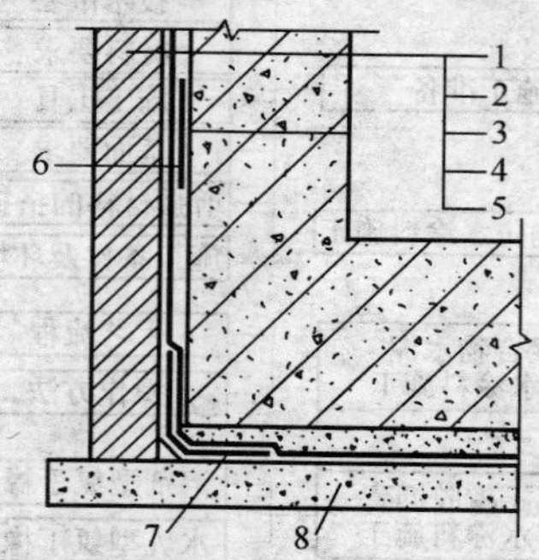

图 4-2　防水涂料外防内涂做法

1. 保护墙　2. 涂料保护层　3. 涂料防水层　4. 找平层　5. 结构墙体　6. 涂料防水层加强层　7. 涂料防水加强层　8. 混凝土垫层

技能要点 2:地下涂膜防水层技术要求

1. 一般要求

(1)涂膜防水层包括无机防水涂料和有机防水涂料。无机防水涂料可选用水泥基防水涂料、水泥基渗透结晶型涂料。有机涂料可选用反应型、水乳型、聚合物水泥防水涂料。

(2)无机防水涂料宜用于结构主体的背水面,有机防水涂料宜用于结构主体的迎水面。用于背水面的有机防水涂料应具有较高的抗渗性,且与基层有较强的粘结性。

2. 设计要求

(1)防水涂料品种的选择应符合下列规定:

1)潮湿基层宜选用与潮湿基面粘结力大的无机涂料或有机涂料,或采用先涂无机防水涂料而后涂有机防水涂料的复合防水涂层。

2)冬季施工宜选用反应型涂料,如水乳型涂料,温度不得低于 5℃。

3)埋置深度较深的重要工程、有振动或有较大变形的工程宜选用高弹性防水涂料。

4)有腐蚀性的地下环境宜选用耐腐蚀性较好的有机防水涂料,并做刚性保护层。

(2)采用有机防水涂料时,应在阴阳角及底板增加一层胎体增强材料,并增涂 2～4 遍防水涂料。

(3)掺外加剂、掺和料的水泥基防水涂料厚度不得小于 3.0mm;水泥基渗透结晶型防水涂料的用量不应小于 1.5kg/m^2,且厚度不应小于 1.0mm;有机防水涂料的厚度不得小于 1.2mm。

3. 施工要求

(1)基层表面的气孔、凹凸不平、蜂窝、缝隙、起砂等应修补处理,基面必须干净、无浮浆、无水珠、不渗水。

(2)涂料施工前,基层阴阳角应做成圆弧形,阴角直径宜大于

50mm，阳角直径宜大于10mm。

(3)涂料施工前应先对阴阳角、预埋件、穿墙管等部位进行密封或加强处理。

(4)涂料的配制及施工，必须严格按涂料的技术要求进行。

(5)涂料防水层的总厚度应符合设计要求。涂刷或喷涂，应待前一道涂层实干后进行；涂层必须均匀，不得漏刷漏涂，施工缝接槎宽度不应小于100mm。

(6)铺贴胎体材料时，应使胎体层充分浸透防水涂料，不得有露槎及褶皱。

(7)有机防水涂料施工完后应及时做好保护层，保护层应符合下列规定：

1)底板、顶板应采用20mm厚1：2.5水泥砂浆层和40～50mm厚的细石混凝土保护层，防水层与保护层之间宜设置隔离层。

2)侧墙背水面应采用20mm厚1：2.5水泥砂浆层保护。

3)侧墙迎水面保护层宜选用软质保护材料或20mm厚1：2.5水泥砂浆。

技能要点3：地下涂膜防水层施工准备

1. 技术准备

会审设计图纸，掌握施工质量验收要求；掌握涂料防水工程具体设计和构造要求。编制涂膜防水工程施工方案。

2. 材料要求

(1)具有良好的耐水性、耐久性、耐腐蚀性及耐菌性。

(2)无毒、难燃、低污染。

(3)无机防水涂料应具有良好的湿干粘结性、耐磨性和抗穿刺性；有机防水涂料应具有较好的延伸性及较大适应基层变形的能力。

(4)无机防水涂料、有机防水涂料性能指标应符合相关的规定。

3. 施工工具

钢丝刷、凿子、锤子、圆形拌料桶、刮板、油漆刷、扫帚、抹子等。

4. 基面要求

(1)基面存在的钢筋头应处理掉，基面气孔、凹凸不平、空鼓、缝隙、疏松物及残渣等缺陷应铲除，并应修补处理。

(2)清除油漆等有机污物、粘结物。

(3)阴角圆弧半径宜大于 50mm，阳角半径宜大于 10mm。

(4)对预埋管、穿墙管、施工缝等部位应预先密封或加强层处理。

5. 增强材料的搭接宽度

(1)施工缝增强层的搭接宽度不得小于 100mm。

(2)采用胎体增强材料时，同层相邻搭接宽度应大于 100mm，上下层接缝应错开 1/3 幅宽。

6. 施工条件及环境温度

(1)严禁在雨天、雪天和五级风及其以上时施工。

(2)油溶性防水涂料施工环境温度在－5～35℃；水溶性无机防水涂料在 5～35℃。

技能要点 4：聚氨酯防水涂料施工

1. 工艺流程

检查基层→刮涂底层→细部构造处理(铺贴纤维增强布)→大面积刮涂→保护层。

2. 操作方法

(1)检查基层水分。油溶性聚氨酯防水涂料施工时，其反应固化成膜是非水固化反应，当基层含水量偏高或环境周围湿度过大时，施工中会使聚氨酯涂料中异氰酸根(—NCO)优先与水分、潮气反应，并放出二氧化碳，使涂膜出现气孔、气泡影响涂膜质量，所以油溶性聚氨酯对基层含水率要求较严格，规定基层含水率应在 9%以下时方可进行施工。

测定基层含水率的经验方法与屋面测试方法相同。用 $1m^2$ 胶板，在常温下，平坦铺在基面 3～4h 后，掀开胶板后在其上无水印就可视为基层含水率在 9%以下，可以进行施工，否则继续干燥到合格为止。

当使用水乳固化聚氨酯防水涂料时，其反应过程是水交联固化过程，所以对基层含水率大大放宽，但基层不得过度潮湿或有明水。

(2)涂料搅拌。单组分聚氨酯防水涂料施工前应稍加搅拌，避免物料中的填料沉淀，桶内上下搅匀即可。

双组分聚氨酯施工前，应将两个组分按规定的质量比例放入圆桶内(在方桶内搅拌易有死角，搅拌时间相对延长)，用带叶片的手电钻充分混合均匀后，进行刮涂施工。

(3)涂刷。混匀后双组分的材料应在尽短时间内用完，物料应随拌随用；单组分开桶后也应在规定时间内尽快使用。在刮涂施工时，当发现涂料出现明显交联反应，即混合物料变得稠度很大时，不得再继续使用，否则影响与前道涂层的粘结力，降低防水工程质量。

1)细部构造处理：在大面积施工前，首先对细部构造作附加增强层预先处理，细部构造是渗漏水的关键部位，一旦处理不妥，必然留下渗漏水的隐患。

2)大面积涂刷：首先宜用低含固量涂料涂刷基层即打底层，待打底层固化后再大面涂刷。

防水涂料的涂刷都有一个共性，即不论厚质涂料还是薄质涂料，防水涂膜在满足厚度要求的前提下，涂刷遍数越多对成膜的密实度越好，在涂刷时应多遍涂刷，不得一次或少次成膜。因此，要求防水涂料在施工时，应该通过多遍数刮涂的方法来施工。

外防内涂法应先刷立面后刷平面，涂刷立面前，应先涂刷转角，后涂刷大面。

外防外涂法应先刷平面后刷立面，平面与立面交接处，应交叉搭接。

同层每道涂刷宜按一个方向，后遍涂刷应在前遍成膜固化后进行，前后两道涂刷方向应垂直，这样不仅增加与基层的粘结力，也使涂层表面平整，减少渗漏机会。同层涂膜施工时，涂膜的先后搭茬宽度宜为 30～50mm。

(4)做保护层。涂料施工完成并固化后，为防止因其他原因损坏防水层，应及时做好保护层，其做法如下：

1)底板、顶板应采用 20mm 厚 1∶2.5 水泥砂浆层和 40～50mm 厚的细石混凝土保护。

2)顶板防水层与保护层之间宜设置空铺隔离层(如油毡纸等)。

3)侧墙背水面宜在最后一道涂膜未完全固化前粘贴一层粗网格(2mm×2mm)布，或在最后一道涂膜未完全固化前撒一层细砂。涂膜固化后，应在网格布上或细砂上涂抹 20mm 厚 1∶2.5 水泥砂浆层保护。

4)侧墙迎水面应在最后一道涂膜固化前宜选用软泡沫保护层粘贴，或 20mm 厚 1∶2.5 水泥砂浆层保护，然后回填土。

技能要点 5:聚合物水泥防水涂料施工

1. 工艺流程

特殊部位润湿→附加增强层处理→大面积润湿→刮涂打底层→刮涂下层→铺贴纤维增强布(下层涂膜应达 1mm 厚)→刮涂中层→面层→保护层。

2. 操作方法

聚合物水泥防水涂料的操作方法与聚氨酯防水涂料基本相同，只是涂膜固化机理不同。

(1)基层要求。基层应坚实、平整，达到施工条件后，首先将特殊部位用水润湿，但不得有明水。

(2)配料。按生产材料单位规定液料与粉料的比例配料。在地下工程防水施工中所用液料与粉料的比例，与屋面防水工程所用的液料与粉料配比来比较，在地下防水工程中粉料用量大些，一般是液料：粉料＝10：(12～20)。

首先将定量的液料倒入圆形容器内(如需加水，先在液料中加水)，然后在液料搅拌情况下徐徐加入定量的粉料，边加料边搅拌，搅拌时间约在5min，彻底搅拌至混合物料中不含有料团、颗粒为止。

用于地下工程防水时，地下室的基层虽然相对于屋面工程基面潮湿，但为了增加涂料与基层的粘结力，封闭基层毛细孔，基层(打底料)涂料采用低含固量的涂料作为打底层，在配制打底层涂料时适当提高加水量。假如设液料：粉料＝10：20的常规比例，此时可加水30份，即打底料配比应为：液料：粉料：水＝10：20：30。

斜面、顶面或立面施时不加水或少用水，烈日下平面施工应适当增加水。

(3)细部构造处理。与聚氨酯防水涂料处理方法相同。

(4)大面积施工。在阴阳角等特殊部位处理好后，开始用辊子、刷子或刮板涂覆，进行大面积施工。涂覆时应使涂层均匀，不得出现局部沉积，也不能过厚或过薄。配比好的涂料在使用时应随时搅拌均匀，以免沉淀。

如涂层需加无纺布时，涂膜下层、无纺布和涂膜中层应连续施工。各层之间的时间间隔以前一层涂膜干固不粘为准，间隔不得过长，避免因间隔时间过长而使涂膜间出现分层。

当环境温度为200℃涂料可用时间为3h左右，涂层表干时间为4h左右，实干时间8h左右。现场环境温度低、湿度大、通风差，可用时间和固化时间会长些，反之短些。

1)工法Ⅰ：

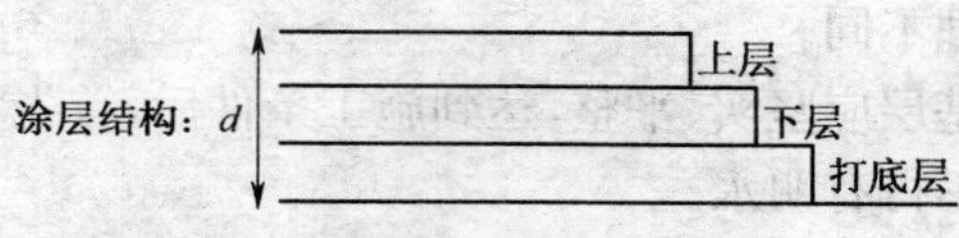

施工次序：打底层→下层→上层。

每层用量：0.2～0.3kg/m²，0.7～0.9kg/m²，0.87～0.9kg/m²。

总用料量：1.6～2.1kg/m²。

厚度(d)：约1mm。

2)工法Ⅱ：

施工次序：打底层→下层→中层→上层。

每层用量：0.2～0.3kg/m²，0.7～0.9kg/m²，0.7～0.9kg/m²，0.7～0.9kg/m²。

总用料量：2.3～3.0kg/m²。

厚度(d)：约1.5mm。

3)工法Ⅲ：

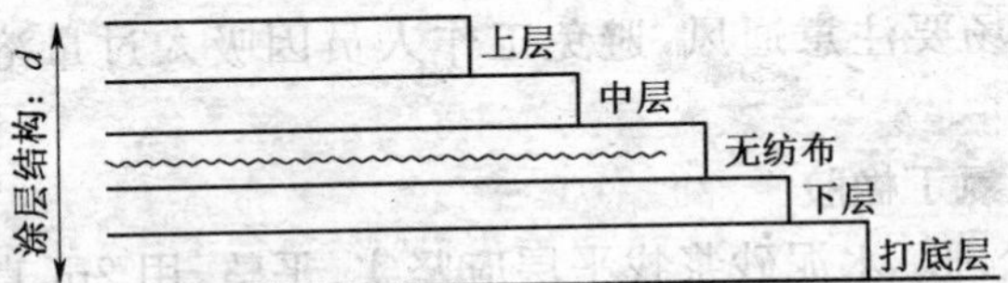

施工次序：打底层→下层→无纺布→中层→上层。

每层用量：0.2～0.3kg/m²，0.6～0.7kg/m²，30～60g/m²，0.6～0.7kg/m²，0.7～0.9kg/m²。

总用料量：2.1～2.6kg/m²。

厚度(d)：约1.5mm。

(5)保护层。聚合物水泥防水涂料保护层的做法与聚氨酯防水涂料保护层做法相同。

技能要点6：氯丁橡胶沥青防水涂料施工

1. 溶剂型氯丁橡胶

(1)基层处理。基层须平整、坚实、清洁、干燥。基层不平处，应用高强度等级砂浆填平补齐，阴阳角处应做成圆弧角。涂布前应进行表面处理，用钢丝刷或其他机具清刷表面，除去浮灰杂物及不稳固的表层，并用扫帚清理干净。

(2)先在按要求处理好的基层上用较稀的涂料用力涂刷一层底涂层。

(3)待底涂层干燥后(约一昼夜)，即可边刷涂料边粘玻璃纤维布。玻璃纤维布铺贴后排刷刷平，使玻璃纤维布被涂料充分浸透。当第一层玻璃纤维布涂层干燥后，可另刷一遍涂料，再铺贴第二层玻璃纤维布，在其上再刷涂料。玻璃纤维布相互搭接长度应不少于100mm，上下两层玻璃纤维布接缝应上下错开。粘贴玻璃纤维布后，应检查有无气泡和皱折，如有气泡，则应将玻璃纤维布剪破排除气泡，并用涂料重新粘贴好。

(4)施工注意事项。

1)由于涂料是以甲苯或二甲苯作溶剂，因此应密封。

2)施工现场要注意通风，避免工作人员因吸入过量溶剂而中毒。

2. 水乳型氯丁橡胶

(1)基层处理。水泥砂浆找平层应坚实、平整，用2m直尺检查，凹处不超过5mm，并平缓变化，每平方米内不多于一处。若不符合上述要求，应用1∶3水泥砂浆找平。基层裂缝要修补，裂缝小于0.5mm的，先以稀释防水涂料做二次底涂，干后再用防水涂料反复涂几次。0.5mm以上裂缝，应将裂缝加以适当剔宽，涂上稀释防水涂料，干后用防水涂料或嵌缝材料灌缝，在其表面粘贴30～40mm宽的玻璃纤维网格布条，上涂防水涂料。

(2)将稀释防水涂料均匀涂布于基层找平层上。涂刷时选择在无阳光的早晚进行，使涂料有充分的时间向基层毛细孔内渗透，增强涂层对底层的粘结力。干后再涂刷防水涂料2～3遍，涂刷涂料时应做到厚度适宜，涂布均匀，不得有流淌、堆积现象，以利于水分蒸发，避免起包。

(3)铺贴玻璃纤维网格布，施工时可采用干贴法或湿铺法。前者是在已干的底涂层上干铺玻璃纤维网格布，展平后加以点粘固定；后者是在已干的底涂层上，边涂防水涂料边铺贴玻璃纤维布。

(4)施工注意事项。

1)涂料使用前必须搅拌均匀。

2)不得在0℃以下施工，雨天、风沙天不得施工，夏季太阳曝晒下和后半夜潮露时不宜施工。

3)施工中严禁踩踏未干防水层，不准穿带钉鞋操作。

技能要点7：再生橡胶沥青防水涂料施工

1. 溶剂型再生橡胶

(1)基层要求平整、密实、干燥，含水率低于9%，不得有起砂、酥松、剥落和凹凸不平现象，各种坡度应符合排水要求。基层不平处，应用高强度等级砂浆填平补齐，阴阳角处应做成圆弧角。涂布前应进行表面清理，用钢丝刷或其他机具清刷表面，除去浮灰杂物及不稳固的表层，并用扫帚或吹尘机清理干净。

(2)基层裂缝宽度在0.5mm以下时，可先刷涂料一遍，然后用腻子[涂料：滑石粉或水泥＝100：(100～120)或(120～180)]刮填。对于较大的裂缝，可先凿宽，再嵌填弹塑性较大的聚氯乙烯塑料油膏或橡胶沥青油膏等嵌缝材料。然后用涂料粘贴一条(宽约50mm)玻璃纤维布或化纤无纺布增强。

(3)处理基层后，用棕刷将较稀的涂料(用涂料加50%汽油稀释)用力薄涂一遍，使涂料尽量向基层微孔及发丝裂纹里渗透，以增加涂层与基层的粘结力。不得漏刷，不得有气泡，一般厚为0.2mm。

(4)按玻璃纤维布或化纤无纺布宽度和铺贴顺序在基层上弹线，以掌握涂刷宽度。中层涂层施工时，应尽量避免上人反复踩踏已贴部位，以防因粘脚而把布带起，影响与基层粘结。

(5)施工注意事项。

1)底层涂层施工未干时,不准上人踩踏。

2)玻璃纤维布与基层必须粘牢,不得有皱折、气泡、空鼓、脱层、翘边和封口不严现象。

3)基层应坚实、平整、清洁,混合砂浆及石灰砂浆表面不宜施工。施工温度为－10～40℃,下雨、大风天气停止施工。

4)本涂料是以汽油为溶剂,在储运及使用过程中均须充分注意防火。随用、随倒、随封,以防挥发。存放期不宜超过半年。

5)涂料使用前须搅拌均匀,以免桶内上下浓稀不均。刷底层涂层及配有色面层涂料时,可适当添加少许汽油,降低黏度以利涂刷。

6)配腻子及有色涂料的所有粉料均应干燥,表面保护层材料应洁净、干燥。

7)使用细砂做罩面层时,需用水洗并晒干后方能使用。

8)工具用完用汽油洗净,以便再用。

2. 水浮型再生橡胶

(1)基层要求有一定干燥程度,含水率10%以下。若经水洗,要待自然干燥,一般要求晴天间隔1天,阴天酌情适当延长。若基层找平材料为现浇乳化沥青珍珠岩,其含湿率应低于5%。

(2)对基层裂缝要预先修补处理。宽度在0.5mm以下的裂缝,先刷涂料一遍,然后以自配填缝料(涂料掺加适量滑石粉)刮填,干后于其上用涂料粘贴宽约50mm的玻璃纤维布或化纤无纺布;大于0.5mm的裂缝则需凿宽,嵌填塑料油膏或其他适用的嵌缝材料,然后粘贴玻璃纤维布或化纤无纺布增强。

(3)在按规定要求进行处理基层后,均匀用力涂刷涂料一遍,以改善防水层与基层的粘结力。干燥固化后,再在其上涂刷涂料1～2遍。

(4)将防水涂料用小桶适当地倒在已干燥的底涂层上,随即用长柄大毛刷推刷，一般湿厚度为0.3～0.5mm。涂刷要均匀，不可过厚，也不得漏刷。然后将预先用圆轴卷好的玻璃纤维布(或化纤无纺布)的一端贴牢，两手紧握布卷的轴端，用力向前滚压玻璃纤维布，随刷涂料随粘贴，并用长柄刷赶走布下的气泡，将布压贴密实。贴好的玻璃纤维布不得有皱纹、翘边、白茬、鼓泡等现象。然后依次逐条铺贴，切不可铺一条空一条。铺贴时操作人员应退步进行。涂膜未干前不得上人踩踏。若须加铺玻璃纤维布，可依第一层玻璃纤维布铺贴方法施工。布的长、短边搭接宽度均应大于100mm。

(5)施工注意事项。

1)施工基层应坚实，宜等混凝土或水泥砂浆干缩至体积较稳定后再进行涂料施工，以确保施工质量。

2)涂料开桶前应在地上适当滚动，开桶后再用木棒搅拌，以使浓度均匀，然后倒入小桶内使用。

3)如需调节涂料浓度，可加入少量工业软水或冷开水，切忌往涂料里加入常见的硬水，否则将会造成涂料破乳而报废。

4)施工环境气温宜在10～30℃，并以选择晴朗干爽天气为佳，雨天应暂停施工。

5)涂料每遍涂刷量不宜超过$0.5kg/m^2$，以免一次堆积过厚而产生局部干缩龟裂。

6)若涂料沾污身体、衣物，短期内可用肥皂水洗净；时间过长涂料干固，无法水洗时，可用松节油或汽油擦洗，然后再用肥皂水清洗。施工工具上粘附的涂料应在收工后立即擦净，以便下次再用。切勿用一般水清洗，否则涂料将速变凝胶，将会使毛刷等工具不能再用。

7)防水层完工后，如发现有皱折，应将皱折部分用刀划开，用防水涂料粘贴牢固，干后在上面再粘一条玻璃纤维布增强；若有脱空起泡现象，则应将其割开放气，再用涂料贴玻璃纤维布补强；倒坡和低洼处应揭开该处防水层修补基层，再按规定做法恢复防水层。

8)水乳型再生胶沥青防水涂料无毒、不燃，储运安全。但储运环境温度应大于0℃。

注意密封，储存期一般为6个月。

第三节　细部构造防水施工

本节导读：

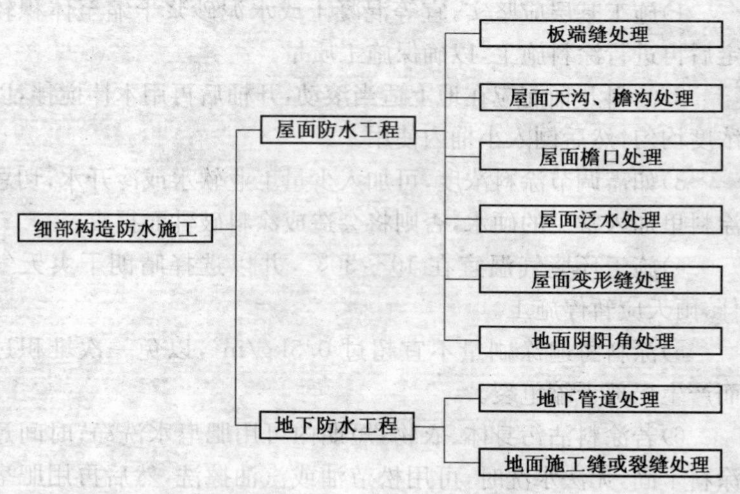

技能要点1：板端缝处理

在板端缝处应设置空铺附加层，以增加防水层参与变形的区域，每边距板缝边缘不得小于80mm；为保证附加层的空铺，可行的做法是利用聚乙烯薄膜空铺在板端缝上做缓冲层加以隔离，如图4-3所示。

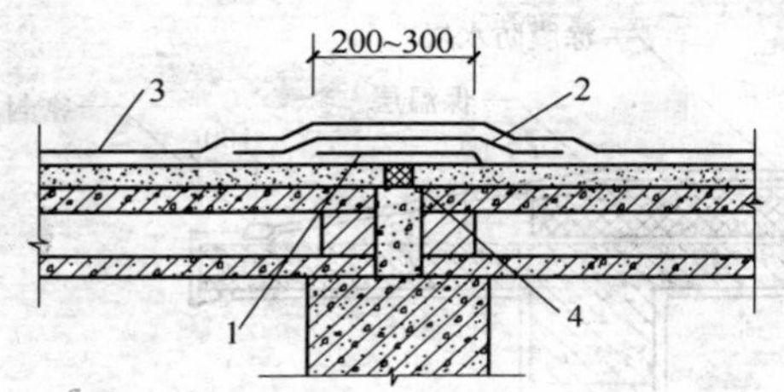

图 4-3　板端缝缓冲层做法

1. 聚乙烯薄膜　2. 附加层　3. 防水层　4. 密封材料

技能要点 2：屋面天沟、檐沟处理

天沟、檐沟与屋面交接处的附加层宜空铺，空铺宽度不应小于200mm，如图 4-4 所示。

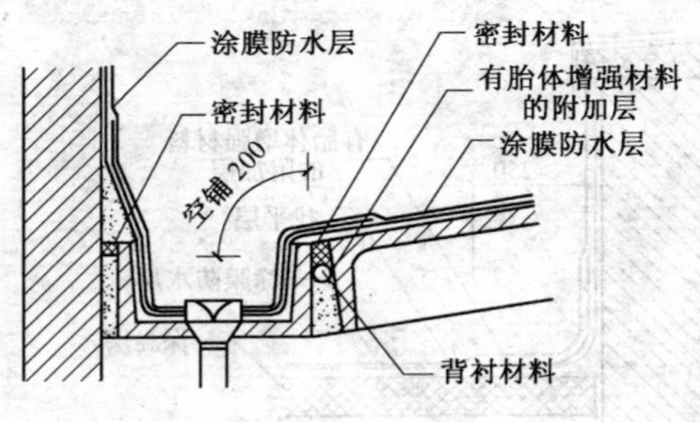

图 4-4　屋面天沟、檐沟

技能要点 3：屋面檐口处理

无组织排水檐口的涂膜防水层收头，应用防水涂料多遍涂刷或用密封材料封严，如图 4-5 所示。檐口下端应做滴水处理。

技能要点 4：屋面泛水处理

泛水处的涂膜防水层，宜直接涂刷至女儿墙的压顶下，收头处理应用防水涂料多遍涂刷封严，压顶应做防水处理，如图 4-6 所示。

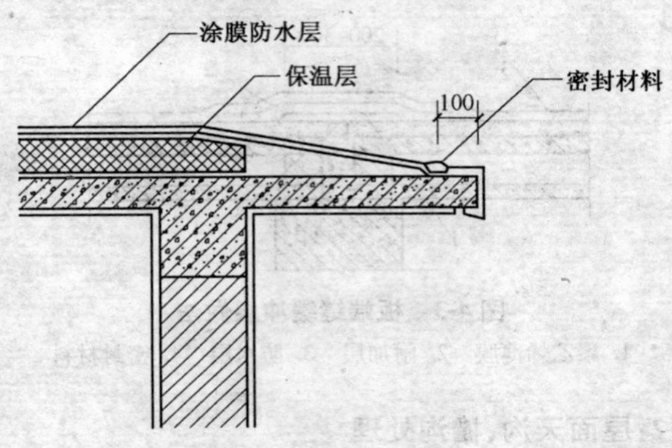

图 4-5　屋面檐口

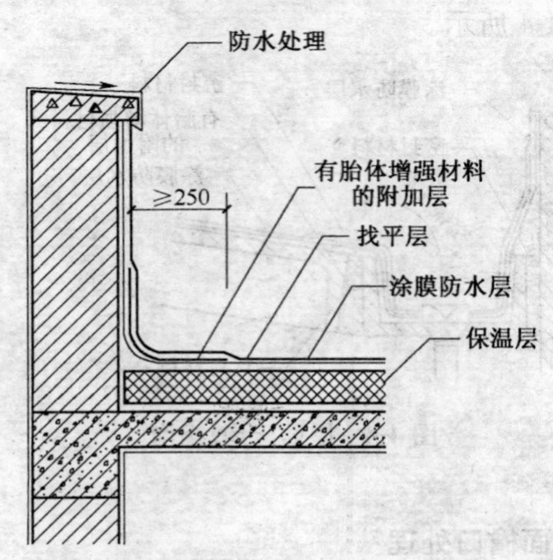

图 4-6　屋面泛水

技能要点 5:屋面变形缝处理

变形缝内应填充泡沫塑料,其上放衬垫材料,并用卷材封盖;顶部应加扣混凝土盖板或金属盖板,如图 4-7 所示。

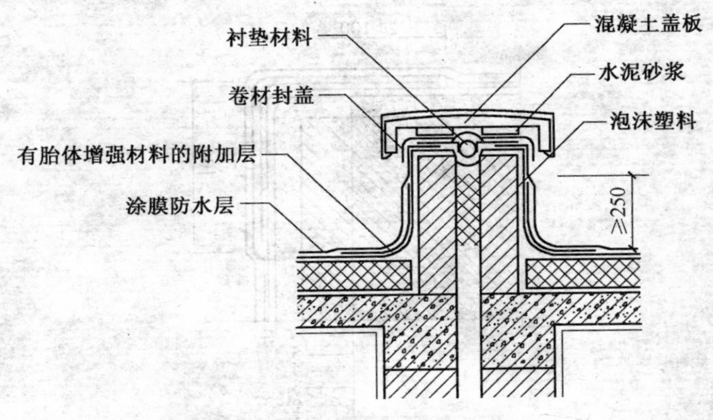

图 4-7　屋面变形缝

技能要点 6:地面阴阳角处理

在基层涂布底层涂料之后,应先进行增强涂布,同时将玻纤布铺贴好,然后再涂布第一道、第二道涂膜,阴阳角的做法如图 4-8、图 4-9 所示。

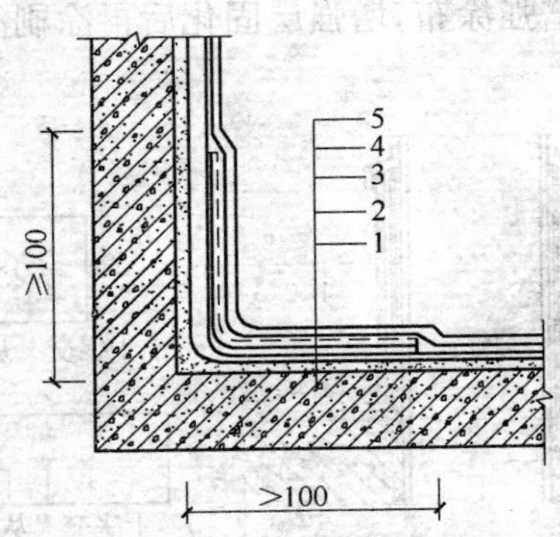

图 4-8　阴角做法

1. 需防水结构　2. 水泥砂浆找平层　3. 底涂层(底胶)　4. 玻璃纤维布增强涂布　5. 涂膜防水层

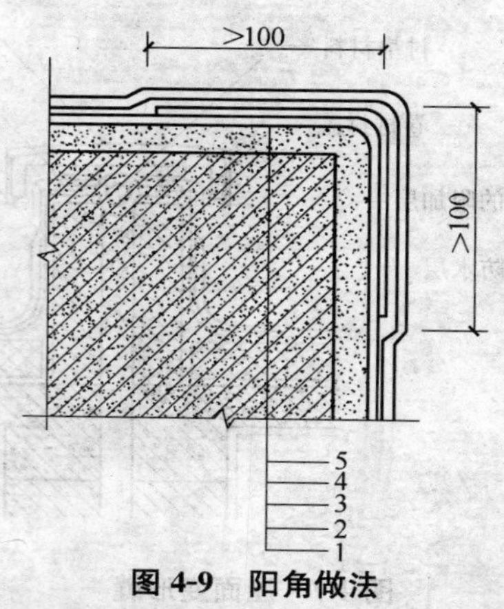

图 4-9 阳角做法

1. 需防水结构 2. 水泥砂浆找平层 3. 底涂层(底胶)
4. 玻璃纤维布增强涂布 5. 涂膜防水层

技能要点 7:地下管道处理

管道根部先将管道用砂纸打毛,用溶剂洗除油污,管道根部周围基层应清洁干燥。在管道根部周围及基层涂刷底层涂料,在底层涂料固化后做增强涂布,增强层固化后再涂刷涂膜防水层,如图 4-10 所示。

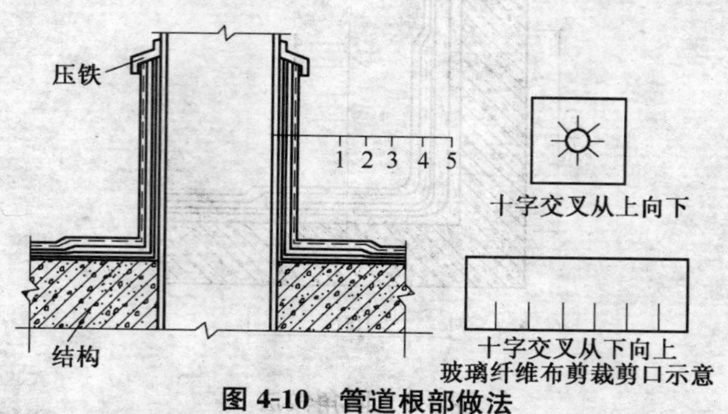

图 4-10 管道根部做法

1. 穿墙孔 2. 底图层 3. 铺十字交叉玻璃纤维布,并用铜线绑扎增强层
4. 增强涂布层 5. 第二道涂膜防水层

技能要点 8：地面施工缝或裂缝处理

施工缝或裂缝的处理应先涂刷底层涂料，待固化后再铺设 1mm 厚、10cm 宽的橡胶条，然后方可再涂布涂膜防水层，如图 4-11 所示。

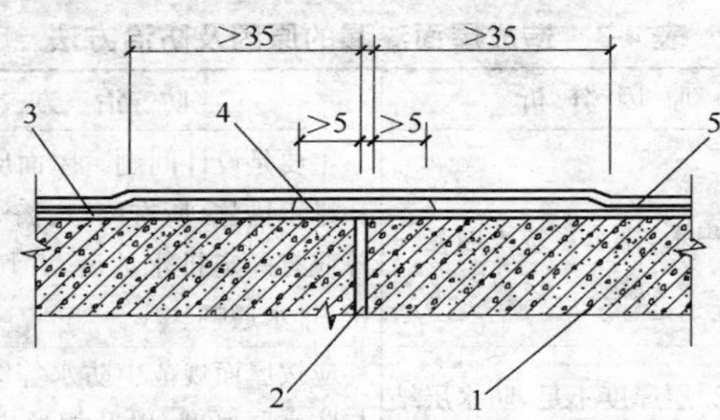

图 4-11　施工缝或裂缝处理

1. 混凝土结构　2. 施工缝或裂缝、缝隙　3. 底层料（底胶）
4. 10cm 自粘胶条或一边粘贴的胶条　5. 涂膜防水层

第四节　施工质量问题与防治

本节导读：

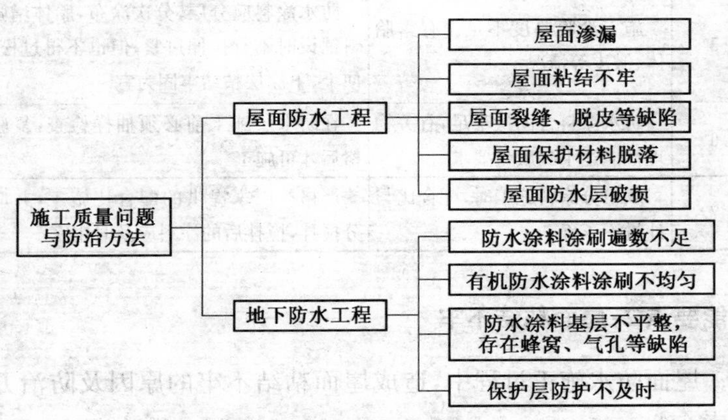

技能要点1:屋面渗漏

屋面防水施工过程中,造成屋面渗漏的原因及防治方法见表4-3。

表4-3　造成屋面渗漏的原因及防治方法

序号	原因分析	防治方法
1	屋面积水,排水系统不通畅	主要是设计问题。屋面应有合理的分水和排水措施,所有檐口、檐沟、天沟、水落口等应有一定排水坡度,并切实做到封口严密,排水通畅
2	设计涂层厚度不足,防水层结构不合理	应按屋面规范中防水等级选择涂料品种与防水层厚度,以及相适应的屋面构造与涂层结构
3	屋面基层结构变形较大,地基不均匀沉降引起防水层开裂	除提高屋面结构整体刚度外,在保温层上必须设置细石混凝土(配筋)刚性找平层,并宜与卷材防水层复合使用,形成多道防线
4	节点构造部位封固不严,有开缝、翘边现象	主要是施工原因。坚持涂嵌结合,并在操作中务必使基面清洁、干燥,涂刷仔细,密封严实,防止脱落
5	施工涂膜厚度不足。有露胎体、皱皮等情况	防水涂料应分层、分次涂布,胎体增强材料铺设时不宜拉伸过紧,但也不得过松,能使上、下涂层粘结牢固为宜
6	防水涂料含固量不足,有关物理性能达不到质量要求	在防水层施工前必须抽样检查,复验合格后才可施工
7	双组分涂料施工时,配合比与计量不正确	严格按厂家提供的配合比施工,并应充分搅拌,搅拌后的涂料应及时用完

技能要点2:屋面粘结不牢

屋面防水施工过程中,造成屋面粘结不牢的原因及防治方法见表4-4。

表 4-4　造成屋面粘结不牢的原因及防治方法

序号	原因分析	防治方法
1	基层表面不平整、不清洁	1)基层不平整如造成积水时,宜用涂料拌和水泥砂浆进行修补 2)防水层施工前,应及时将基层表面清扫,并洗刷干净
2	有起皮、起灰等现象	凡有起皮、起灰等缺陷时,要及时用钢丝刷清除,并修补完好

技能要点 3:屋面涂膜出现裂缝、脱皮、流淌、鼓泡、露胎体、皱折等缺陷

屋面防水施工过程中,造成屋面涂膜出现裂缝、脱皮、流淌、鼓泡、露胎体、皱折等缺陷的原因及防治方法见表 4-5。

表 4-5　造成屋面缺陷的原因及防治方法

序号	原因分析	防治方法
1	施工时基层过分潮湿	1)应通过简易试验确定基层是否干燥,并选择晴朗天气进行施工 2)可选择潮湿界面处理剂、基层处理剂等方法改善涂料与基层的粘结性能
2	涂料结膜不良	1)涂料变质或超过保管期限 2)涂料主剂及含固量不足 3)涂料搅拌不均匀,有颗粒、杂质残留在涂层中间 4)底层涂料未实干时,就进行后续涂层施工,使底层中水分或溶剂不能及时挥发,而双组分涂料则未能充分固化,形成不了完整防水膜
3	涂料成膜厚度不足	应按设计厚度和规定的材料用量分层、分遍涂刷
4	防水涂料施工时突遇下雨	掌握天气预报,并备置防雨设施

续表 4-5

序号	原因分析	防治方法
5	突击施工，工序之间无必要的间歇时间	根据涂层厚度与当时气候条件，试验确定合理的工序间歇时间
6	基层刚度不足，抗变形能力差，找平层开裂	1）在保温层上必须设置细石混凝土（配筋）刚性找平层 2）提高屋面结构整体刚度，如在装配式板缝内确保灌缝密实；同时在找平层内应按规定留设温度分格缝 3）找平层裂缝如大于 0.3mm 时，可先用密封材料嵌填密实，再用 10～20mm 宽的聚酯毡作隔离条，最后涂刮 2mm 厚涂料附加层 4）找平层裂缝如小于 0.3mm，也可按上述方法进行处理，但涂料附加层厚度为 1mm
7	涂料施工时温度过高，或一次涂刷过厚，或在前遍涂料未实干前即涂刷后续涂料	1）涂料应分层、分遍进行施工，并按事先试验的材料用量与间隔时间进行涂布 2）当夏天气温在 30℃以上时，应尽量避开炎热的中午施工，最好安排在早晚（尤其是上半夜）温度较低的时刻操作
8	基层表面有砂粒、杂物，涂料中有沉淀物质	涂料施工前应将基层表面清除干净；沥青基涂料中如有沉淀物（沥青颗粒），可用 32 目铁丝网过滤
9	基层表面未充分干燥，或在湿度较大的气候下操作	可选择晴朗天气下操作；或可选用潮湿界面处理剂、基层处理剂等材料，抑制涂膜中鼓泡的形成
10	基层表面不平，涂膜厚度不足，胎体增强材料铺贴不平整	1）基层表面局部不平，可用涂料掺入水泥砂浆中先行修补平整，待干燥后即可施工 2）铺贴胎体增强材料时，要边倒涂料、边推铺、边压实平整。铺贴最后一层胎体增强材料后，面层至少应再涂刷两遍涂料 3）铺贴胎体增强材料时，应铺贴平整，松紧有度。同时在铺贴时，应先在布幅两边每隔 1.5～2.0mm 间距各剪一个 15mm 的小口

续表 4-5

序号	原因分析	防治方法
11	涂膜流淌主要发生在耐热性较差的厚涂料中	进场前应对原材料抽检复查，不符合质量要求的坚决不用；沥青基质涂料及塑料油膏尤应注意此类问题

技能要点 4：屋面保护材料脱落

屋面防水施工过程中，造成屋面保护材料脱落的原因及防治方法见表 4-6。

表 4-6　造成屋面保护材料脱落的原因及防治方法

序号	原因分析	防治方法
1	保护层材料颗粒过粗，未经筛选	保护层材料颗粒不宜过粗，使用前应筛去杂质、泥块，必要时还应冲洗和烘干
2	保护层材料（如蛭石粉、云母片或细砂等）未经辊压，与涂料粘结不牢	在涂刷面层涂料时，应随刷随洒保护材料，然后用表面包胶皮的铁辊轻轻辗压，使材料嵌入面层涂料中

技能要点 5：屋面防水层破损

屋面防水施工过程中，造成屋面防水层破损的原因及防治方法见表 4-7。

表 4-7　造成屋面防水层破损的原因及防治方法

原因分析	防治方法
涂膜防水层较薄，在施工时若保护不好，容易遭到破损	1）坚持按程序施工，待屋面上其他工程全部完工后，再施工涂膜防水层 2）当找平层强度不足或有酥松、塌陷等现象时，应及时返工 3）防水层施工后一周以内严禁上人

技能要点6:地下防水涂料涂刷的遍数不足

1. 现象

每遍涂层施工操作中很难避免出现小气孔、微细裂缝及凹凸不平等缺陷,加之涂料表面张力等影响,但涂刷一遍或两遍涂料,很难保证涂膜的完整性和涂膜防水层的厚度及其抗渗性能。

2. 防治措施

根据涂料不同类别而确定不同的涂刷遍数。一般在涂膜防水施工前,必须根据设计要求的每 $1m^2$ 涂料用量、涂膜厚度及涂料材性,事先试验确定每遍涂料的涂刷厚度以及每个涂层需要涂刷的遍数。溶剂型和反应型防水涂料最少需涂刷三遍;水乳型高分子涂料宜多遍涂刷,一般涂刷不得少于六遍。

技能要点7:地下有机防水涂料涂刷不均匀

1. 现象

涂料成膜后厚薄不均,料多厚度大的涂膜不容易固化,涂膜薄的部位,抵抗压力水的能力差,容易渗漏。

2. 防治措施

(1)涂料施工前必须对基层表面的缺陷进行认真处理,凹凸不平处、孔隙及破损处均应及时修补,以使基面平整干净、无浮浆、无缝隙、有利于涂料均匀涂敷,和基面粘结良好。

(2)涂刷时按涂料施工要求进行,涂刷要均匀,不得有积料过厚难以完全固化或涂刷过薄及露白见底的现象存在。

(3)及时将流淌在阴角部位或低洼部位堆积的多余涂料及时赶平,对涂刷困难的阳角和变截面部位,应增加涂刷的遍数,使涂料不受基面高低不平的影响而获得均匀的涂膜防水层。

技能要点 8：地下防水涂料基层不平整，有蜂窝、气孔、起砂缝隙等缺陷

1. 现象

涂料防水层是采用不定型防水涂料经涂刷于基层后成膜为防水层，它与基层粘接牢固，随基层形状定形成连续的防水膜。因此，基层应平整，否则造成涂膜厚度无保证，当涂料沿尚未安全固化时，如受到外来的各种水和气体的压力作用，将使涂料无法圃化或涂膜出现小的针眼、气孔，成为渗漏水隐患。

2. 防治措施

基层表面质量的好坏是关系涂膜防水成败的关键因素之一。因此涂料施工前必须认真对基层进行处理：

(1)基层要坚固、平整、无起壳、起砂、蜂窝、孔洞、麻面及裂隙等，如有上述缺陷，应采用掺有聚合物(最好与所用涂料同类)的水泥浆进行全面批刮平整。

(2)基层过于潮湿时，也可采用聚合物水泥浆进行全面批刮等隔潮处理；遇有局部渗漏水时，应立即找出漏水点，采取引、排、堵等方法并配以堵漏材料将水堵住。

(3)基层如有死弯，尖锐棱角及凹凸不平处，应进行打磨、填补等处理。

(4)施工前必须将基层表面的灰尘、油污、碎屑等杂物清除干净。

(5)对于较宽的裂缝，应采用聚合物水泥砂浆或聚合物水泥净浆进行嵌填修补。

技能要点 9：地下有机防水涂料施工结膜后不及时做好保护层

1. 现象

涂料防水层的施工只是地下工程施工过程中的一道工序。如不及时做好保护层，其后续工序，如回填土、底板和侧墙绑扎钢筋、浇筑混凝土等式序，在施工过程中均有可能损伤已做好的涂膜防

水层，而导致工程渗漏水。

2. 防治措施

涂层施工完成后，应及时做好保护层，保护层厚度及所用材料，可根据防水部位的不同而选择。

(1)底板、顶板上的防水涂层应采用 20mm 厚 1∶2.5 的水泥砂浆和 40～50mm 厚的细石混凝土双层保护。

(2)侧墙的背水面防水涂层上应采用 20mm 厚 1∶2.5 的水泥砂浆作保护层。

(3)侧墙的迎水面防水涂层上宜选用聚苯板、再生聚苯板或聚乙烯板泡沫塑料片材等做软保护层，防止回填土夯实时将防水层破坏，也可选用 20mm 厚的 1∶2.5 水泥砂浆做保护层。

第五章 刚性防水施工

第一节 屋面混凝土防水层施工

本节导读：

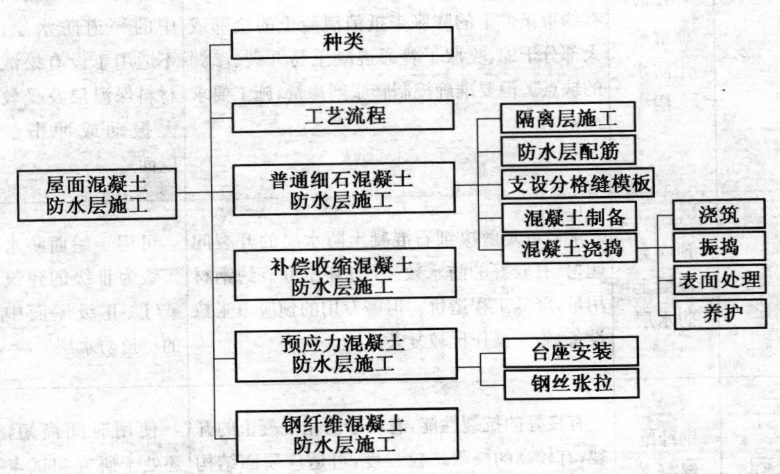

技能要点1：屋面混凝土防水层的种类

刚性防水屋面主要有普通细石混凝土防水层、补偿收缩混凝土防水层、预应力混凝土防水层、钢纤维混凝土防水层，其种类、特点和适用条件见表5-1。

表 5-1 刚性防水屋面种类、特点和适用条件

序号	种类	优 缺 点	适用条件
1	普通细石混凝土防水层	料来源比较广泛，耐久性好，耐老化、耐穿刺能力强，施工方便。但温差变形、结构变形等将导致混凝土开裂，造成渗漏	适用于Ⅲ级屋面防水或Ⅰ、Ⅱ级屋面中的一道防水层；不适用于设有松散材料保温层及受较大振动或冲击的屋面
2	补偿收缩混凝土防水层	在细石混凝土中掺入膨胀剂，利用混凝土在有约束条件下的膨胀来抵消混凝土的全部或大部分干缩，克服了普通混凝土易开裂、渗漏的缺点。但要准确控制膨胀剂掺量，施工要求严格	适用于Ⅲ级屋面防水或Ⅰ、Ⅱ级屋面中的一道防水层；不适用于设有松散材料保温层及受较大振动或冲击的屋面
3	预应力混凝土防水层	能较好地解决细石混凝土防水层的开裂问题，具有较好的防水效果，而且还可节约钢材用量，降低工程造价。但需专用的预应力张拉设备，施工操作比较复杂	可用于屋面防水等级为Ⅲ级的建筑或Ⅰ、Ⅱ级屋面中的一道防水层
4	钢纤维混凝土防水层	有良好的抗裂性能，有利于防止混凝土的开裂；有较高的极限抗拉强度，可适应屋面结构的变形，施工也较简单。但施工工艺尚需进一步完善和改进	使用时间尚短，还处于研究和试点阶段。但有良好的发展前景

技能要点 2：屋面混凝土防水层施工工艺流程

工艺流程如图 5-1 所示。

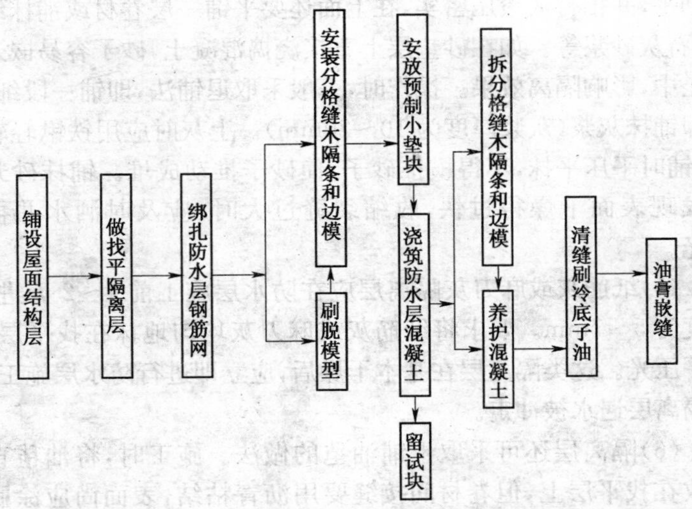

图 5-1　现浇混凝土防水层施工工艺流程

技能要点 3:普通细石混凝土防水层施工

1. 隔离层施工

在结构层与细石混凝土防水层之间必须加设隔离层,以减少结构变形、温差变形对防水层的影响。隔离层的做法虽有多种,但要真正起到隔离作用,是与操作工艺密切相关的。

隔离层的施工应注意以下几点:

(1)隔离层施工应待水泥砂浆找平层养护 1～2 天后,表面有一定强度、能上人操作时进行。

(2)石灰黏土砂浆为低强度材料,配合比为石灰膏∶砂∶黏土＝1∶2.4∶3.6。铺设时先将基层洒水湿润,但不得积水,然后铺抹 10～20mm 厚石灰黏土砂浆,抹平压光,并充分养护。等砂浆基本干燥、手压无痕后,即可进行下道工序。

(3)石灰砂浆配合比一般为石灰膏∶砂＝1∶4。

(4)细砂隔离层厚度宜控制在 10mm 以内。施工时要注意铺开刮平，并拍打或滚压密实，在上面还要平铺一层卷材或铺抹纸筋灰、石灰砂浆等。如在砂垫层上直接浇捣混凝土，砂子容易嵌入混凝土中，影响隔离效果。操作时，一般采取退铺法，即铺一段细砂，立即铺抹灰浆(灰浆厚度为 10～20mm)。上灰时应用铁锹轻轻铲放，铺时平压平抹，不得横推砂子，使砂子推动成堆。铺抹砂浆后如发现表面干燥得过快，收缩裂缝过大时，应及时洒水并再次压光。

(5)纸筋灰或麻刀灰隔离层应在防水层施工前 1～2 天进行，厚度为 5～7mm。要求将纸筋灰或麻刀灰均匀地抹在找平层上，抹平压光。这类隔离层在基本干燥后，应立即进行防水层施工，以免隔离层遇水被冲走。

(6)隔离层还可采取干铺油毡的做法。施工时，将油毡直接铺放在找平层上，但卷材间接缝要用沥青粘结，表面尚应涂刷两道石灰水和一道掺加 10%水泥的石灰浆。如不刷浆，卷材在夏季高温时易发软，使沥青浸入防水层底面而粘牢，失去隔离效果。此外，也可采用塑料布作为隔离层材料，其实践效果是十分理想的。

2. 防水层配筋

防水层中要配置双向 $\phi4$ 的低碳冷拔钢丝网片，钢丝间距 100～200mm，并在分格缝处断开。钢筋网片的位置应放在混凝土内的上部，离防水层上表面 10mm，绑扎的钢丝头要向下，切不可露出表面，否则会因锈蚀形成渗水通道。施工时严禁踩踏钢筋，以免钢筋翘起造成保护层厚度不足。

钢筋要调直，不得有弯曲现象，也不应有锈蚀和油污。绑扎钢筋的搭接长度应大于 30 倍钢筋直径，且不小于 250mm。同一截面内，接头不得超过钢筋面积的 1/4。

分格缝处的钢筋要断开，使防水层在该处能自由伸缩。为保证分格缝位置准确，可采用先满铺钢筋，再绑扎成型，然后在分格缝的位置剪断并弯钩的操作方法。

3. 支设分格缝模板

为了使分格缝位置准确，必须在隔离层上进行弹线，确定分格缝的位置。如遇有花篮梁，应在梁两侧板端均留分格缝。分格缝模板应制成上宽下窄，上口一般为25mm，下口为20mm，事先用水浸透，并刷隔离剂，然后用水泥砂浆固定在隔离层上。安装模板时应抄平或拉通线，标出防水层的厚度和排水坡度。

4. 混凝土制备

细石混凝土应按防水混凝土的要求配制。如按一般结构混凝土方法配制，则容易造成渗漏。一般要求每$1m^3$混凝土水泥最小用量不应少于330kg，含砂率为35％～40％，灰砂比应为1∶2～1∶2.5，水灰比不大于0.55，坍落度以3～5cm为宜，并应采用机械搅拌、机械振捣的操作工艺，以提高混凝土的密实度。

5. 混凝土浇捣

(1)浇筑。

1)屋面细石混凝土浇筑应从高处向低处进行，在一个分格缝中的混凝土必须一次浇筑完毕，严禁留设施工缝。盖缝式分格缝上边的反口直立部分亦应同时浇筑。

2)混凝土从搅拌机出料至浇筑完成时间不宜超过2h，在浇筑过程中，应防止混凝土的分层、离析。如有分层离析现象，应重新搅拌后使用。

3)屋面上用手推车运输时，不得直接在已绑扎好钢筋的屋面上行走。此时，必须架设运输通道，避免压弯钢筋。

4)手推车运送混凝土时，应先将材料倒在铁板上，再用铁锹铺设在屋面上，不得在屋面上直接倾倒混凝土。

5)用浇灌斗吊运混凝土时，倾倒高度不应高于1m，且宜分散铺倒在屋面上，不得过于集中。

6)混凝土下料时，要注意与钢筋的间距和保护层的准确性。

(2)振捣。

1)细石混凝土防水层应尽可能采用平板振动器振捣，振捣至表面泛浆为度。

2)在分格缝处，宜两边同时摊铺混凝土，然后才可振捣，防止模板变位。

3)在振捣过程中，应用2m靠尺随时检查，并将表面刮平，便于抹压。

(3)表面处理。

1)混凝土振捣泛浆及表面刮平后，应即用铁抹子抹平压实，使表面平整，符合屋面排水要求。

2)抹压时如提浆有困难，说明水泥用量过少或搅拌不均匀，振捣不够等。此时应及时调整配合比，改进操作方法。严禁在表面任意洒水、加铺水泥砂浆或撒干水泥进行压光等错误做法。

3)当混凝土初凝后，应用铁抹子进行第二次压光。必要时，待混凝土终凝前还应进行第三次压光。压光时应依次进行，不留抹痕。

4)分格缝处的模板，应在混凝土初凝后及时取出，并及时修补好分格缝处缺损的混凝土部分，务必使分格缝做到平直、光滑。

(4)养护。

1)细石混凝土浇筑后，一般在10～12h后即可浇水养护，养护时间不少于14天。在养护初期应禁止上人踩踏，避免防水层受到损坏。

2)养护方法可采用淋水，覆盖砂子、锯末、草袋，涂刷养护剂等，使防水层保持充分湿润。有条件时可采用蓄水养护，蓄水深度以50mm左右为宜。

3)待防水层混凝土养护到期后，即可做嵌填分格缝的后续工序。如采用盖缝式分格缝的构造，则盖瓦应从下而上进行，且宜用混合砂浆单边坐浆，檐口处伸出不少于30mm，每片瓦搭接尺寸不少于30mm。

技能要点4:补偿收缩混凝土防水层施工

(1)防水层应配$\phi4$或$\phi6$间距为100～200mm的网片，网片应在分格缝处断开。按上述配筋的补偿收缩混凝土的自由膨胀率约为0.07%～0.15%，在材料及施工气温已知的情况下，混凝土应通过试配确定配合比。

(2)确定配合比时，应根据具体条件参考有关参数和经验选定3个不同的配合比，各制作1组(3块)30mm×30mm×290mm的试件，经24h拆膜，用卡尺量出试件初始长度l_0。然后置于水中养护，每天测量1次，直至测出最大膨胀值。其计算式为：

$$\varepsilon_{1pmax}=\frac{l_{max}-l_0}{l_0}\times 100\% \qquad (5\text{-}1)$$

式中　ε_{1pmax}——混凝土最大自由膨胀率；

l_{max}——试件实测最大长度(mm)；

l_0——试件初始长度(mm)。

根据测量数据，计算每组3块的最大自由膨胀率的算术平均值。当为0.07%～0.15%时，该组即可确定为现场施工的配合比。

(3)补偿收缩混凝土凝结时间一般低于普通混凝土，因此搅拌、运输、振捣等工序应衔接紧密，拌和好的混凝土应及时浇筑，及时做好振、滚、压抹和蓄水等工序。混凝土浇筑后先用平板振动器振动1～2遍，并用小铁辊子滚压数遍，用大铁板拍浆、抹平，然后抹光2次，再蓄水养护，养护时间不少于14天。

膨胀剂具有遇水膨胀的特性，因此早期养护极为重要，必须及时并加强早期养护。一般从浇灌24h后即充分浇水或浸水养护可获得理想的膨胀值。如养护不良，不仅大大降低膨胀率，其强度也将降低约10%左右。

(4)如采用成品(预先混合)微膨胀水泥拌制补偿收缩混凝土，其拌制方法与普通混凝土相同；如采用直接加入法拌制时，其加料顺序应为：石、普通水泥、矾土水泥(或明矾石)、石膏粉、砂，连续搅拌时间不少于3min。

技能要点5：预应力混凝土防水层施工

预应力混凝土防水层的隔离层，一般要求在表面平整光滑的找平层上涂刷隔离剂或铺设一层塑料薄膜。分格缝间距可扩大到 12mm。

(1)台座安装。

1)台座可采用钢台座,如图 5-2 所示,或钢木组合台座。它既是固定预应力钢丝的工具,又可兼作防水层周边的模板。

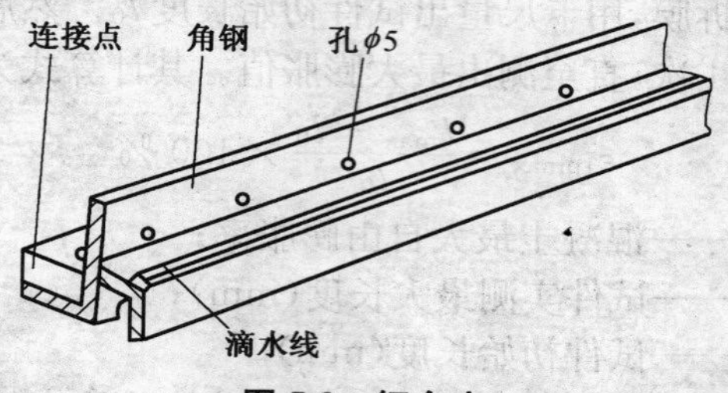

图 5-2　钢台座

2)安装台座时,台座的滴水线上口应与屋面找平层齐平。安装固定在圈梁上(无檐沟)的台座要预留螺栓穿孔,并用 1∶2 干硬性水泥砂浆或微膨胀砂浆堵塞,以免出现渗漏。

(2)钢丝张拉。

1)钢丝穿入台座固定端后,可用锥形锚具、扇形锚具或钢丝打结锚固;另一端通过张拉端锚固孔插入张拉器的夹具。

2)采用手动分离式 100kN 液压张拉器按先长向后短向的顺序张拉,控制应力一般为:

$$\sigma_k = 0.7 \sim 0.75 f_{puk} \qquad (5\text{-}2)$$

3)达到设计要求的张拉值后,用锚具锁定张拉端。此后应观察钢丝是否有明显回缩或松动现象,必要时应重新张拉。

4)为减小钢丝应力损失,施工时应防止人员与机具碰动钢丝,为此需搭设简易小马凳。

5)钢丝张拉完毕后,安装分格缝模板条。为了便于钢丝通过,可在模板条下缘按钢丝间距开宽 6mm、高 30mm 的直槽。

6)混凝土宜采用 C30。钢丝交叉点处按梅花形放垫块。

7)当最后浇筑的混凝土达到70%设计强度后,按照对称剪、间隔剪、先里面后周边的原则进行剪丝。切忌非对称剪丝,以免出现不均匀的弹性压缩。

剪丝后即可拆除台座,并将四周钢丝端头用聚合物砂浆抹封或刷防锈漆。

技能要点6:钢纤维混凝土防水层施工

(1)钢纤维混凝土的水灰质量比宜为0.45~0.50;砂率宜为40%~50%;每立方米混凝土的水泥和掺和料用量宜为360~400kg;混凝土中的钢纤维体积率宜为0.8%~1.2%。

(2)钢纤维混凝土宜采用普通硅酸盐水泥或硅酸盐水泥。粗骨料的最大粒径宜为15mm,且不大于钢纤维长度的2/3;细骨料宜采用中粗砂。

(3)钢纤维的长度宜为25~50mm,直径宜为0.3~0.8mm,长径比宜为40~100。钢纤维表面不得有油污或其他妨碍钢纤维与水泥浆粘结的杂质,钢纤维内的粘连团片、表面锈蚀及杂质等不应超过钢纤维质量的1%。

(4)钢纤维混凝土的配合比应经试验确定,其称量偏差不得超过以下规定:钢纤维为±2%;水泥或掺和料为±2%,粗、细骨料为±3%,水为±2%,外加剂为±2%。

(5)钢纤维混凝土宜采用强制式搅拌机搅拌,当钢纤维体积率较高或拌和物稠度较大时,一次搅拌量不宜大于额定搅拌量的80%。搅拌时宜先将钢纤维、水泥、粗细骨料干拌1.5min,再加入水湿拌,也可采用在混合料拌和过程中加入钢纤维拌和的方法。搅拌时间应比普通混凝土延长1~2min。

(6)钢纤维混凝土拌和物应拌和均匀,颜色一致,不得有离析、泌水、钢纤维结团现象。

(7)钢纤维混凝土拌和物,从搅拌机卸出到浇筑完毕的时间不宜超过30min,运输过程中应避免拌和物离析,如产生离析或坍落度损失,可加入原水灰比的水泥浆进行二次搅拌,严禁直接加水搅拌。

(8)浇筑钢纤维混凝土时,应保证钢纤维分布的均匀性和连续性,并用机械振捣密实。每个分格板块的混凝土应一次浇筑完成,不得留施工缝。

(9)钢纤维混凝土振捣后,应先将混凝土表面抹平,待收水后再进行二次压光,混凝土表面不得有钢纤维露出。

(10)钢纤维混凝土防水层应设分格缝,其纵横间距不宜大于10m,分格缝内应用密封材料嵌填密实。

(11)钢纤维混凝土防水层的养护,养护时间不宜少于14天;养护初期屋面不得上人。

第二节 屋面其他防水层施工

本节导读:

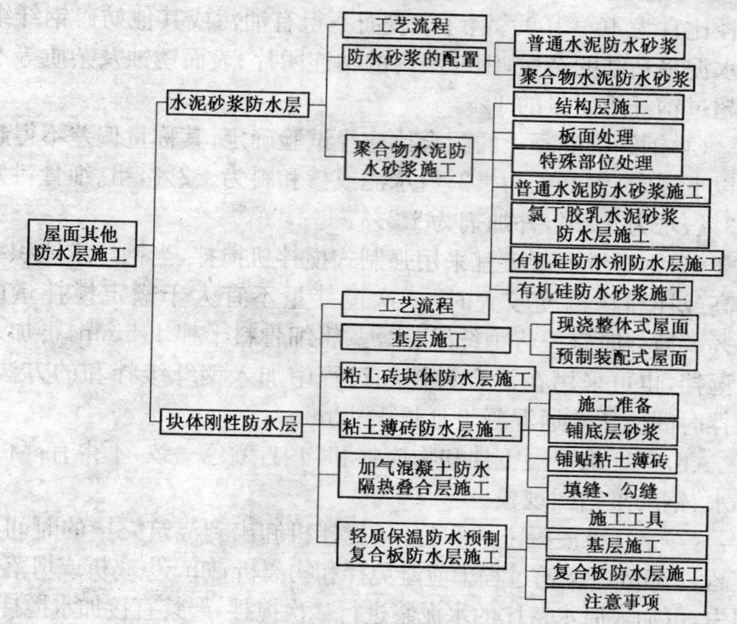

技能要点 1:水泥砂浆防水层施工工艺流程

水泥砂浆防水层的施工工艺流程,如图 5-3 所示。

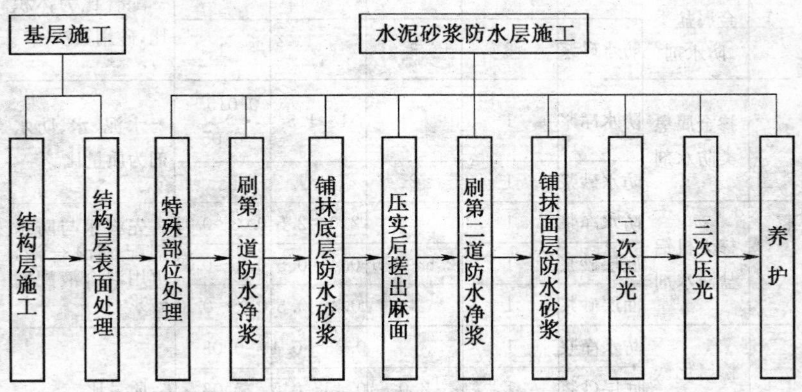

图 5-3　水泥砂浆防水层的施工工艺流程

技能要点 2:防水砂浆的配置

1. 普通水泥防水砂浆

(1)普通水泥防水砂浆材料要求见表 5-2。

表 5-2　普通水泥防水砂浆材料要求

序号	材料名称	要　求
1	水泥	强度等级不低于 42.5 级的普通硅酸盐水泥或 42.5 级矿渣硅酸盐水泥
2	砂	洁净中砂或细砂,粒径不大于 3mm,含泥量不大于 2%
3	防水剂	宜采用氯化物金属盐类防水剂或金属皂类防水剂,质量符合要求
4	水	自来水或洁净天然水,不得含糖类、油类等有害杂质

(2)普通水泥防水砂浆配合比设计见表 5-3。

表 5-3 普通水泥防水砂浆配合比参考表

序号	砂浆类型及作用		水泥	砂	水	防水剂	说明
1	掺氯化物金属盐类防水剂	防水净浆	8		5	1	配合比为体积比，砂用黄沙
		防水砂浆	8	3	5	1	
2	掺金属皂类防水剂	防水净浆	1		1～1.5	0.015～0.05	水泥、水、防水剂为质量比
		防水砂浆	1	2			
3	掺无机铝盐防水剂	防水净浆	1		2.0～2.5	0.03～0.05	先将水与防水剂配成混合液，再用混合液配制砂浆
		底层砂浆	1	2.5～3.5	0.4～0.5	0.05～0.08	
		面层砂浆	1		0.4～0.5	0.05～0.10	
4	掺氯化铁防水剂	防水净浆	1		0.35～0.4	0.03	质量比
		底层砂浆	1	2.0	0.45～0.5	0.03	
		面层砂浆	1	2.5	0.5～0.55	0.03	
5	掺水泥防水剂	防水净浆	1		1.5～2	0.05	水泥、防水剂与水为质量比
		底层砂浆	1	2.5～3	0.3～0.5	0.06～0.08	
		面层砂浆	1	2～2.5	0.4～0.6	0.07～0.09	

(3)砂浆的制备。

1)防水净浆：将防水剂置于桶中，再逐渐加入水，搅拌均匀，然后加入水泥，反复拌匀。

2)防水砂浆：防水砂浆应采用机械搅拌，以保证水泥浆的匀质性。拌制时要严格掌握水灰比，水灰比过大，砂浆易产生离析现象；水灰比过小则不易施工。

施工时应将防水剂与定量水配制成混合液。

拌制砂浆时，先将水泥和砂投入砂浆搅拌机内干拌均匀(色泽一致)，然后加入混合液，搅拌 1～2min 即可。

每次拌制的防水净浆和防水砂浆应在初凝前用完。

2. 聚合物水泥防水砂浆

聚合物水泥防水砂浆的制备见表 5-4。

表 5-4　聚合物水泥防水砂浆配制要求

<table>
<tr><th>序号</th><th>砂浆类型</th><th colspan="2">项　目</th><th colspan="5">要　　求</th></tr>
<tr><td rowspan="13">1</td><td rowspan="13">阳离子氯丁胶乳水泥砂浆</td><td rowspan="7">材料</td><td>水泥</td><td colspan="5">42.5 级以上普通硅酸盐水泥</td></tr>
<tr><td>砂</td><td colspan="5">最大粒径小于 3mm，含泥量小于 2%</td></tr>
<tr><td>阳离子氯丁胶乳</td><td colspan="5">乳白色，含固量＞50%</td></tr>
<tr><td>稳定剂</td><td colspan="5">有机表面活性剂、OP 型乳化剂、农乳 600</td></tr>
<tr><td>消泡剂</td><td colspan="5">有机硅乳液、异丁烯醇、磷酸三丁酯等</td></tr>
<tr><td>缓凝剂</td><td colspan="5">无机碱溶液</td></tr>
<tr><td>水</td><td colspan="5">自来水或洁净天然水</td></tr>
<tr><td rowspan="5">配合比（质量比）</td><td>编号</td><td>水泥</td><td>砂</td><td>氯丁胶乳</td><td>复合助剂</td><td>水</td></tr>
<tr><td>防水净浆</td><td>1</td><td>—</td><td>0.3～0.4</td><td>适量</td><td>适量</td></tr>
<tr><td>防水砂浆Ⅰ</td><td>1</td><td>2～2.5</td><td>0.2～0.5</td><td>0.13～0.14</td><td>适量</td></tr>
<tr><td>防水砂浆Ⅱ</td><td>1</td><td>1～3</td><td>0.25～0.5</td><td>适量</td><td>适量</td></tr>
<tr><td>说明</td><td colspan="5">一般稳定剂可取胶乳用量的 5%～6%，消泡剂取胶乳用量的 0.5～1，水灰比宜控制在 0.1～0.2</td></tr>
<tr><td colspan="2">砂浆制备</td><td colspan="5">1)配制混合乳液：根据配方称量阳离子氯丁胶乳放入桶中，然后加入稳定剂、消泡剂及一定量水，混合搅拌均匀
2)防水净浆：在混合乳液中加入水泥，用木棍或电动搅拌器拌匀
3)防水砂浆：按配合比称量水泥、砂，干拌均匀后，再将上述混合乳液加入，用人工或机械搅拌均匀拌和好的砂浆或净浆须在 1h 内用完</td></tr>
</table>

续表 5-4

<table>
<tr><th>序号</th><th>砂浆类型</th><th colspan="2">项 目</th><th colspan="2">要 求</th></tr>
<tr><td rowspan="7">2</td><td rowspan="7">丙烯酸酯乳胶防水砂浆</td><td rowspan="5">材料</td><td>水泥</td><td colspan="2">42.5 级普通硅酸盐水泥</td></tr>
<tr><td>砂</td><td colspan="2">普通建筑用细砂</td></tr>
<tr><td>聚合物</td><td colspan="2">丙烯酸酯，含固量约为 50%</td></tr>
<tr><td>水</td><td colspan="2">普通饮用水</td></tr>
<tr><td>助剂</td><td colspan="2">稳定剂、消泡剂等</td></tr>
<tr><td colspan="2">配合比</td><td colspan="2">水泥：砂：聚合物＝1：(2～3)：(0.3～0.5)，当丙烯酸酯固体含量为 50%时，实际聚合物掺量为水泥用量的 15%～25%</td></tr>
<tr><td colspan="2">砂浆制备</td><td colspan="2">1)混合乳液：将丙烯酸酯乳液中加入适量的稳定剂和消泡剂，制成混合乳液
2)砂浆：将水泥、砂干拌均匀，加入混合乳液(混合乳液按实际所需聚灰比称量)及适量的水，拌和至流动度达 180～200mm 即成</td></tr>
<tr><td rowspan="10">3</td><td rowspan="10">有机硅防水砂浆</td><td rowspan="4">材料</td><td>水泥</td><td colspan="2">42.5 级普通硅酸盐水泥</td></tr>
<tr><td>砂</td><td colspan="2">颗粒坚硬、表面粗糙、洁净的中砂，粒径 1～2mm</td></tr>
<tr><td>有机硅防水剂</td><td colspan="2">相对密度以 1.21～1.25 为宜，pH 值为 12</td></tr>
<tr><td>水</td><td colspan="2">一般饮用水</td></tr>
<tr><td rowspan="5">配合比</td><td rowspan="2">构造层次</td><td>砂浆配合比</td><td>硅水配合比</td></tr>
<tr><td>有机硅防水剂：水</td><td>水泥：砂：硅水</td></tr>
<tr><td>结合层水泥净浆</td><td>1：7</td><td>1：0：0.6</td></tr>
<tr><td>底层砂浆</td><td>1：8</td><td>1：2：0.5</td></tr>
<tr><td>面层砂浆</td><td>1：9</td><td>1：2.5：0.5</td></tr>
<tr><td colspan="2">砂浆制备</td><td colspan="2">1)用防水剂与水混合均匀制成硅水
2)将水泥、砂干拌均匀后，加入硅水拌匀即可</td></tr>
</table>

技能要点 3:聚合物水泥防水砂浆施工

1. 结构层施工

结构层宜采用现浇钢筋混凝土结构。当设计为预制板时,板缝必须用 C20 以上细石混凝土嵌填密实,并适当配筋,板端应留设分格缝,并嵌填密封材料。

2. 板面处理

板面有凹凸不平或蜂窝麻面、孔洞时,应先用比结构混凝土高一个强度等级的混凝土或水泥砂浆填平或修补,表面疏松的石子、浮渣等应先清除干净,以保证防水层与基层牢固结合。

3. 特殊部位处理

(1)天沟、檐口及女儿墙泛水等处的阴阳角均应做成圆弧。阳角半径一般为 10mm,阴角半径一般为 50mm。

(2)穿过防水层的管道周围应剔成深 30mm、宽 20mm 左右的沟槽,并把埋入基层部位的管道表面的铁锈清除干净,然后用水冲洗沟槽,用布擦去积水,随即用防水砂浆修补填平。

4. 普通水泥砂浆防水层施工

(1)刷第一道防水净浆。

1)水泥净浆涂抹厚度 1～2mm。

2)如基层为现浇钢筋混凝土板,最好在混凝土收水后随即施工。否则应在混凝土终凝前用硬钢丝刷刷去表面浮浆并将表面扫毛。铺设前应先将表面清理干净并浇水冲洗。

3)若基层为预制板,铺抹前应用水冲洗干净,充分湿润,但不得积水。

4)水泥净浆涂刷要均匀,不得漏底或滞留过多。

(2)铺抹底层防水砂浆。涂刷第一道防水净浆后即可铺抹底层砂浆。

1)底层砂浆分两遍铺抹,每遍厚 5～7mm。

2)抹头遍时,砂浆刮平后应用力抹压,使之与基层结成整体,在终凝前用木抹子均匀搓成毛面。

3)头遍砂浆阴干后抹第二遍,第二遍也应抹实搓毛。

5. 氯丁胶乳水泥砂浆防水层施工

(1)涂刷结合层。在处理好的基层上,用毛刷、棕刷、橡胶刮板或喷枪把胶乳水泥净浆均匀涂刷在基层表面上,不得漏涂。

(2)铺抹胶乳砂浆防水层。待结合层的胶乳水泥净浆涂层表面稍干(约 15min)后,即可铺抹防水层砂浆。因胶乳成膜较快,胶乳水泥砂浆摊开后,应迅速顺着一个方向边抹平边压实,一次成活,不得往返多次抹压,以防破坏胶乳砂浆面层胶膜。

铺抹时,按先立墙后地面的顺序施工,一般垂直面抹 5mm 厚左右,水平面抹 10～15mm 厚,阴阳角加厚抹成圆角。

(3)涂刷保护层或罩面层。胶乳水泥砂浆凝结时间比普通水泥砂浆慢,20℃时初凝约 4h,终凝约 8h,凝结后防水层不吸水。因此设计要求做水泥砂浆保护层或罩面时,必须在防水层初凝后进行。一般垂直墙面保护层厚 5mm,水平地面保护层厚20～30mm。

(4)养护。氯丁胶乳水泥砂浆应采取干湿结合养护方法:

1)龄期 20d 前不洒水,采取干养护,使面层砂浆接触空气,较早形成胶膜。如过早浇水养护,养护水会冲止砂浆中的胶乳而破坏胶网膜的形成。此间砂浆所需的水主要从胶乳中得到补充。

2)2 天以后再进行 10d 左右的洒水养护。

(5)注意事项。

1)对于干燥基层,施工前应适当进行湿润处理,以提高胶乳水泥砂浆与基层的粘结力。

2)胶乳水泥砂浆中的胶乳在空气中凝聚较快,应随拌随用,拌和后的砂浆必须在 1h 内用完。

3)胶乳水泥砂浆以拌匀为原则,不允许长时间进行强烈搅拌。

4)夏季气温较高时,砂子、水泥、胶乳应避免阳光曝晒,以防拌制的砂浆因胶乳凝聚太快而失去和易性。

6. 有机硅防水剂防水层施工

(1)新建屋面防水施工。

1)按有机硅防水剂：水=1：8配制有机硅水，备用。

2)预制板用油膏嵌缝，在油膏上用有机硅水：水泥=1：2.5的水泥砂浆抹成宽100mm、高20～30mm覆盖。

3)水泥砂浆硬化后，屋面满刷有机硅水两遍。

4)待第二遍有机硅水稍干后，刷水泥素浆一道，厚1mm。素浆配比为水泥：108胶：水=1：0.13：(0.5～0.6)。

5)素浆干后接着再刷有机硅水一遍。

6)最后刷砂浆一道，厚1mm。砂浆配比为水泥：细砂：108胶：水=1：1：0.13：0.5。

(2)墙面防水施工。

1)新建房屋墙面干燥后，直接用有机硅水喷涂两遍，其中间隔以第一遍未完全干燥为宜。喷涂时不得漏喷，有机硅水配合比为有机硅防水剂：水=1：8。

2)对旧房屋墙面，先用108胶：水泥：中性有机硅水=0.2：1：0.5的水泥胶浆修补裂缝，清除表面尘土、浮皮等，待裂纹修补处干燥后喷涂1：8有机硅水两遍。

中性有机硅水配合比为有机硅防水剂：水：硫酸铝=1：6：0.5，pH值调至7～8。

7. 有机硅防水砂浆施工

(1)清理基层。排除积水，将表面的油污、浮土、泥沙清理干净，并用水冲洗干净。表面如有裂缝、掉角、凹凸不平时，应先用水泥砂浆或108胶聚合物水泥浆进行修补。

(2)抹结合层净浆。在基层上抹2～3mm厚有机硅水泥净浆，使其与底层粘结牢固，待达到初凝后进行下道工序。

(3)铺抹底层砂浆。底层砂浆厚约10mm，用木抹子抹平压实，初凝时用木抹子抹成麻面。

(4)铺抹面层砂浆。厚度约 10mm,初凝时赶光压实,抹成麻面待做保护层做保护层抹不掺防水剂的砂浆 2～3mm 厚,表面压实,收光,不留抹痕。

(5)养护。按正常方法养护,养护时间 14 天。

技能要点 4:块体刚性防水层施工工艺流程

块体刚性防水层的防水材料主要是普通黏土砖,其次还有黏土薄砖、加气混凝土砌块及其他块体材料。块体刚性防水层的施工工艺流程如图 5-4 所示。

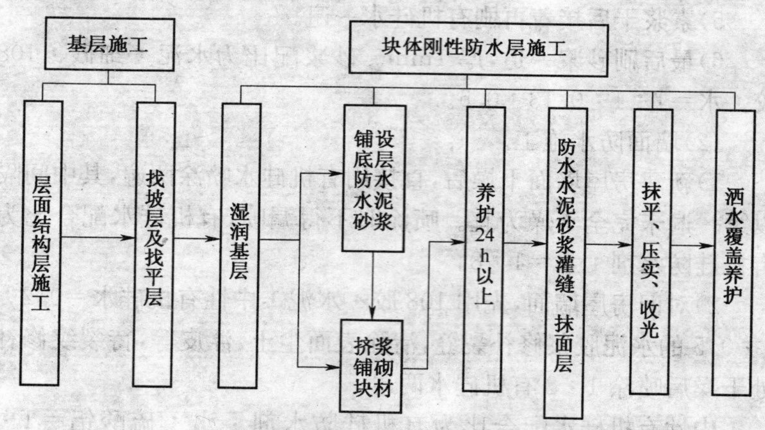

图 5-4　块体刚性防水层施工工艺流程

技能要点 5:块体刚性防水层基层施工

1. 现浇整体式屋面

采用整体现浇钢筋混凝土屋面时,结构层表面应抹压平整,排水坡度符合设计要求。

2. 预制装配式屋面

(1)铺设屋面板时,应坐浆实铺,不得有松动现象。

(2)将屋面板清扫干净,板缝中洒水湿润后,用 C20 细石混凝土灌缝，并插捣密实。灌缝混凝土中可掺入微膨胀剂。

(3)在板面高度偏差较大处，用1：3水泥砂浆局部找平。如需找坡时，应采用1：8水泥炉渣等轻质材料找坡。

技能要点6：黏土砖块体防水层施工

1. 铺设底层防水水泥砂浆

(1)铺设砂浆前将结构层或找平层表面浇水湿润，但不得积水。

(2)在湿润的基层上铺设20～25mm厚的1：3防水水泥砂浆，要求铺平、铺实、厚薄一致、连续铺抹，不得留施工缝。砂浆中宜掺入2%～5%(水泥用量)的专用防水剂，用机械搅拌，随拌随用，防水剂称量必须准确。

2. 铺砌砖块体

(1)黏土砖为直行平砌，并与板缝垂直，砖的长边宜为顺水流方向，不得采用人字形铺砌。

(2)铺砌砖块体时，应先试铺并作出标准点，然后根据标准点挂线，顺线砌砖，以使砖铺砌顺直。

(3)砖缝宽度为12～15mm，铺砌时应适当用力下压砖，使水泥砂浆挤入砖缝内的高度为1/3～1/2砖厚，砖缝中过高过满的砂浆应及时刮去。

(4)铺砌后一排砖时，要与前一排砖错缝1/2砖。砖块表面应平整。

(5)砖块体铺砌应连续进行，中途不宜间断，如必须间断时，继续施工前应将接缝处砖侧面的残浆清除干净。

(6)底层砂浆铺设后，应及时铺砌砖块体，防止砂浆干涩，粘结不牢。

3. 砖块体及底层砂浆养护

砖块体铺设后，在底层砂浆终凝前1～2天，严禁上人踩踏，防止损坏底层水砂浆或使块体松动。

4. 灌缝、抹水泥砂浆面层、压实、收光

(1)面层及灌缝用 1∶2 水泥砂浆，掺入 2%～3%防水剂，拌制时水灰比控制在 0.45～0.5 之间，用机械搅拌，随拌随用。

(2)待底层砂浆终凝 1～2 天后，先将砖面适当喷水湿润，将砂浆刮填入砖缝，要求灌满填实，然后抹面层，面层厚度不小于 12mm。

(3)面层砂浆分两遍成活：第一遍应将砖缝填实灌满，并铺抹面层，用刮尺刮平，再用木抹子拍实搓平，并用铁抹子紧跟压头遍。待水泥砂浆开始初凝(上人踩踏有脚印但不塌陷)时，用铁抹子进行第二遍压光，抹压时要压实、压光，并要消除表面气泡、砂眼，做到表面光滑、无抹痕。

5. 面层砂浆养护

面层砂浆压光 12～24h 后(视气温和水泥品种而定)，即应进行养护。养护方法可采用上铺砂、草袋洒水保湿的一般方法，有条件时应尽量采用蓄水养护，养护时间不少于 7 天，养护期间不得上人踩踏。

6. 施工注意事项

(1)砖在使用前应浇水湿润或提前一天浸水后取出晾干。铺砌时应灰浆饱满。

(2)抹面层砂浆前一定要洒水润湿砖面，以防止面层砂浆空鼓。

(3)砖块体刚性防水层与山墙、女儿墙及凸出屋面结构的交接处，应按细石混凝土刚性防水层做法进行柔性防水处理。

(4)块体刚性防水层表面平整度应达到规定要求，保证屋面坡度正确，不出现积水现象。

(5)抹面层时，应搭铺脚手板或垫板，不得在已铺砌的砖块体上走车或整车倒灰。

技能要点 7：黏土薄砖防水层施工

1. 施工准备

(1)选砖。黏土薄砖规格约为 290mm×290mm×15mm，防水层用砖应选择规格统一、无砂眼、无龟裂、无缺棱掉角、火候适中的砖铺砌在最上面一皮，其余砖可用来铺砌下面一皮（双皮构造）。

（2）清扫。把砖表面的粉状物清扫干净，以免因粉状物存在而与砂浆粘结不牢，产生空鼓使防水层漏水。

（3）浸水。黏土薄砖在铺砌前，必须先放入水中浸透，即没入水中至无气泡逸出为止，取出风干备用。

2. 铺底层砂浆

（1）弹线。在铺设的基层上，按照所选的黏土薄砖规格，四周预留 10～15mm 宽的砖缝，弹线、打格、找方。相邻两砖应错缝1/2砖。

（2）润湿。铺砌的基层必须清扫干净，并洒水润湿，使砂浆能与基层粘结牢固，但不得有积水。

（3）铺砂浆。在润湿的基层上倒铺 M2.5 混合砂浆，用刮尺平铺摊平并拍实，铺浆厚度 15～40mm，根据坡度而定。如坡度已找好，厚度宜控制在 30mm，双皮构造的上皮砖砂浆可再薄些。包括方砖在内，一般单皮构造厚 50mm，双皮构造厚约 80mm。

3. 铺贴黏土薄砖

底层砂浆铺设完毕后，应及时铺砌黏土薄砖，防止时间间隔过长使砂浆干涩而影响粘结。

（1）铺砌前，应先在砂浆上“抖砖”，即用手拿住砖的一角，在砂浆上抖动，让砖底面全部“吃浆”，使砖铺砌后与砂浆粘结更牢。

（2）“抖砖”完毕后，在该铺的位置上将黏土薄砖铺砌就位。就位时应使砖平整顺直，相邻两砖错缝 1/2 砖，砖四周留缝 10～15mm 宽。

（3）砖就位后，用手掌平压砖的中部，或用木槌轻轻敲击，使砖面均匀下沉至要求平面，相邻两砖高差不得超过 2mm。铺贴完成后及时把砖缝上溢出的砂浆刮平。

（4）当防水层设计为双皮构造时，在第一皮砖铺贴后可上人操作时，再按上述要求铺贴第二皮黏土薄砖，第二皮砖应骑缝铺砖。

4. 填缝、勾缝

最上一皮砖铺贴24h后即可进行填缝、勾缝工作。勾缝前砖缝要洒水湿润，勾缝用1∶1∶3混合砂浆，稠度为80～120mm，先将砂浆填入缝内，然后将表面压平压光，并将多余灰浆清扫干净，及时做好养护工作。

技能要点8：加气混凝土防水隔热叠合层施工

(1)铺砌加气混凝土防水层。屋面防水层施工前，先将加气混凝土块浸泡在水中，以清除浮尘，吸足水分，保证加气混凝土块与砂浆粘结牢固。

1)将屋面板冲洗干净，浇水湿润，但不得积水。

2)在湿润的屋面板上铺抹1∶2～1∶3防水砂浆，厚度为30mm左右，用刮板刮平。

3)边铺浆边铺砌加气混凝土块，各块间留12～15mm间隙，铺砌时适当挤压块体，使砂浆进入块缝内高度达到块厚的1/2～2/3，并保持块体底部的砂浆厚度不小于20mm。

4)加气混凝土块铺砌1～2天后，用水重新将块体湿透，上铺一层厚度为12～15mm的防水砂浆。施工时须先将块缝用砂浆灌满填实，再将面层砂浆抹平、压实、收光，砂浆面层须找准排水坡度。

5)面层砂浆压实、收光约10h后即可覆盖草帘，浇水养护。也可覆盖塑料薄膜，但应注意周边封严，勿使漏气。养护时间不少于7天。

(2)注意事项。

1)加气混凝土块铺砌前和面层砂浆铺抹前一定要吸足水分，不得使用干块体，避免块体与屋面板粘结不牢和面层砂浆因早期失水发生起壳开裂而影响使用效果。

2)预制空心板板端孔洞应填堵严实，防止砂浆流入孔内形成漏水。

3)女儿墙应在屋面层做好后再砌,并在墙面和屋面交接处做泛水,先用C15级混凝土贴角,然后再抹1∶2防水砂浆。

4)屋面排水坡度以1%～2%为宜。

技能要点9:轻质保温防水预制复合板防水层施工

1. 施工工具

木刮板、切刀、熬油锅或熔油密闭加热箱炉、铁桶、鸭嘴桶、长柄铲、50kg磅秤、抹子、油工铲刀、温度计等。

2. 基层施工

(1)结构层的要求与砖块体刚性防水层相同。

(2)找平层用1∶3水泥砂浆,厚20mm,表面抹平压光,不得凹凸不平。找平层间隔5～6m设置分格缝。

(3)找平层分格缝及表面3mm以上的裂纹(无空鼓)预先用油膏嵌填,如有铁锈或油污则用钢丝刷、砂纸或有机溶剂清除。

3. 复合板防水层施工

(1)将油膏切成3～4kg小块放入铁锅或加热炉内,温度控制在120～130℃之间。如发现油膏冒出黄烟时应立即退出炉内明火。油膏可随用随填新料连续作业,一般熔化500～600kg油膏约需3～4h。施工时应提前熔化油膏。施工后回收的油膏仍可再用,但数量不得超过新料的15%。

(2)将熬制好的油膏浇在基层上,用丁字形木刮板刮平,厚度2～2.5mm,用料约3～3.2kg/m^2。

(3)边刷油膏边铺预制复合板,板的端部用丁烯胶涂刷,铺贴板时要适当挤压,使板端缝结合密实。

复合板的铺贴方向应根据屋面坡度、排水方向或屋面是否受振动而定:屋面坡度<4%时,宜平行于屋脊铺贴;屋面坡度大于15%或屋面要受振动时,应垂直于屋脊铺贴。

(4)复合板的表面喷涂银粉或刷涂无机涂料着色剂两遍作为保护层,保护层厚0.15～0.2mm。

4. 注意事项

(1)预留卷材搭接施工。用丁烯胶或氯丁胶粘结,上下两层相邻幅卷材搭接缝错开;搭接宽度长边不小于 70mm,短边不小于 100mm。

(2)加铺卷材附加层。天沟、檐口、屋面与凸出屋面结构的连接处及水落管四周等防水薄弱环节,宜加铺 1～2 层卷材附加层。

(3)女儿墙施工。混凝土预制板压顶的女儿墙,应在压顶前将卷材放在下面。无压顶的女儿墙按设计要求的常规做法施工。

(4)分格缝施工。找平层的分格缝分两次灌料,第一次灌料 1/2,随灌随捣拌,使注料与缝壁粘结牢固;第二次灌满全缝,溢出油膏用平板推至缝槽中部,溢出高度不小于 2～3m,宽度超出板缝边缘 20mm。

(5)施工缝。施工缝宜放在屋脊或横缝处,搭接宽度 300mm。

(6)天气条件。铺贴预制复合板气温不宜低于－5℃,风力 5 级以上及雨雪天应停止施工。

第三节 屋面接缝密封防水施工

本节导读:

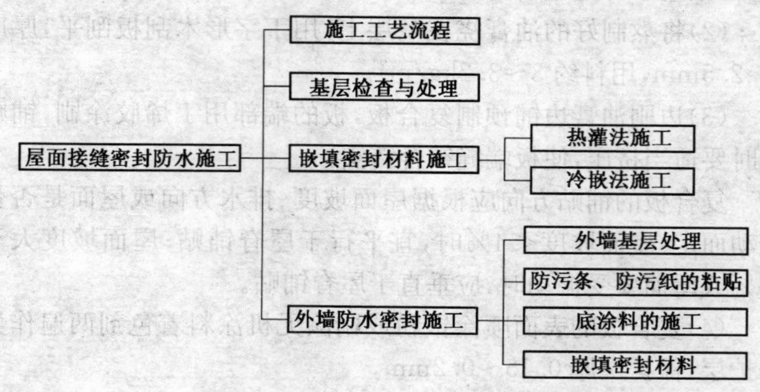

技能要点 1:施工工艺流程

施工工艺流程如图 5-5 所示。

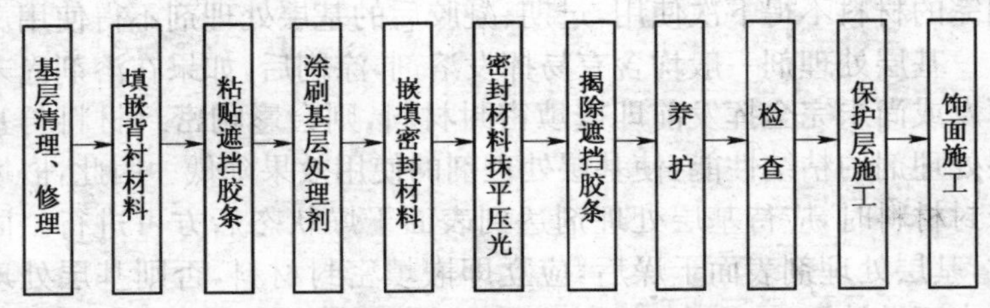

图 5-5　密封材料施工工艺流程图

技能要点 2:基层检查与处理

基层必须牢固,表面平整、密实,无蜂窝、麻面、起皮、起砂现象。嵌填密封材料前基层应干净、干燥。施工前,要对基层进行检查,对不符合要求的基层必须进行清理。

基层清理后,先进行填塞背衬材料和涂刷基层处理剂,再进行嵌填密封材料。

(1)填塞背衬材料。背衬材料的主要用途是填塞在接缝底部,以控制嵌填密封材料的深度,以及预防密封材料与缝的底部发生粘贴而形成三面粘,造成应力集中,破坏密封膏。

背衬材料应在涂刷基层涂料前嵌填。背衬材料的形状有圆形和方形的棒状或片状,应根据实际需要选定,常用的有聚苯乙烯泡沫棒、油毡条及沥青麻丝等。

填塞时,圆形的背衬材料直径应大于接缝宽度 1～2mm,方形背衬材料应与接缝宽度相同,以保证背衬材料与接缝两侧紧密接触。如接缝较浅时,可用扁平的片状背衬材料加以隔离。

(2)涂刷基层处理剂。基层处理剂可采用市购配套材料或将密封材料稀释使用。

改性密封材料的基层处理剂,一般都是在施工现场配制。为了保证其质量，配比应准确，搅拌应均匀。多组分基层处理剂一般属反应固化型材料，配制的数量应根据使用量及固化前的有效使用时间确定，并应严格按配合比、配制顺序准确计量，充分搅拌，未用完的材料不得下次使用，过期、凝胶后的基层处理剂不得使用。

基层处理剂一般均含有易挥发溶剂，涂刷后，如果在溶剂尚未挥发或尚未完全挥发前即嵌填密封材料，则会影响密封材料与基层处理剂的粘结性能，使基层处理剂的使用效果降低。因此，嵌填密封材料时，应待基层处理剂达到表面干燥状态后方可进行。同时，基层处理剂表面干燥后，应立即嵌填密封材料，否则基层处理剂表面易被污染，也会削弱密封材料与基层的粘结强度。

涂刷基层处理剂时，涂层应涂刷均匀，不得漏涂。如有露白处或涂刷与嵌填密封材料的间隔时间超过 24h 应重新涂刷一次。

技能要点 3:嵌填密封材料施工

密封材料的嵌填按操作工艺分，可分为热灌法和冷嵌法施工。改性沥青密封材料中的改性焦油沥青密封材料常用热灌法施工，改性石油沥青密封材料和合成高分子密封材料常用冷嵌法施工。

1. 热灌法施工

热灌法施工时，密封材料熬制及浇灌温度应按不同材料的要求严格控制。采用热灌法工艺施工的密封材料需要在现场塑化或加热，使其具有流塑性后使用。热灌法适用于平面接缝的密封处理。

密封材料的加热设备用塑化炉，也可在现场搭砌炉灶，用铁锅或铁桶加热。将热塑性密封材料装入锅中，装锅容量以锅的 2/3 体积为宜，用文火加热，使其熔化，并随时用棍棒搅拌，使锅内材料升温，避免锅底材料因温度过高而老化变质。在加热过程中，要注意温度变化，可用温度计（棒式 200～300℃）测温。其方法是：将温度计插入锅中心液面下 100mm 左右，并不断轻轻搅动，至温度计停止升温时测得锅内材料的温度。加热温度一般在 110～130℃，最高不得超过 140℃，并控制至以锅内材料液面发亮、不再起泡和略有青烟冒出为宜。塑化或加热到规定温度后，应立即运至现场进行浇灌。灌缝时温度不宜低于 110℃。若运输距离过长，为避免冷却，应采用保温运输。

当屋面坡度较小时，可采用特制的灌缝车或塑化炉灌缝，以减轻劳动强度，提高工作效率。檐口、山墙等节点部位，灌缝车无法使用或灌缝量不大时，宜采用鸭嘴壶浇灌。灌缝应从最低标高处开始向上连续进行，尽量减少接头。一般先灌垂直屋脊的板缝，后灌平行屋脊的板缝。纵横交叉处在灌垂直屋脊板缝时，应向平行屋脊缝两侧延伸 150mm，并留成斜槎。灌缝应饱满，略高出板缝，并浇出板缝两侧各 20mm。灌垂直屋脊板缝时，应对准缝中部浇灌。灌平行屋脊板缝时，应靠近高侧浇灌，如图 5-6 所示。

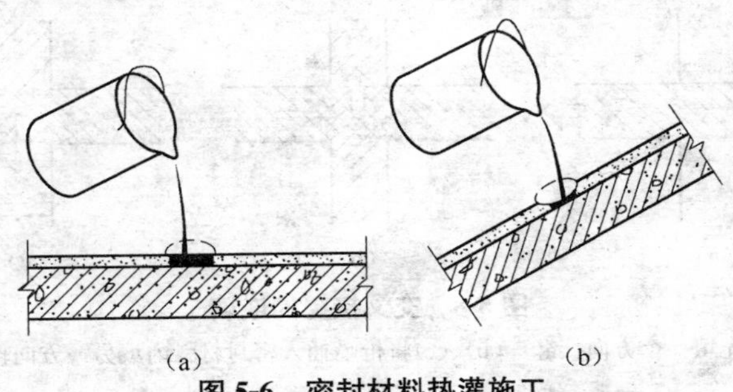

图 5-6　密封材料热灌施工

(a)灌垂直屋脊板缝　(b)灌平行屋脊板缝

灌缝完毕，应立即检查密封材料与缝两侧面的粘结是否良好，有无气泡。若发现有脱开现象和气泡存在，应用喷灯或电烙铁烤后压实。

2. 冷嵌法施工

冷嵌法施工时，应先将少量密封材料批刮在缝槽两侧，分次将密封材料嵌填在缝内，用力压嵌密实，并与缝壁粘结牢固，接头应采用斜槎。嵌填时，密封材料与缝壁不得留有空隙，防止空气进入。

冷嵌法施工多用手工作业，用腻子刀或刮刀嵌填，使用电动或手动嵌缝枪作业效果更佳。用腻子刀嵌填时，先用刀片将密封材料刮到接缝两侧的粘结面，然后将密封材料填满整个接缝。

采用挤出枪施工时，应根据接缝的宽度选用合适的枪嘴。若用简装密封材料，可将包装筒的塑料嘴斜切开作为枪嘴。嵌填时，把枪嘴贴近接缝底部，并朝移动方向倾斜一定角度，边挤边以缓慢均匀速度使密封材料从底部充满整个接缝，如图 5-7 所示。嵌填接缝交叉部位时，先填充一个方向的接缝，然后把枪嘴插进交叉部位已填充的密封材料内，填好另一方向的接缝，如图 5-8 所示。

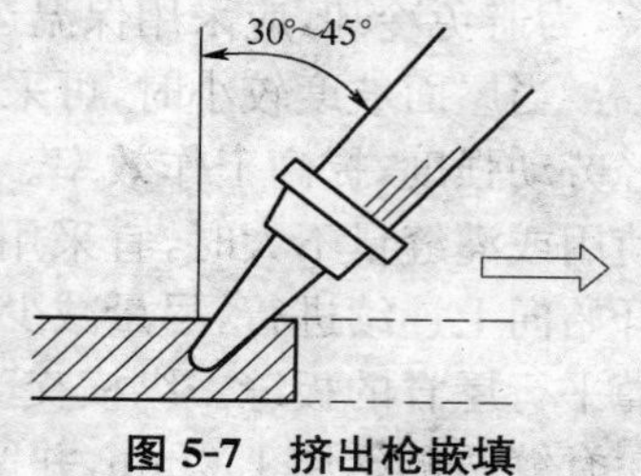

图 5-7 挤出枪嵌填

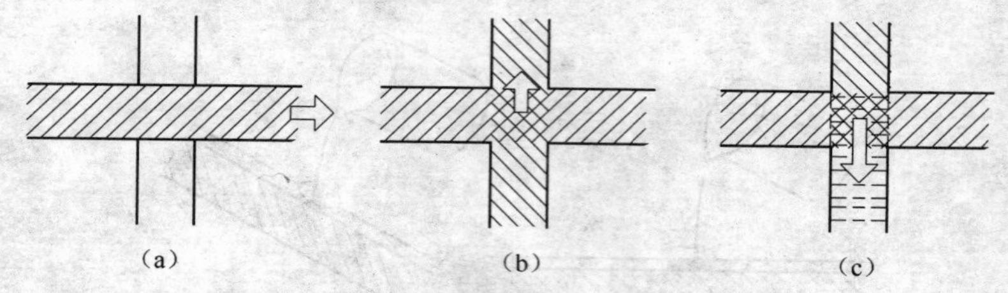

图 5-8 交叉接缝的嵌填

(a)先填一个方向接缝 (b)、(c)将枪嘴插入密封材料内填另一方向接缝

对密封材料衔接部位的嵌填，应在密封材料固化前进行。嵌填时，应将枪嘴移动到已嵌填好的密封材料内重复填充，以保证衔接部位密实饱满。如接缝尺寸宽度超过 30mm，或接缝底部是圆弧形的，宜采用二次填充法嵌填，即待先填充的密封材料固化后，再进行第二次填充，如图 5-9 所示。

为了保证嵌填质量，应在嵌填完的密封材料未干前，用刮刀压平与修整。嵌填完毕的密封材料应养护 2～3 天，在养护期内不得碰损或污染密封材料。

屋面或地下室等对美观要求不高的接缝，为了避免密封材料直接暴露在大气之中或遭人为穿刺破坏，需在密封材料表面做保护层，保护层按设计要求施工。对于设计无要求的，可使用稀释的密封材料做涂料，衬加一层胎体增强材料，做成宽度为200～300mm的一布二涂的涂膜保护层。

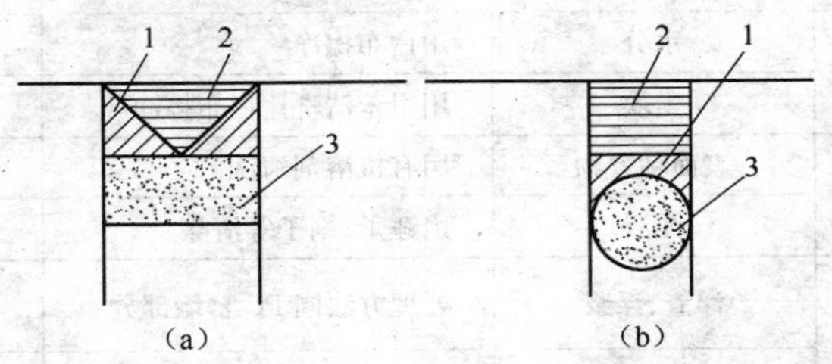

图5-9 二次嵌填密封材料

1. 第一次嵌填 2. 第二次嵌填 3. 背衬材料

技能要点4:外墙防水密封施工

外墙防水密封施工的气温为3～50℃，湿度不大于85%。

外墙密封防水施工的部位有：金属幕墙、PC幕墙、各种外装板、玻璃周边接缝、金属制隔扇、压顶木、混凝土墙等。

外墙密封防水施工步骤可分为：基层处理、防污条或防污纸的粘贴、底涂料的施工、嵌填密封材料、工具清洗以及外墙密封防水的装饰几个方面。

1. 外墙基层处理

(1)清除基层上影响密封效果的不利因素。基层上出现的有碍粘结的因素及处理办法见表5-5。

表5-5 外墙防水基层处理

防水部位	可能出现的不利因素	处理办法	注意事项
金属幕墙	锈蚀	1)钢针除锈枪处理 2)锉、金属刷或砂子	
	油渍	用有机溶剂溶解后再用白布擦净	
	涂料	1)用小刀刮除 2)用不影响粘结的溶剂溶解后再用白布擦净	

续表 5-5

防水部位	可能出现的不利因素	处理办法	注意事项
金属幕墙	水分	用白布擦净	—
	尘埃	用甲苯清洗用白布擦净	—
PC 幕墙	表面粘着物	用有机溶剂清洗	—
	浮渣	用锤子、刷子等清除	—
各种外装板	浮渣、浮浆	处理方法同 PC 幕墙部分	—
	强度比较弱的地方	敲除、重新补上	—
玻璃周边接缝	油渍	用甲苯清洗用白布擦	勤换白布
金属制隔扇	同金属幕墙		—
压顶木	腐烂了的木质	进行清除	清除腐烂的部位
	沾有油渍	把油渍刨掉	除去油渍

(2)控制接缝宽度。控制接缝宽度的目的是为了使接缝宽度满足设计和规范的要求,使密封材料的性能得以充分发挥,达到防水的目的。控制接缝宽度应从以下几方面着手:

1)把握好以上几道工序的施工质量,使施工后的接缝宽度符合设计要求。

2)对于局部不符合要求的部位进行合理的修补,使接缝达到要求。

3)难以满足设计要求时,应同设计单位及时协商,合理解决。

2. 防污条、防污纸的粘贴

为了让密封材料充填到最佳位置,应设置背衬材料,填充时应准确迅速地完成。

防污条、防污纸的粘贴是为了防止密封材料污染外墙,影响美观。外墙对美观程度要求高,因此,在施工时应粘贴好防污条和防污纸,同时也不能使防污条上的粘胶浸入到密封膏中去。

3. 底涂料的施工

底涂料起着承上启下的作用，使界面与密封材料之间的粘结强度提高，因此应认真地涂刷底涂料。

底涂料的施工环境如下：

(1)施工温度不能太高，以免有机溶剂在施工前就挥发完了。

(2)施工界面的湿度不能太大，以免粘结困难。

(3)界面表面不应结露。

4. 嵌填密封材料

嵌填密封材料的施工步骤为：施工工具和施工材料的准备，材料的拌和，向施工工具内充填密封材料，界面内充填密封材料，施工取样及局部处理，撤除防污条，清扫施工场地，施工完后的养护及检查，填写施工报表。嵌填密封材料的施工步骤见表5-6。

表5-6　嵌填密封材料的施工步骤

序号	施工步骤	内　容
1	施工工具和施工材料的准备	1)施工工具的准备。施工工具可按设计中指定的材料来准备，也可按常规方法来准备，但一般施工单位按自己的实际情况来准备 2)施工材料的准备。施工材料的准备有如下内容：按设计要求购买密封材料，密封材料的储运与包装，密封材料入库前的检查、抽样，密封材料的入库工作，密封材料的出库工作，密封材料在施工现场的抽样检查
2	材料的拌和	应搅拌均匀并避免带入气泡
3	向施工工具内充填密封材料	有些施工工具应在施工前将密封材料充填于其中，如喷枪 充填密封材料应注意： 1)不能使气泡混入其中 2)嵌填应在密封材料混合后进行，因此充填后的密封材料应使用完 3)检查盛装密封材料的容器内有无异物

续表 5-6

序号	施工步骤	内容
4	嵌填密封材料	确定底涂料已经干燥时便可开始嵌填密封材料 充填时，金属幕墙、PC幕墙、各种外装板、混凝土墙应从纵横缝交叉处开始，施工时，枪嘴应从接缝底部开始，在外力作用下先让接缝材料充满枪嘴部位的接缝，逐步向后退，每次退的时候都不能让枪嘴露出在密封材料外面，以免气泡混入其中；玻璃周边接缝从角部开始分两步施工：第一步使界面和玻璃周边相粘结，此次施工时，密封材料厚度要薄，且均匀一致；第二步将玻璃与界面之间的接缝密封，一般来说，此次施工成三角形，密封材料表面要光滑，不应对玻璃和界面造成污染，便于随后的装饰。压顶木的接缝施工应从顶部开始，施工要点如前所述
5	施工取样及局部处理	1)施工取样。施工取样指在指定的位置取出原密封材料一小块，以确定其各项技术性能指标。施工取样一般以天为单位取样，在一天施工结束后进行，它是确定密封防水效果和局部处理的根据 2)局部处理。局部处理指有可能引起怀疑的地方和新旧施工接连处的处理。由于工程量比较小，只需用腻子刀进行施工。施工时应用力，使密封材料粘结牢固，同时不能让密封材料浸入到防污纸中去，污染界面。施工应在密封材料未固化前完成
6	撤除防污条	将防污条撤除，不可污染墙面
7	施工场地的清扫	施工场地的清扫在施工完成后即可进行，而密封材料周边的清扫则应在密封材料固化后进行。清扫的内容包括施工过程中所留下的废弃东西，密封材料对界面的污染的清洗。前者应作妥善处理，不要对环境造成污染，后者应选择比较合适的溶剂对界面进行清洗
8	养护和检查	密封工程完工后应及时进行养护和检查，使其不受其他方面的破坏
9	填写施工报表	施工报表的内容有：单项工程名称、施工日期、施工人员、使用工具、使用材料、材料检测内容、施工取样情况、施工完成内容、施工条件等情况，并且应由负责人签字

第四节 地下混凝土防水层施工

本节导读:

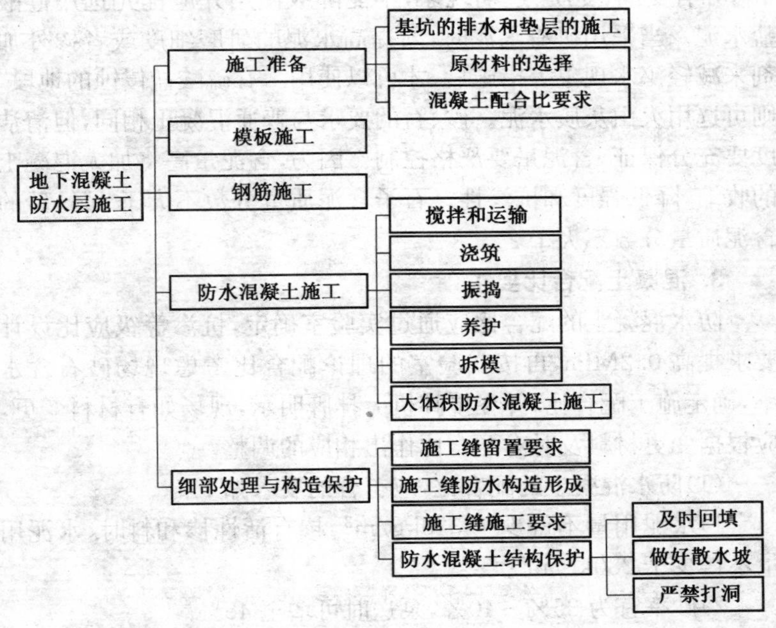

技能要点 1:施工准备

1. 基坑的排水和垫层的施工

防水混凝土在终凝前严禁被水浸泡,否则将会影响其正常硬化,降低其强度和抗渗性。因此,作业前需要做好基坑的排水工作。混凝土主体结构施工前,必须做好基础垫层混凝土,使之起到防水辅助防线的作用,同时保证主体结构施工的正常进行。一般做法是:在基坑开挖后,铺设 300～400mm 毛石做垫层,上铺粒径

25～40mm 的石子，厚约 50mm，经夯实或碾压，然后浇筑 C15 混凝土厚 100mm 做找平层。

2. 原材料的选择

配制防水混凝土的原材料，必须符合质量要求。水泥必须符合国家标准，强度等级不低于 42.5 级，水泥用量不得少于 300kg/m^3，如有受潮、变质、过期现象，不能降级使用并应优先选用硅酸盐水泥。当采用矿渣水泥时，须提高水泥的研磨细度或者掺外加剂来减轻泌水现象等措施后，才可以使用。有硫酸盐侵蚀的地段，则可选用火山灰质水泥。砂、石的要求与普通混凝土相同，但清洁度要充分保证，含泥量要严格控制。因为，含泥量高将加大混凝土的收缩，降低强度和抗渗性。石子含泥质量分数不大于 1%，砂的含泥质量分数不大于 2%。

3. 混凝土配合比要求

防水混凝土的配合比应通过实验室确定，抗渗等级应比设计要求提高 0.2MPa，再按实验室的理论配合比考虑现场砂石含水率，确定施工配合比，并在搅拌机旁挂牌明示，现场如有材料变更，应根据变更材料及时对配合比作出相应的调整。

(1)防水混凝土的配合比，应符合的要求如下：

1)水泥用量不得少于 320kg/m^3；掺有活性掺和料时，水泥用量不得少于 280kg/m^3。

2)砂率宜为 35%～40%，泵送时可增至 45%。

3)灰砂比宜为 1∶(1.5～2.5)。

4)水灰比不得大于 0.55。

5)普通防水混凝土坍落度不宜大于 50mm。防水混凝土采用预拌混凝土时，入泵坍落度宜控制在(120±20)mm，入泵前坍落度每小时损失值应不大于 30mm，坍落度总损失值应不大于 60mm。

6)掺加引气剂或引气型减水剂时，混凝土含气体积分数应控制在 3%～5%。

7)防水混凝土采用预拌混凝土时,缓凝时间宜为6～8h。

(2)防水混凝土配料必须按质量配合比准确称量。计量允许偏差应不大于下列要求:

1)水泥、水、外加剂、掺和料为±1%。

2)砂、石为±2%。

技能要点2:模板施工

(1)模板应平整,拼缝严密,并应有足够的刚度、强度,吸水性要小,支撑牢固,装拆方便,以钢模、木模为宜。

(2)一般不宜用螺栓或钢丝贯穿混凝土墙固定模板,以避免水沿缝隙渗入。在条件适宜的情况下,可采用滑模施工。

(3)固定模板时,严禁用钢丝穿过防水混凝土结构,以防在混凝土内部形成渗水通道。如必须用对拉螺栓来固定模板,则应在预埋套管或螺栓上至少加焊(必须满焊)一个直径为80～100mm的止水环。若止水环是满焊在预埋套管上的,则拆模后,拔出螺栓,用膨胀水泥砂浆封堵套管;若止水环是满焊在螺栓上的,则拆模后,应将露出防水混凝土的螺栓两端多余部分割去,如图5-10所示。

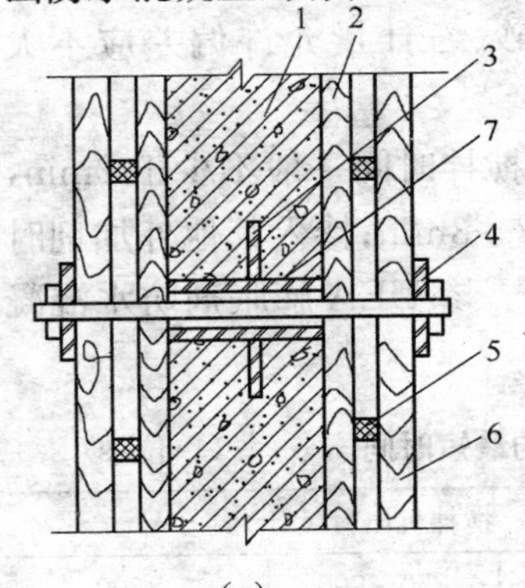

(a)

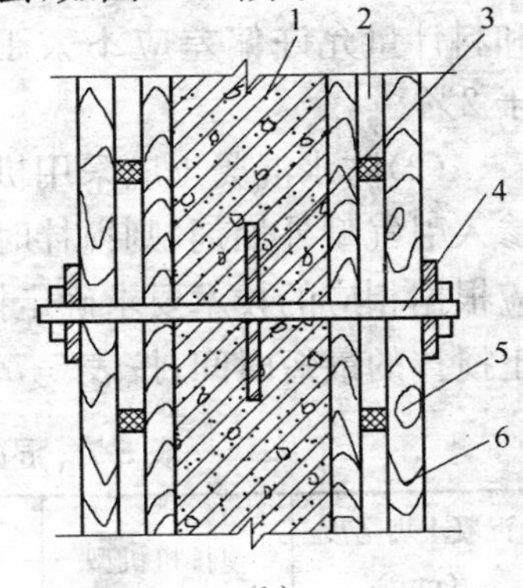

(b)

图5-10　对拉螺栓防水处理

(a)预制套管加焊止水环　(b)螺栓加焊止水环

1. 防水混凝土　2. 模板　3. 止水环　4. 螺栓　5. 大龙骨　6. 小龙骨　7. 预埋套管

技能要点3:钢筋施工

(1)钢筋相互间应绑扎牢固,以防浇捣时,因碰撞、振动使绑扣松散、钢筋移位,造成露筋。

(2)钢筋保护层厚度,应符合设计要求,不得有负误差。一般迎水面防水混凝土的钢筋保护层厚度,不得小于35mm,当直接处于侵蚀性介质中时,应不小于50mm。

留设保护层时,应以相同配合比的细石混凝土或水泥砂浆制成垫块,将钢筋垫起,严禁以钢筋垫钢筋,或将钢筋用钢钉、钢丝直接固定在模板上。

(3)钢筋及绑扎钢丝均不得接触模板,若采用钢马凳架设钢筋,在不能取掉的情况下,应在钢马凳上加焊止水环。

技能要点4:防水混凝土施工

1. 防水混凝土搅拌和运输

(1)严格按选定的施工配合比,准确计算并称量每种用料。外加剂的掺加方法遵从所选外加剂的使用要求。水泥、水、外加剂掺和料计量允许偏差应不大于±1%;砂、石计量允许偏差应不大于2%。

(2)防水混凝土应采用机械搅拌,搅拌时间一般不少于2min,掺入引气型外加剂,则搅拌时间约为2~3min;掺入其他外加剂时应根据相应的技术要求确定搅拌时间。掺UEA膨胀剂防水混凝土搅拌的最短时间,按表5-7采用。

表5-7 混凝土搅拌的最短时间 (单位:s)

混凝土坍落度(mm)	搅拌机机型	搅拌机出料量(L)		
		<250	250~500	>500
≤30	强制式	90	120	150
	自落式	150	180	210

续表 5-7

混凝土坍落度(mm)	搅拌机机型	搅拌机出料量(L)		
		<250	250～500	>500
>30	强制式	90	90	120
	自落式	150	150	180

注：1. 混凝土搅拌的最短时间指自全部材料装入搅拌筒中起，到开始卸料止的时间。

2. 当掺有外加剂时，搅拌时间应适当延长(表中搅拌时间为已延长的搅拌时间)。

3. 全轻混凝土宜采用强制式搅拌机搅拌，砂轻混凝土可采用自落式搅拌机搅拌，但搅拌时间应延长 60～90s。

4. 采用强制式搅拌机搅拌轻骨料混凝土的加料顺序是：当轻骨料在搅拌前预湿时，先加粗、细骨料和水泥搅拌 30s，再加上继续搅拌；当轻骨料在搅拌前未预湿时，先加 1/2 的总用水量和粗、细骨料搅拌 60s，再加水泥和剩余用水量继续搅拌。

5. 当采用其他形式的搅拌设备时，搅拌的最短时间应按设备说明书的规定或经试验确定。

(3)混凝土在运输过程中，应防止产生离析、坍落度和含气量的损失，同时还要防止漏浆。拌好的混凝土要及时浇筑，常温下应在 0.5h 内运至现场，于初凝前浇筑完毕。当运送距离远或气温较高时，可掺入缓凝型减水剂。浇筑前发生显著泌水离析现象时，应加入适量的原水灰比的水泥搅拌均匀，方可浇筑。

2. 防水混凝土浇筑

(1)浇筑前，应将模板内部清理干净，木模用水湿润模板。

(2)浇筑时，若入模自由高度超过 1.5m，则必须用串筒、溜槽或溜管等辅助工具将混凝土送入，以防离析和造成石子滚落堆积，影响质量。

(3)在防水混凝土结构中有密集管群穿过处、预埋件或钢筋稠密处、浇筑混凝土有困难时，应采用相同抗渗等级的细石混凝土浇筑。预埋大管径的套管或面积较大的金属板时，应在其底部开设浇筑振捣孔，以利排气、浇筑和振捣，如图 5-11 所示。

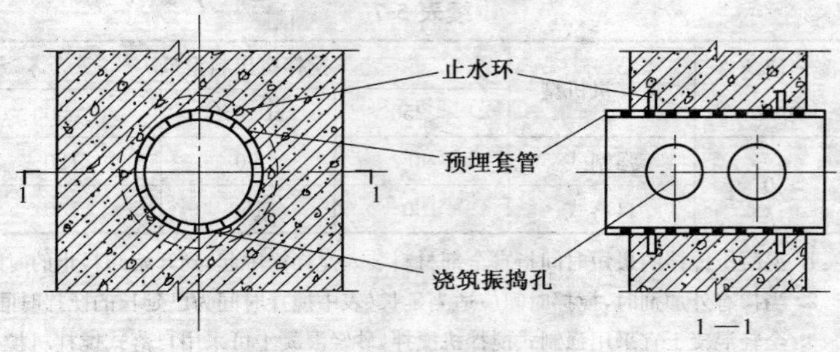

图 5-11　浇筑振捣孔示意图

(4)混凝土运输、浇筑及间歇的全部时间不得超过表 5-8 中的允许时间,当超过时应留置施工缝。

表 5-8　混凝土运输、浇筑和间歇的允许时间　(单位:min)

混凝土强度等级	气温	
	不高于 25℃	高于 25℃
不高于 C30	210	180
高于 C30	180	150

(5)随着混凝土龄期的延长,水泥继续水化,内部可冻结水大量减少,同时水中溶解盐的浓度增加,因而冰点也会随龄期的增加而降低,使抗渗性能逐渐提高。为了保证早期免遭冻害,不宜在冬季施工,而应选择气温在 15℃以上环境中施工。因为气温在 4℃时,强度增长速度仅为 15℃时的 50%,而混凝土表面温度降到－4℃时,水泥水化作用停止,强度也停止增长。如果此时混凝土强度低于设计强度的 50%,则冻胀使内部结构破坏,造成强度、抗渗性急剧下降。因此北方地区对于施工季节选择安排十分重要。

3. 防水混凝土振捣

(1)当用插入式混凝土振捣器时,插点间距不宜大于振捣棒作用半径的 1.5 倍,振捣棒与模板的距离不应大于其作用半径的0.5倍。振捣棒插入下层混凝土内的深度应不小于50mm，每一振点应快插慢拔，以使振捣棒拔出后，混凝土自然地填满插孔。

(2)当采用表面式混凝土振捣器时，其移动间距应保证振捣器的平板能覆盖已振实部分的边缘。

(3)混凝土必须振捣密实，每一振点的振捣延续时间，应使混凝土表面呈现浮浆和不再沉落。

(4)施工时的振捣是保证混凝土密实性的关键。浇筑时，必须分层进行，按顺序振捣。

(5)采用插入式振捣器时，分层厚度不宜超过30cm；用平板振捣器时，分层厚度不宜超过20cm，一般应在下层混凝土初凝前接着浇筑上一层混凝土。通常分层浇筑的时间间隔不超过2h；气温在30℃以上时，不超过1h。

(6)防水混凝土浇筑高度一般不超过1.5m，否则应用串筒和溜槽或侧壁开孔的办法浇捣。

(7)振捣时，不允许用人工振捣，必须采用机械振捣，做到不漏振、欠振，又不重振、多振。

(8)防水混凝土密实度要求较高，振捣时间宜为10～30s，以混凝土开始泛浆和不冒气泡为止。

(9)掺引气剂减水剂时，应采用高频插入式振捣器振捣。

(10)振捣器的插入间距不得大于500mm，贯入下层不小于50mm。

4. 防水混凝土养护

(1)防水混凝土的养护期不少于14天，其中前7天的养护最为重要。对火山灰硅酸盐水泥养护期不少于21天。

(2)浇水养护次数应能保持混凝土充分湿润，每天浇水3～4次或更多次数，并用湿草袋或薄膜覆盖混凝土的表面，以避免暴晒。

(3)冬季施工应有保暖、保温措施。因为防水混凝土的水泥用量较大，相应的混凝土的收缩性也大，养护不好，极易开裂，易降低抗渗能力。所以，当混凝土进入终凝（约浇灌后 4～6h）即应覆盖并浇水养护。防水混凝土不宜采用电热法养护。

（4）当环境温度达 10℃时可少浇水，因为在此温度下养护抗渗性能最差。当养护温度从 10℃提高到 25℃时，混凝土抗渗压力从 0.1MPa 提高到 1.5MPa 以上。但养护温度过高也会使抗渗性能降低。当冬季采用蒸汽养护时，最高温度不超过 50℃，养护时间必须达到 14 天。

（5）采用蒸汽养护时，不宜直接向混凝土喷射蒸汽，但应保持混凝土结构有一定的湿度，防止混凝土早期脱水，并应采取措施排除冷凝水和防止结冰。蒸汽养护应按下列规定控制升温与降温速度。

1）升温速度：对表面系数［指结构的冷却表面积（m^2）与结构全部体积（m^3）的比值］小于 6 的结构，不宜超过 6℃/h；对表面系数大于等于 6 的结构，不宜超过 8℃/h；恒温温度不得高于 50℃。

2）降温速度：不宜超过 5℃/h。

5. 拆模

（1）防水混凝土不宜过早拆模。拆模过早，等于养护不良，也会导致开裂，降低其防渗能力。拆模时防水混凝土的强度必须达到设计强度的 70%，防水混凝土表面温度与周围气温之差不得超过 15℃，以防混凝土表面出现裂缝。

（2）拆模后应及时回填。回填土应分层夯实，并严格按照规范的要求操作。

6. 大体积防水混凝土施工

（1）在设计许可的情况下，采用混凝土 60d 强度作为设计强度。

（2）采用低热或中热水泥，掺加粉煤灰、磨细矿渣粉等掺和料。

（3）掺入减水剂、缓凝剂、膨胀剂等外加剂。

（4）在炎热季节施工时，采取降低原材料温度、减少混凝土运输时吸收外界热量等降温措施。

(5)混凝土内部预埋管道,进行水冷散热。

(6)采取保温保湿养护,混凝土中心温度与表面温度的差值应不大于250℃,混凝土表面温度与大气温度的差值应不大于25℃,养护时间应不少于14天。

技能要点5:细部处理与结构保护

1. 施工缝留置要求

防水混凝土应连续浇筑,宜少留施工缝。顶板、底板不宜留施工缝,顶拱、底拱不宜留纵向施工缝。

当留设施工缝时,应遵守的规定如下:

(1)墙体水平施工缝不宜留在剪力与弯矩最大处或底板与侧墙的交接处,应留在高出底板表面不小于300mm的墙体上。拱(板)墙结合的水平施工缝,宜留在拱(板)墙接缝线以下150～300mm处。墙体有预留孔洞时,施工缝距孔洞边缘不宜小于300mm。

(2)垂直施工缝应避开地下水和裂隙水较多的地段,并宜与变形缝相结合。

2. 施工缝防水构造形式

施工缝防水的构造形式如图5-12所示。

3. 施工缝施工要求

(1)水平施工缝浇灌混凝土前,应将其表面浮浆和杂物清除,先铺净浆,再铺30～50mm厚的1∶1水泥砂浆或涂刷混凝土界面处理剂,并及时浇灌混凝土。

(2)垂直施工缝浇灌混凝土前,应将表面清理干净,并涂刷水泥净浆或混凝土界面处理剂,并及时浇灌混凝土。

(3)选用的遇水膨胀止水条应具有缓胀性能,其7天的膨胀率应不大于最终膨胀率的60%。

(4)遇水膨胀止水条应牢固地安装在缝表面或预留槽内。

(5)采用中埋止水带时,应确保位置准确、固定牢靠。

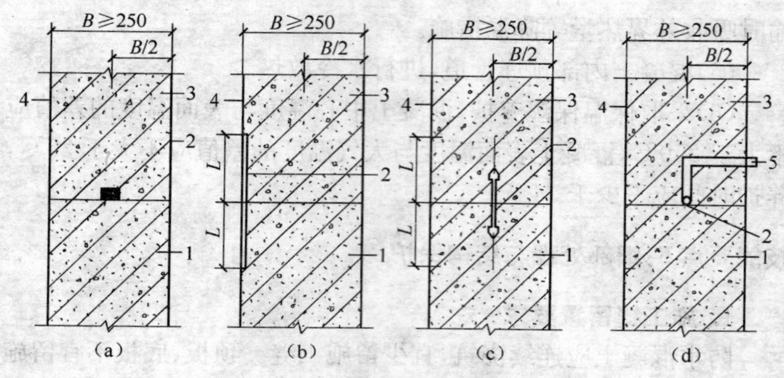

图 5-12 施工缝防水基本构造形式

(a)埋设止水条(胶)

1. 先浇混凝土 2. 遇水膨胀止水条(胶) 3. 后浇混凝土 4. 结构迎水面

(b)外贴止水带

外贴止水带 $L\geqslant150$ 外涂防水涂料 $L=200$ 外抹防水砂浆 $L=200$

1. 先浇混凝土 2. 外贴止水带 3. 后浇混凝土 4. 结构迎水面

(c)中埋止水带

钢板止水带 $L\geqslant150$ 橡胶止水带 $L\geqslant200$ 钢边橡胶止水带 $L\geqslant120$

1. 先浇混凝土 2. 中埋止水带 3. 后浇混凝土 4. 结构迎水面

(d)预埋注浆管

1. 先浇混凝土 2. 预埋注浆管 3. 后浇混凝土 4. 结构迎水面 5. 注浆导管

4. 防水混凝土结构保护

(1)及时回填。地下工程的结构部分拆模后，应抓紧进行下一分项工程的施工，以便及时对基坑回填，回填土应分层夯实，并严格按照施工规范的要求操作，控制回填土的含水率及干密度等指标。

(2)做好散水坡。在回填土后，应及时做好建筑物周围的散水坡，以保护基坑回填土不受地面水入侵。

(3)严禁打洞。防水混凝土浇筑后严禁打洞，因此，所有的预留孔和预埋件在混凝土浇筑前必须埋设准确，对出现的小孔洞应及时修补，修补时先将孔洞冲洗干净，涂刷一道水灰比为 0.4 的水泥浆，再用水灰比为0.5的1∶2.5水泥砂浆填实抹平。

第五节 地下水泥砂浆防水层施工

本节导读:

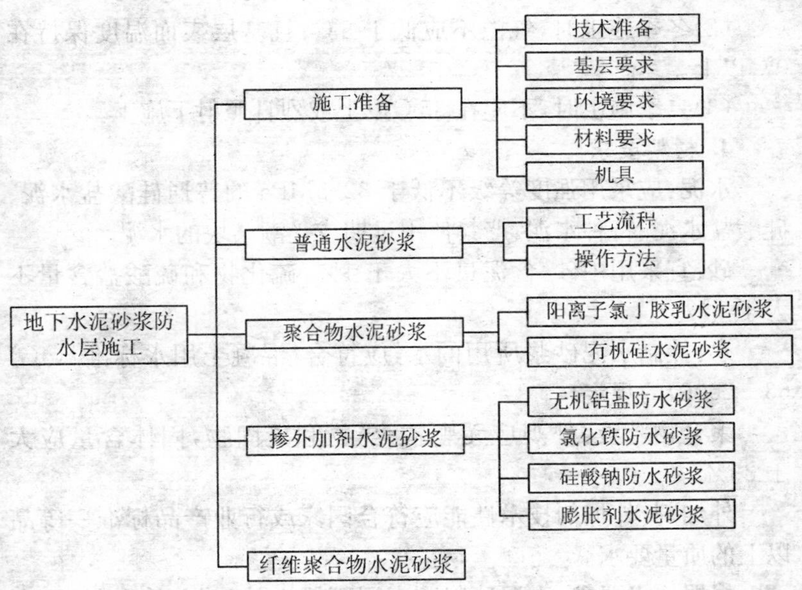

技能要点1:施工准备

1. 技术准备

(1)施工前应进行技术交底。

(2)根据技术要求确定外加剂等材料品种、数量。

(3)确定各个材料配合比例。

2. 基层要求

(1)清理基层、剔除松散附着物,基层表面的孔洞、缝隙应用与防水层相同的砂浆堵塞压实抹平,混凝土基层应作凿毛处理,使基层表面平整、坚实、粗糙、清洁，并充分润湿，无积水。

(2)施工前应将预埋件、穿墙管预留凹槽等应嵌填密封材料处理后，并达到设计要求。

(3)基层的混凝土和砌筑砂浆强度应不低于设计值的 80%。

3. 环境要求

(1)水泥砂浆层不宜在雨天及 5 级以上大风中施工。

(2)冬季施工时，气温不应低于 5℃，且基层表面温度保持在 0℃以上。

(3)夏季施工时，不应在 35℃以上或烈日照射下施工。

4. 材料要求

水泥：应采用强度等级不低于 32.5MPa 的普通硅酸盐水泥、硅酸盐水泥、特种水泥，严禁使用过期或受潮结块的水泥。

砂：宜采用中砂，含泥量不大于 1%，硫化物和硫酸盐含量不大于 1%。

水：拌制水泥砂浆所用的水，应符合《混凝土用水标准》(JGJ 63—2006)的规定。

聚合物乳液：外观应无颗粒、异物和凝固物，固体含量应大于 35%。

外加剂：外加剂技术性能应符合国家或行业产品标准一等品以上的质量要求。

根据技术要求，水泥砂浆防水层可掺入外加剂、掺和料、聚合物等进行改性，改性后防水砂浆的性能应符合表 5-9 的性能。

表 5-9　改性后防水砂浆的主要性能

改性剂种类	粘结强度(MPa)	抗渗性(MPa)	抗折强度(MPa)	干缩率(%)	吸水率(%)	冻融循环(次)	耐碱性	耐水性(%)
外加剂、掺和料	>0.6	≥0.8	同普通砂浆	同普通砂浆	≤3	>50	10% NaOH 溶液浸泡 14d 无变化	—
聚合物	>1.2	≥1.5	≥8.0	≤0.15	≤4	>50	—	≥80

注：耐水性指标是在浸水 168h 后材料的粘结强度及抗渗性的保持率。

5. 机具

砂浆搅拌机、灰板、钢抹子、阳角器、阴角器、钢丝刷、靠尺、凿子、扫帚、木抹子、刮杠等。

技能要点2:普通水泥砂浆防水层施工

1. 工艺流程

墙、地面基层处理→冲洗湿润→刷水泥浆→抹底层砂浆→搓毛→水泥浆→抹面层砂浆→抹水泥浆→养护。

2. 操作方法

(1)铺抹程序、接茬及阴阳角处理。

1)防水层应分层铺抹,先抹立面后抹地面,铺抹时压实抹干和表面压光。

2)防水层间各层应紧密结合,每层应连续施工,必须留施工缝时应采用阶梯形茬,如图5-13所示,但距阴阳角处不得小于200mm。

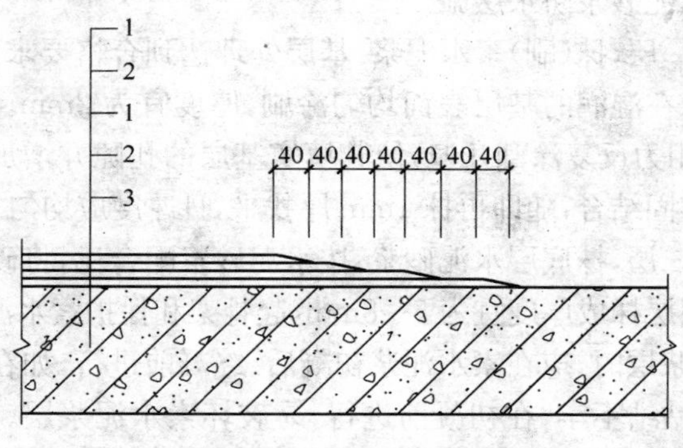

图5-13　平面留茬示意

1. 砂浆层　2. 水泥浆层　3. 围护结构

3)防水层阴阳角应做成圆弧形。

(2)砂浆、水泥浆(净浆)配制。

1)配制水泥砂浆:配制水泥砂浆时,应严格按配合比和稠度制作，宜采用机械搅拌，以保证水泥砂浆匀质性。拌制时应严格掌握水灰比，水灰比过大，砂浆易产生离析现象。水灰比过小，则不易施工。

先将计量好的砂、水泥投入砂浆搅拌机内干拌均匀，然后再加入定量的水，搅拌均匀即可。

普通水泥砂浆防水层的配合比应按表 5-10 选用。

表 5-10　普通水泥砂浆防水层的配合比

名称	配合比(质量比)		水灰比	适用范围
	水泥	砂		
水泥浆	1	—	0.55～0.60	水泥砂浆防水层的第一层
水泥浆	1	—	0.37～0.40	水泥砂浆防水层的第三、五层
水泥砂浆	1	1.5～2.0	0.40～0.50	水泥砂浆防水层的第二、四层

2)配制水泥浆(净浆)：配制净浆时，先将水置于桶中，再逐渐加入水泥，充分搅拌即可。

(3)水泥砂浆防水层施工。

1)第一层，抹(刷)素水泥浆：基层处理达到合格要求后，按水泥浆配合比，在湿润的基层表面均匀涂刷，厚度宜为 2mm。可先刮抹 1mm 厚，用力反复涂刮几遍，使其填实基层的孔隙并增加与基层的粘结力、牢固结合，随即再抹 1mm 厚找平，且厚度应均匀。

2)第二层，抹底层水泥砂浆：按水泥砂浆配合比，将砂浆搅拌均匀后，在底层抹成厚度宜为 5～8mm，起骨架和保护素水泥浆作用。

抹砂浆层时，应在素水泥浆初凝后、终凝前进行，如在终凝后进行易出现粘结不牢，在初凝前进行，易破坏素水泥浆层。当素水泥浆干燥到用手指能按入水泥浆浆层 1/2～1/4 的深度时为进行的最佳时间。

应轻抹水泥砂浆层，防止破坏素水泥浆层，应使水泥砂浆层压入素水泥浆层厚度的 1/4 左右，使水泥砂浆与素水泥浆间粘结牢固。在揉压和赶平砂浆的过程中，严禁加水，否则易使水泥砂浆层开裂，严重影响防水质量。砂浆应随拌随用，拌和后使用时间不宜超 1h，严禁使用拌和后超过初凝时间的砂浆。

在水泥砂浆凝固前，应用扫帚按一个方向将表面扫成横向条纹即扫毛。

3)第三层，抹(刷)素水泥浆：在抹完底层水泥砂浆 1～2 天后(视现场湿度、温度而定)，适当浇水湿润后再刷素水泥浆，做法与第一层相同。

4)第四层，抹水泥砂浆：厚度宜为 5～8mm，操作方法与第二层水泥砂浆相同，与第一层相互垂直，但抹完后不扫条纹，而在水泥砂浆凝固前，先用木抹子搓平，后用铁抹子反复压实、压光，增加密实性。

5)第五层，抹(刷)素水泥浆：当第四层水泥砂浆完成 1 天后，刷素水泥浆，做法与第一层相同，最后随第四层一起压实，达到光滑平整。

(4)细部构造及处理。

1)防水层的设置高度应高出室外地坪 150mm 以上。

2)穿透防水层的预埋螺栓等，可沿螺栓四周剔成深 30mm、宽 20mm 的凹槽(凹槽尺寸视预埋件大小调整)。在防水层施工前，将预埋件铁锈、油污清除干净，用水灰质量比约为 0.2 的素灰将凹槽嵌实，随即刷素灰一道。

3)露出防水层的管道等，应根据管件的大小在其周围剔成尺寸为 25mm×25mm、30mm×30mm 或 40mm×40mm(深×宽)的沟槽，将铁锈除尽，冲洗干净后用水灰比为 1∶5 的干素灰将沟槽碾实，随即抹素灰一层、砂浆一层并扫成毛面。

穿透内墙的热管道，可在穿管位置上留一个较管径大 10cm 的圆孔，圆孔内做好防水层，待管道安装后，空隙处用麻刀石灰或石棉水泥嵌填。

4)预埋木砖应先预留凹槽位置，槽内随墙先做好防水层，然后再用水泥砂浆将木砖稳固于槽内。钢门窗应尽可能采用后浇法或后砌法固定门窗框或门轴。

(5)水泥砂浆防水层的养护。

1)水泥砂浆防水层凝结后,应及时用草袋覆盖进行浅水养护。

2)养护时先用喷壶慢慢喷水,养护一段时间后再用水管浇水。

3)养护温度不宜低于5℃,养护时间不得少于14天,夏天应增加浇水次数,但需避免在中午最热时浇水养护,对于易风干部分,应每隔4h浇水一次,养护期间应经常保持覆盖物湿润。

4)防水层施工完后,要防止践踏,其他工程施工应在防水层养护完毕后进行,以免破坏防水层。

5)地下室、地下沟道比较潮湿,往往通风不良,可不必浇水养护。

技能要点3:聚合物水泥砂浆防水层施工

1. 阳离子氯丁胶乳水泥砂浆防水层施工

(1)配制要点。

1)配制前应对所用材料进行核检,保证各种原材料合格。根据工程的需求,经试验确定砂浆配合比,特别是氯丁胶乳的掺量。

2)若用人工搅拌时,应在灰槽内或铁板上进行拌和,切不可在土、砖或水泥地面上进行拌和,以避免氯丁胶乳先行失水、成膜过快而失去稳定性。

3)胶乳砂浆在搅拌过程中,若出现干结现象,则不可随意加水,以避免破坏胶乳的稳定性,影响砂浆质量,应该补加配好的乳液,搅拌均匀。

4)氯丁胶乳凝聚较快,拌好的氯丁胶乳水泥砂浆在1h内用完,最好根据需要量随拌随用。

5)氯丁胶乳水泥砂浆的配制应由专人负责,注意操作安全,并佩防护用品。

6)参考配合比见表5-11。

表 5-11　阳离子氯丁胶乳水泥砂浆配合比

材料	砂浆配方	砂浆配方	净浆配方
普通硅酸盐水泥	1	1	1
中砂	2～2.5	1～3	—
阳离子氯丁胶乳	0.2～0.5	0.25～0.5	0.3～0.4
复合助剂	0.13～0.14	适量	适量
水	适量	适量	适量

(2)基层处理。

1)基层混凝土或砂浆必须坚固并具有一定的强度，一般不低于设计强度的70%。

2)基层表面应洁净，无灰尘、油污等杂物，施工前最好用水冲刷一遍。

3)基层表面的孔洞、缝隙或穿墙管道的周围应凿成V形或环形沟槽，并用阳离子氯丁胶乳水泥砂浆堵塞抹平。

4)如有渗漏水情况，应先用速凝剂水泥浆进行堵漏处理，再用胶乳水泥砂浆罩面，封堵漏水部位。

5)氯丁胶乳水泥砂浆早期收缩虽较小，但大面积施工时仍难避免因收缩而产生裂缝，因此涂抹胶乳砂浆时需进行适当分格，分格间距一般为20～30m。

(3)施工要点。

1)在基层上抹压已拌好的阳离子氯丁胶乳水泥砂浆，要顺着一个方向边抹边压、一次成活，切勿用抹子反复搓揉，其目的是为了避免破坏胶乳的成膜，防止砂浆起壳或龟裂。

2)施工顺序为先立墙后地面，通常立面抹压厚度为5～8mm，平面抹压厚度为10～15mm，阴阳角处应抹成圆角，如需留槎，应留置阶梯坡形槎。

3)当氯丁胶乳水泥砂浆达到初凝(约4h)以后，应做水泥砂浆保护层。

4)胶乳砂浆的施工温度宜为5～35℃。

(4)注意事项。

1)冬季施工温度以5℃以上为宜,夏季以35℃以下为宜。

2)胶乳砂浆铺抹未达到硬化状态时,切勿直接浇水养护或直接受雨水冲刷,以防胶乳中的白色物浮出表面被冲掉,影响防水效果。

3)在通风较差的地下室或水塔内施工时,特别是夏季胶乳中低分子物挥发较快,会影响正常的施工作业,因此必须通风。

4)应有专人负责胶乳水泥砂浆配制的工作,配料人员必须戴胶乳防护手套。

2. 有机硅水泥砂浆防水层施工

(1)配制要点。

1)硅水配制应按配合比将用料备好,然后混合搅匀,不得随意加量,变更配合比。

2)素浆配制应按配合比将用料称量好,然后将水泥放入搅拌桶中,再加入水搅拌均匀备用。

3)砂浆配制应将材料严格按配合比称量准确,然后将水泥与砂子投入搅拌机进行干拌至色泽一致,再加入定量的硅水继续搅拌1～2min。

4)参考配合比见表5-12。

表5-12 防水砂浆各层配合比

层次	硅水配合比	砂浆配合比
	防水剂:水	水泥:砂:硅水
结合层水泥砂浆	1:7	1:0:0.6
底层防水砂浆	1:8	1:2:0.5
面层防水砂浆	1:9	1:2.5:0.5
穿墙管密封防水混凝土	1:9	水泥:砂:豆石:硅水=1:2:3:0.5

(2)防水层的施工。

1)应将基层表面凿毛,然后用水冲洗干净,使表面不得有油污、积水。若基层表面凹凸不平或有裂缝、孔洞等缺陷，则应以水泥砂浆或108胶聚合物水泥浆进行修补，等干燥后方可施工。

2)在已处理好的基层上先喷刷1～2道硅水(防水剂∶水=1∶7)，要求满刷均匀。

3)基层喷刷硅水后，立即抹2～3mm厚的水泥素浆，边抹边压，使之与基层紧密结合。待素浆层达初凝时，再进行砂浆层的铺设。

4)砂浆层按底层、面层分两次施工。施工前先将阴阳角做好，然后铺抹底层砂浆，厚度约为5～6mm，边铺边抹压密实。底层砂浆初凝时，应用木抹子搓成麻面，然后再施工面层，厚度约15mm，方法同底层，只是初凝时应压光。

(3)施工注意事项。

1)基底过于潮湿或雨天均不得施工：喷涂硅水后如遇雨冲洗，应经检查确无防水效果(滴水吸收即不防水)时可重新喷涂。一般喷涂24h后即不会被水冲掉。

2)有机硅防水剂耐高、低温性能较好，可在冬季施工：如防水剂冻结，经溶解后仍可使用，其效果不受影响。

3)配制砂浆时应严格控制水灰比，以保证砂浆质量及施工和易性。

4)当水泥砂浆掺中性硅水，应先将稀释后的108胶与水泥砂浆进行搅拌，然后再加入中性硅水搅拌，配制成中性防水砂浆，切忌将中性硅水与108胶先混合。

5)有机硅防水剂应于密闭塑料容器内储存：若长期暴露存放，会形成沉淀而失败。

6)有机硅防水剂呈强碱性，使用时应勿接触皮肤，并特别注意保护眼睛。

技能要点4:掺外加剂水泥砂浆防水层施工

1. 无机铝盐防水砂浆施工

(1)施工温度不应低于5℃，且不高于35℃；不得在雨天、烈日下施工。阴阳角应做成圆弧形，阳角半径一般为 10mm，阴角半径一般为 50mm，使用无机铝盐防水剂之前，须先与水混合均匀，然后再将其与水泥和砂搅拌均匀。机械搅拌时间以 2min 为宜。

(2)严格掌握好各工序间的衔接，须在上一层没有干燥或终凝时，及时抹下层，以免粘结不牢降低防水质量。大面积抹防水砂浆时应每隔 $100m^2$ 左右留伸缩缝。伸缩缝用防水油膏或其他嵌缝材料填堵。施工缝必须留在伸缩缝处。

(3)把基层表面的油垢、灰尘和杂物清理干净。对光滑的基层表面须进行凿毛处理，麻面率不小于 75%。然后用水湿润基层。

(4)在已凿毛和干净湿润的基面上，均匀刷一道水泥防水剂素浆做结合层，以提高防水砂浆与基层的粘结力，厚度约 2mm。

(5)在结合层未干之前，必须及时抹第一层防水砂浆做找平层，厚度约 12mm，赶平压实后，用木抹子搓出麻面。

(6)在找平层初凝后，需及时抹第二层防水砂浆，并用铁抹子反复压实赶光。

(7)在第二层防水砂浆终凝以后，抹面层砂浆厚 13mm，可分两次抹压。抹压前，先在底层砂浆上刷一道防水净浆，随涂刷随抹面层砂浆，厚度不超过 7mm，应及时洒水养护，且每天均匀洒水不少于 5 次，保持潮湿条件下养护至少 14 天。自然养护温度不应低于 5℃。最好不采用蒸汽养护。

2. 氯化铁防水砂浆施工

防水层施工后 8～12h 应覆盖湿草袋养护，夏季要提前。24h 后应定期浇水养护至少 14 天。不宜采用蒸汽养护，如需使用，升温应控制在 6～8℃/h，且最高温度不超过 50℃。自然养护温度不低于 5℃。

3. 硅酸钠防水砂浆施工

(1)将基层清理干净，并充分浇水湿润，分两层抹质量比为 1：2：0.5(水泥：砂：水)的水泥砂浆 8mm 厚，每次抹 4mm 厚。抹第二次时需待第一次砂浆初凝后进行，第二次抹完砂浆初凝后用木抹子揉擦一次即成。

(2)按水泥：水：防水剂质量比＝5：1.5：1配制防水胶浆。防水胶浆搅匀后，迅速用铁抹子刮在湿润垫层表面，厚2mm，务必使胶浆与垫层紧密结合。

(3)防水胶浆刮抹1m^{2}左右时，应立即开始在其上刮抹质量比为1：2(水泥：水)水泥砂浆(方法同第一道工序垫层涂抹)。

(4)防水胶浆施工，与第二道工序涂抹防水胶浆相同。

(5)待防水胶浆抹过1m^{2}左右时，应立即在其上用铁抹子刮抹质量比为1：2.5：0.6(水泥：砂：水)的砂浆(操作方法同第一道工序垫层涂抹)。最后用抹子把表面压光即可。

4. 膨胀剂水泥砂浆防水层施工

(1)砂浆配制。

1)应根据所选水泥的品种、强度等级以及工程要求，通过试配确定配合比。

2)按照选定的配合比准确称量各种原材料。

3)砂浆搅拌时，需将水泥、砂、AWA-I型抗裂防水剂依次投入搅拌机加水搅拌均匀。注意不得将AWA-I先溶于水使用。

4)参考配合比见表5-13。

表5-13　AWA-I防水砂浆参考配合比

水泥强度等级	配合比				砂浆稠度(cm)	抗渗等级
	水泥	AWA-Ⅰ	砂	水		
42.5	1	0.1	2.0	0.45	6～8	$>P_8$
52.5	1	0.1	2.5	0.45	6～8	$>P_8$

(2)防水层施工。

1)施工时，在清理干净的基层上抹2～3mm厚的素浆[水泥：AWA-Ⅰ：水＝1：0.1：(0.55～0.6)]，收浆后再抹5～6mm的防水砂浆。砂浆终凝前，再按上述做法抹素浆、砂浆各一道，最后一道砂浆收浆后用铁抹子反复抹实压光。

2)砂浆防水层完工后湿润养护24h，养护期不少于14天。

技能要点5:纤维聚合物水泥砂浆防水层施工

(1)基层必须坚固,且具有一定的强度。

(2)基层表面要粗糙、洁净、无灰尘、无油污,施工前应用水冲刷干净。

(3)基层表面平整度应符合规范要求。

(4)基层表面若有孔洞或缝隙,应沿孔洞及缝隙凿成V形沟槽,再用聚合物水泥砂浆找平。

(5)管道穿过处,应沿管周凿成宽20mm、深20mm的环形沟槽,沟槽内先用聚氨酯嵌缝膏嵌填5~8mm,然后用聚合物水泥砂浆找平。

(6)若基层有孔洞或裂隙漏水严重,应先堵漏,后抹纤维聚合物水泥砂浆。

(7)阴阳角处应抹成圆弧形,按规定留设施工缝。

(8)防水层抹面施工12h后,即可喷水养护,但施工温度小于5℃时,不得使用淋水养护,应采取保温措施,或用蓄热法养护。

第六节 施工质量问题与防治

本节导读:

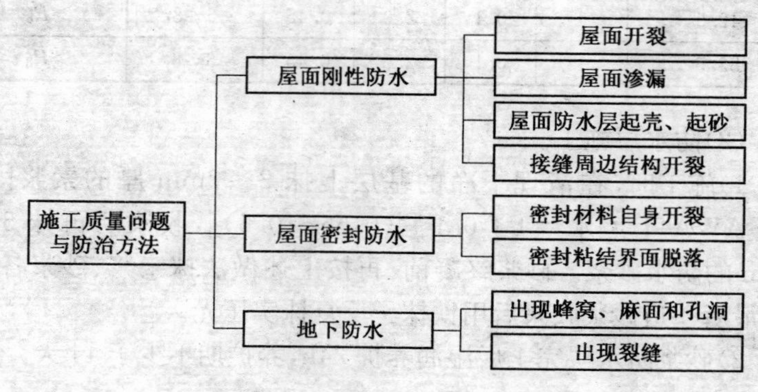

技能要点1:屋面开裂

屋面开裂的产生原因及防治方法见表5-14。

表5-14　屋面开裂的产生原因及防治方法

序号	产生原因	防治方法
1	因结构变形(如支座的角变)、基础不均匀沉降等引起的结构裂缝通常发生在屋面板的接缝或大梁的位置上,一般宽度较大,并穿过防水层而上下贯通	1)细石混凝土刚性防水屋面应用在刚度较好的结构层上,不得用于有高温或有振动的建筑,也不得用于基础有较大不均匀下沉的建筑 2)为减少结构变形对防水层的不利影响,在防水层下必须设置隔离层,可选用石灰黏土砂浆、石灰砂浆、纸筋麻刀灰或干铺细砂、干铺卷材等材料
2	由于大气温度、太阳辐射、雨、雪以及车间热源作用等的影响,若温度分格缝设置不合理,在施工中处理不当,都会产生温度裂缝。温度裂缝一般都是有规则的、通长的,裂缝分布与间距比较均匀	1)防水层必须设置分格缝。分格缝应设在装配式结构的板端、现浇整体结构的支座处、屋面转折(屋脊)处、混凝土施工缝及凸出屋面构件交接部位。分格缝纵横间距不宜大于6m 2)混凝土防水层厚度不宜小于40mm,内配ϕ4间距为100～200mm的双向钢筋网片。钢筋网片宜放置在防水层的中间或偏上,并应在分格缝处断开
3	混凝土配合比设计不当,施工时振捣不密实,压实收光不好以及早期干燥脱水、后期养护不当等,都会产生施工裂缝。施工裂缝通常是一些不规则的、长度不等的断续裂缝,也有一些是因水泥收缩而产生的龟裂	1)防水层混凝土水泥用量不应少于330kg/m^3,水灰比不应大于0.55,最好采用普通硅酸盐水泥。粗骨料最大粒径不应大于防水层厚度的1/3,细骨料应用中砂或粗砂 2)混凝土防水层的厚度应均匀一致,混凝土应采用机械搅拌、机械振捣,并认真做好压实、抹平工作,收水后应及时进行二次抹光 3)应积极采用补偿收缩混凝土材料,但要准确控制膨胀剂掺量以及各项施工技术要求 4)混凝土养护时间一般宜控制在14天以上,视水泥品种和气候条件而定

技能要点 2:屋面渗漏

屋面渗漏的产生原因及防治方法见表 5-15。

表 5-15　屋面渗漏的产生原因及防治方法

序号	产生原因	防治方法
1	屋面结构层因结构变形不一致,容易在不同受力方向的连接处产生应力集中,造成开裂而导致渗漏	1)在非承重山墙与屋面板连接处,先灌以细石混凝土,然后分两次嵌填密封材料,嵌缝深30mm、宽 15～20mm。在泛水部位,再按常规做法,增加卷材或涂膜防水附加层 2)在装配式结构层中,选择屋面板荷载级别时,应以板的刚度(而不以板的强度)作为主要依据
2	各种构件的连接缝,因接缝尺寸大小不一,材料收缩、温度变形不一致,使填缝的混凝土脱落	1)为保证细石混凝土灌缝质量,板缝底部应吊木方或设置角钢作为底模,防止混凝土漏浆。同时应对接缝两侧的预制板缝进行充分湿润,并涂刷界面处理剂,确保两者之间的粘结力 2)灌缝的混凝土材料宜掺入微膨胀剂,同时加强浇水养护,提高混凝土抗变形能力
3	防水层混凝土分格缝与结构层板缝没有对齐,或在屋面十字花篮梁上,没有在两块预制板上分别设置分格缝,因而引起裂缝而造成渗漏	施工时需将防水层分格缝和板缝对齐,且密封材料及施工质量均应符合有关规范、规程的要求
4	女儿墙、天沟、水落日、楼梯间、烟囱及各种凸出屋面的接缝或施工缝部位,因接缝混凝土(或砂浆)嵌填不严,或施工缝处理不当,形成缝隙而渗漏	女儿墙、天沟、水落口、楼梯间、烟囱及各种凸出屋面的接缝或施工缝部位,除了做好接缝处理以外,还应在泛水处做增加防水处理,如附加卷材或涂膜防水层。泛水处增加防水的高度,迎水面一般不宜小于 250mm,背水面不宜小于200mm,烟囱或通气管处不宜小于 150mm

续表 5-15

序号	产生原因	防治方法
5	在嵌填密封材料时，未将分格缝内清理干净或基面不干燥，致使密封材料与混凝土粘结不良、嵌填不实	嵌填密封材料的接缝，应规格整齐，无混凝土或灰浆残渣及垃圾等杂物，并要用压力水冲洗干净。施工时，接缝两侧应充分干燥(最好用喷灯烘烤)，并在底部按设计要求放置背衬材料，确保密封材料嵌填密实，伸缩自如，不渗不漏
6	密封材料质量较差，尤其是粘结性、延伸性与抗老化能力等性能指标，达不到规定指标	进入工地的密封材料，应进行抽样检验，发现不合格的产品，坚决剔除不用

技能要点 3：屋面防水层起壳、起砂

屋面防水层起壳、起砂的产生原因及防治方法见表 5-16。

表 5-16　屋面防水层起壳、起砂的产生原因及防治方法

序号	产生原因	防治方法
1	施工材料选择不当，配备比不符合施工技术要求	宜采用补偿收缩混凝土材料，但水泥用量也不宜过高，细骨料应尽可能采用中砂或粗砂。如当地无中、粗砂，则宜采用水泥石屑面层。此时配合比(质量分数)为强度等级 42.5 水泥∶粒径 3～6mm 石屑(或瓜米石)＝1∶2.5，水灰比≤0.4
2	混凝土防水层施工质量不好，特别是不注意压实、收光和养护不良	切实做好清基、摊铺、碾压、收光、抹平和养护等工序。其中碾压工序，一般宜用石磙(重 30～50kg，长 600mm)纵横来回滚压 40～50 遍，直至混凝土压出拉毛状的水泥浆为止，然后进行抹平。待一定时间后，再抹压第二及第三遍，务使混凝土表面达到平整光滑
3	在炎热或严寒季节施工	混凝土应避免在酷热、严寒气温下施工，也不要在风沙和雨天中施工

技能要点 4:接缝周边结构开裂

接缝周边结构开裂的产生原因及防治方法见表 5-17。

表 5-17 接缝周边结构开裂的产生原因及防治方法

序号	产生原因	防治方法
1	在接缝密封前,周边结构混凝土早已产生裂缝	先将接缝周边裂缝的混凝土疏松、脱落部分进行剔除,经过清理干净后,再用聚合物砂浆修复。待一定龄期养护后,再按规定重新进行密封施工
2	在接缝密封后,因其周边结构强度不足,在位移拉伸时引起混凝土开裂	应将结构裂缝部位凿成凹槽,用不定型密封材料予以密封

技能要点 5:密封材料自身开裂

密封材料自身开裂的产生原因及防治方法见表 5-18。

表 5-18 密封材料自身开裂的产生原因及防治方法

序号	产生原因	防治方法
1	密封材料本身弹性较差或弹性恢复率低,在反复拉伸时达到永久变形,产生缩颈破坏	宜选择高一档次的密封材料。同时,对于进场的密封材料应按规定进行材性检测,发现不合格者,坚决剔除不用
2	密封施工时环境温度过高(如50℃),使用时接缝处于疲劳拉伸状态,当低温收缩时,因密封材料弹性不足而出现开裂	施工环境温度宜接近年平均温度,此时密封材料的拉伸-压缩变形量越接近实际。冬期施工时处于低温,接缝宽度扩张;夏天施工时处于高温,密封材料将承受过量的拉伸变形。一般施工温度宜控制在 5~30℃。夏天施工宜做成凸圆缝,冬季施工时宜为凹圆缝

技能要点6:密封粘结界面脱落

密封粘结界面脱落的产生原因及防治方法见表5-19。

表5-19 密封粘结界面脱落的产生原因及防治方法

序号	产生原因	防治方法
1	接缝处表面疏松或表面处理不妥	1)接缝处如表面疏松,则应及时进行剔除,并用聚合物砂浆修补、平整 2)接缝界面表面应清洁、干燥,在密封施工前,应先涂刷基层处理剂
2	密封材料内夹有杂质、气泡或被外力刺伤,形成裂缝	1)应选择质量合格的密封材料 2)接缝内密封材料如已断裂、贯通且脱落,应剔除,重新按要求进行密封施工
3	密封材料下垂度过大,或施工时材料堆积过高,没有压平修整	1)应选择质量合格的密封材料 2)密封材料嵌填后要用刮刀进行压平和修整,并及时做好保护层施工

技能要点7:地下防水层出现蜂窝、麻面和孔洞

地下防水层出现蜂窝、麻面和孔洞的原因及防治方法见表5-20。

表5-20 地下防水层出现蜂窝、麻面和孔洞的原因及防治

序号	原因分析	防治措施
1	混凝土配合比不当,计量不准,和易性差,振捣不密实或漏振	严格控制混凝土配合比,经常检查,做到计量准确,混凝土拌和均匀,坍落度适合
2	下料不当或下料过高未设溜槽、串桶等措施造成石子、砂浆离析	混凝土下料高度超过1.5m时,应设串桶或溜槽,浇筑应分层下料,分层振实,排除气泡

续表 5-20

序号	原 因 分 析	防 治 措 施
3	模板拼缝不严，水泥浆流失	模板拼缝应严密，必要时在拼缝处嵌腻子或粘贴胶带，防止漏浆
4	混凝土振捣不实、气泡未排出，停在混凝土表面 钢筋较密部位或大型埋设件(管)处，混凝土下料被搁住，未振捣到位就继续浇筑上层混凝土	在钢筋密集处及复杂部位，采用细石防水混凝土浇筑，大型埋管两侧应同时浇筑，或加开浇筑口，严防漏振

技能要点 8：地下防水层出现裂缝

地下防水层出现裂缝的原因及防治方法见表 5-21。

表 5-21 地下防水层出现裂缝的原因及防治方法

序号	原 因 分 析	防 治 措 施
1	混凝土凝结收缩引起：当混凝土凝结时，游离水分蒸发，体积收缩，特别是地下防水混凝土设计强度等级较高，水泥含量大，又未采用外加剂、掺和料，故收缩量相应也大。其次是终凝后养护工作未跟上。混凝土表面不湿润，失水太快，形成干裂 顶板、底板阴角较多，收缩时阴角处应力集中，产生撕裂	严格按要求施工，注意混凝土振捣密实
2	大体积混凝土(如高层地下室底板)体积大厚度高，未用低水化热水泥或掺和料，而保温保湿措施不足，引起中心温度与表面温度差异超过 25℃造成温差裂缝	大体积防水混凝土施工时，必须采取严格的质量保证措施；炎热季节施工时要有降温措施，注意养护温度与养护时间

第六章　厕浴间、厨房防水施工

第一节　施 工 准 备

本节导读：

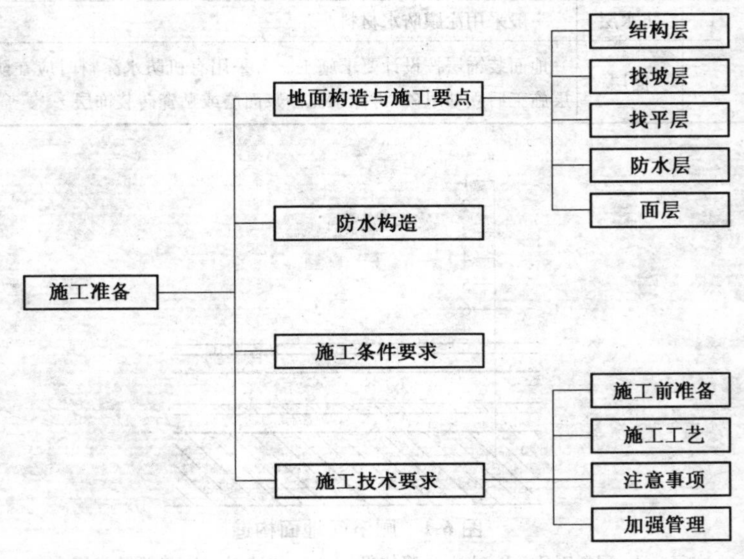

技能要点1：地面构造与施工要点

各构造层次的施工要点见表6-1。

厕浴间地面构造一般做法如图6-1所示。

表 6-1　各构造层次的施工要点

序号	构造	内　　容
1	结构层	厕浴间地面结构层宜采用整体现浇钢筋混凝土板，施工时可采取随浇随抹光的措施。这样不仅有利于保证工程质量，且可取消结构层上面的水泥砂浆找平层
2	找坡层	地面坡度应严格按照设计要求施工，做到坡度准确，排水通畅。找坡层厚度小于 30mm 时，可用水泥混合砂浆(水泥：白灰：砂＝1：1.5：8)；厚度大于 30mm 时，宜用 1：6 水泥炉渣材料，此时炉渣粒径宜为 5～20mm，要求严格过筛
3	找平层	要求采用 1：2.5 水泥砂浆材料，施工时做到压实、抹平、收光
4	防水层	一般采用涂膜防水材料
5	面层	地面装饰层按设计要求施工。若采用有机防水涂料时应在防水层施工后立即甩砂，再抹水泥砂浆面层或贴瓷砖装饰层

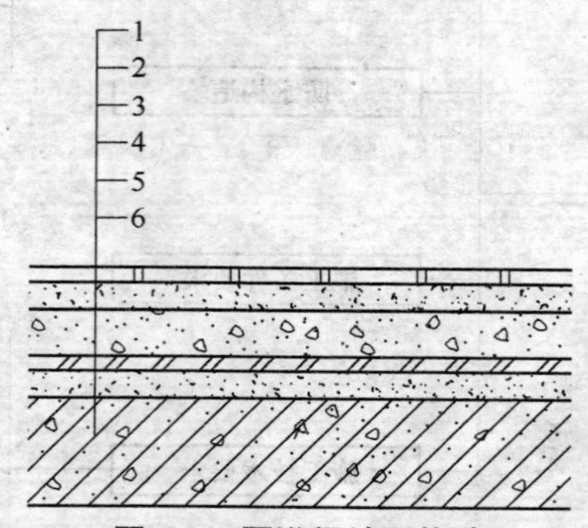

图 6-1　厕浴间地面构造

1. 陶瓷锦砖　2. 水泥砂浆找平层　3. 找坡层　4. 涂膜防水层　5. 水泥砂浆找平层　6. 结构层

技能要点 2：厕浴间、厨房防水构造

有关楼层面层的防水涂层构造以及落水管口、直穿管等部位的构造，可参见屋面工程防水构造；有关排水口、卫生洁具口的细

部处理如图 6-2 和图 6-3 所示。

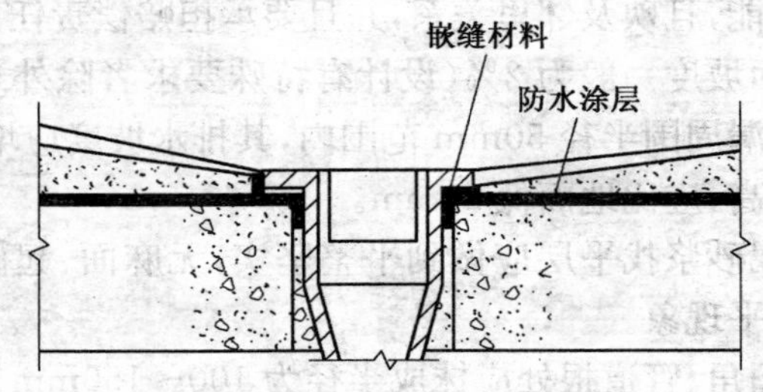

图 6-2　排水口防水处理

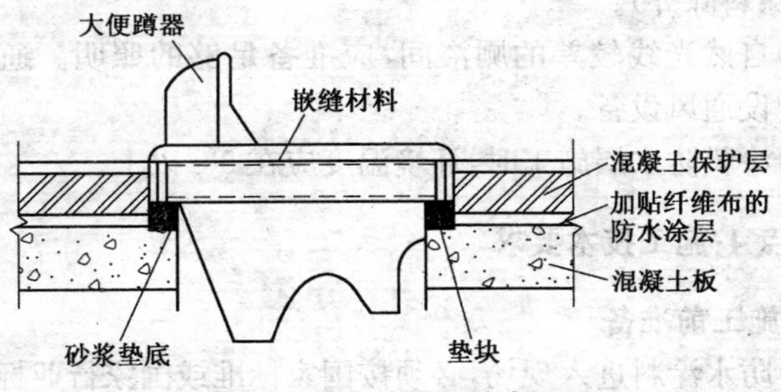

图 6-3　卫生洁具口防水处理

技能要点 3:施工条件要求

(1)防水层施工前,所有管件、卫生设备、地漏等必须安装牢固,接缝严密。上水管、热水管、暖气管应加套管,套管应高出基层 20～40mm,并在做防水层前于套管处用密封材料嵌严。管道根部应用水泥砂浆或豆石混凝土填实,并用密封材料嵌严,管道根部应高出地面 20mm。

此外,对于防水基层,应仔细检查有无裂缝及其他质量缺陷,并采取切实措施进行修补。实践证明,混凝土结构基层(含水泥砂浆找平层)的裂缝以及上述管道等薄弱部位如处理好了,那么厕浴间的防水就有了可靠的基础。随着商品房厨卫间精装修数量不断地扩大，厨卫间防水施工质量突显重要。若一旦出现渗漏水，不仅影响使用功能，且殃及邻里关系，并且要承担赔偿责任。

(2)地面坡度一般为2%(设计有特殊要求者除外)，向地漏处排水。在地漏周围半径50mm范围内，其排水坡度应增大至5%，且地漏处标高，应比地面低20mm。

(3)水泥砂浆找平层应做到平整坚实，无麻面、起砂、起壳、松动及凹凸不平现象。

(4)阴阳角、管道根处应抹成半径为100～150mm的圆弧。

(5)基层应干净、干燥，含水率不大于9%(能在湿基面上固化的防水涂料除外)。

(6)自然光线较差的厕浴间，应准备足够的照明。通风较差时，应增设通风设备。

(7)涂膜防水层施工时，环境温度应在5℃以上。

技能要点4:施工技术要求

1. 施工前准备

(1)防水涂料进入现场，必须按国家标准或国家行业标准进行复验四项标准，标准包括:不挥发物含量、延伸率、柔度、不透水性。

(2)涂刷工具。油漆刷、油灰刀、小棕刷、小桶、水准尺、橡皮刮板、钢尺等。

(3)操作工人必须穿工作服、戴手套、穿软底鞋施工，必要时戴口罩施工。

2. 施工工艺

施工工艺详见生产厂产品说明书。

3. 注意事项

(1)一般厕浴间面积小，光线不足，应增加照明。如果通风不好，应增加通风设备。

(2)某些涂膜防水涂料的溶剂易燃，要注意防火、防毒。

(3)水性涂料施工温度应在5℃以上。

4. 加强管理

(1)厕浴间面积小,各工种交叉作业,工序之间要配合好,要有成品保护措施。

(2)人员组织:一般 2～3 人为一小组。

(3)防水层未干,禁止进入防水层乱踩,以免破坏防水层。

(4)防水层做完后,蓄水 24h 无渗漏,再做面层及装修。

第二节 厕浴间、厨房防水层施工

本节导读:

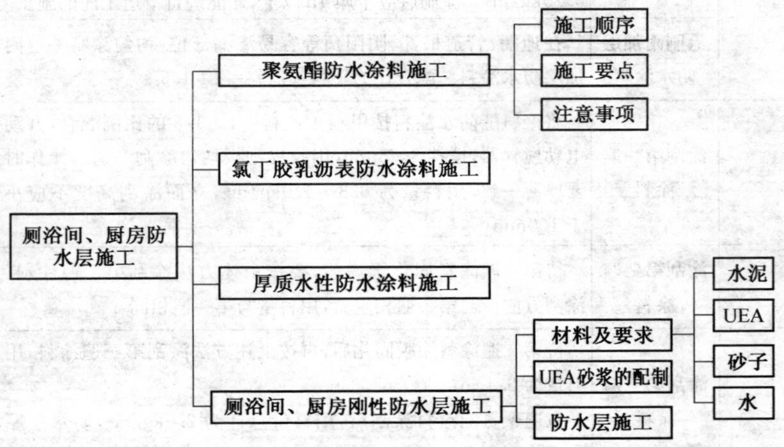

技能要点 1:聚氨酯防水涂料施工

1. 施工顺序

清理基层→涂刷基层处理剂→涂刷附加层防水涂料→涂刮第一遍涂料→涂刮第二遍涂料→涂刮第三遍涂料→第一次蓄水试验→稀撒砂粒→质量验收→保护层施工→第二次蓄水试验。

2. 施工要点

聚氨酯防水涂料的施工要点见表 6-2。

表 6-2 聚氨酯防水涂料的施工要点

序号	步骤	内　容
1	清理基层	将基层清扫干净；基层应做到找坡正确，排水顺畅，表面平整、坚实，无起灰、起砂、起壳及开裂等现象。涂刷基层处理剂前，基层表面应达到干燥状态
2	涂刷基层处理剂	基层处理剂为低黏度聚氨酯，可以起到隔离基层潮气、提高涂膜与基层粘结强度的作用。施工时，将聚氨酯甲料（又称 A 料或 A 组分）与乙料（又称 B 料或 B 组分）及二甲苯按 1∶1.5∶1.5 的比例配料，搅拌均匀，即可涂刷于基层上。先在阴阳角、管道根部均匀涂刷一遍，然后进行大面积涂刷。材料用量为 0.15～0.20kg/m^2。涂刷后应干燥 4h 以上，才能进行下道工序的施工
3	涂刷附加层防水涂料	在地漏、管道根部、阴阳角等容易渗漏部位，均匀涂刷一遍附加层防水涂料。配合比为甲料∶乙料＝1∶1.5
4	涂刮第一遍涂料	将聚氨酯防水涂料按甲料∶乙料＝1∶1.5 的比例混合，开动电动搅拌器，搅拌 3～5min，用胶皮刮板均匀涂刮一遍。操作时要厚薄一致，用料量为 0.8～1.0kg/m^2，立面涂刮高度不应小于 100mm
5	涂刮第二遍涂料	待第一遍涂料固化干燥后，要按上述方法涂刮第二遍涂料。涂刮方向应与第一遍相垂直，用料量与第一遍相同
6	涂刮第三遍涂料	待第二遍涂料涂膜固化后，再按上述方法涂刮第三遍涂料，用料量为 0.4～0.5kg/m^2 三遍聚氨酯涂料涂刮后，用料量总计为 2.5kg/m^2，防水层厚度不小于 1.5mm
7	第一次蓄水试验	待防水层完全干燥后，可进行第一次蓄水试验。蓄水试验 24h 后无渗漏时为合格
8	稀撒砂粒	为了增加防水涂膜与粘结饰面层（如陶瓷锦砖或水泥砂浆等）之间的粘结力，在防水层表面需边涂聚氨酯防水涂料，边稀撒砂粒（砂粒不得有棱角）。砂粒粘结固化后，即可进行保护层施工。未粘结的砂粒应清扫回收

续表 6-2

序号	步骤	内　容
9	保护层施工	防水层蓄水试验不漏，质量检查合格后，即可进行保护层施工或粘铺地面砖、陶瓷锦砖等饰面层。施工时应注意成品保护，不得破坏防水层
10	第二次蓄水试验	厕浴间装饰工程全部完成后，工程竣工前还要进行第二次蓄水试验，以检验防水层完工后是否被水电或其他装饰工程损坏。蓄水试验合格后，厕浴间的防水施工才算圆满完成

3. 注意事项

(1)厕浴间虽小，但需多种任务作业，立体交叉多，必须妥善安排各工种的施工顺序，严防在防水层完工后再凿眼打洞，破坏防水层。如果由于安排不当，破坏了防水层，应及时进行修补。

(2)地漏、便桶、蹲坑及排水口等应保持畅通，不允许堵塞灰浆及其他建筑垃圾。

技能要点 2：氯丁胶乳沥青防水涂料施工

1. 防水层做法与参考用量

根据工程需要，防水层可组成一布四涂、二布六涂或只涂三遍防水涂料的三种做法。其用量参考见表 6-3。

表 6-3　防水层不同做法用料参考

材　料	三遍涂料	一布四涂	二布六涂
氯丁胶乳沥青防水涂料(kg/m^2)	1.2～1.5	1.5～2.2	2.2～2.8
玻璃纤维布(g/m^2)	—	1.13	2.25

2. 操作顺序

以一布四涂为例，其操作顺序如下：

清理基层→刮氯丁胶乳沥青水泥腻子→涂刷第一扁涂料→附

加层施工→铺贴玻璃纤维布同时涂刷第二遍涂料→涂刷第三遍涂料→涂刷第四遍涂料→蓄水试验→保护层施工→质量验收→第二次蓄水试验。

3. 操作要点

氯丁胶乳沥青防水涂料的操作要点见表6-4。

表6-4　氯丁胶乳沥青防水涂料的操作要点

序号	步骤	内　容
1	清理基层	厕浴间防水施工前，应将基层浮浆、杂物清理干净
2	刮氯丁胶乳沥青水泥腻子	在清理干净的基层上，满刮一遍氯丁胶乳沥青水泥腻子。管道根部和转角处要厚刮，并抹平整。腻子的配制方法，是将氯丁胶乳沥青防水涂料倒入水泥中，边倒边搅拌至稠浆状，即可刮涂于基层表面，腻子厚度约2～3mm
3	涂刷第一遍涂料	待上述腻子干燥后，再在基层上满刷一遍氯丁胶乳沥青防水涂料（在大桶中搅拌均匀后再倒入小桶中使用）。操作时涂刷不得过厚，但也不能漏刷，以表面均匀、不流淌、不堆积为宜。立面需刷至设计高度
4	附加层施工	在阴阳角、管道根部、地漏、大便器蹲坑等细部构造处，应分别附加一布二涂附加防水层
5	铺贴玻璃纤维布同时涂刷第二遍涂料	附加防水层做完并干燥后，就可大面积铺贴玻璃纤维布同时涂刷第二遍防水涂料。此时先将玻璃纤维布剪成相应尺寸铺贴于基层上，然后在上面涂刷防水涂料，使涂料浸透布纹渗入于基层中。玻璃纤维布搭接宽度不宜小于100mm，并顺水流方向接槎。玻璃纤维布立面应贴至设计高度，平面与立面的搭接缝应留在平面处，距立面边宜大于200mm，收口处要压实贴牢
6	涂刷第三遍涂料	待上遍涂料实干后（一般宜24h以上），再满刷第三遍防水涂料，涂刷要均匀
7	涂刷第四遍涂料	上遍涂料干燥后，可满刷第四遍防水涂料，一布四涂防水层施工即告完成
8	蓄水试验	防水层实干后，可进行第一次蓄水试验。蓄水24h无渗漏水为合格

续表 6-4

序号	步骤	内容
9	保护层施工	蓄水试验合格后，可按设计要求及时做保护层，或铺贴饰面层
10	第二次蓄水试验	防水层完工并经质量验收后，工程竣工交付使用前要进行第二次蓄水试验，以确保防水层的质量

技能要点 3：厚质水性防水涂料施工

这种材料有较好的耐酸、碱及抗老化性能，粘结力很强，又可在湿基面上施工，是一种单组分水乳型厚质防水涂料，特别适宜于厕浴间的防水施工。

1. 防水层做法与参考用量

根据工程需要，防水层可组成一布三涂或只涂刮三遍涂料，防水层厚度为 2.5mm。防水涂料用量为 3～3.3kg/m^3，胎体增强材料选用 40～60g/m^2 的聚酯无纺布。

2. 操作顺序

现以一布三涂为例，其操作顺序如下：

清理基层→涂刷基层处理剂→涂刮附加层防水涂料→涂刮第一遍涂料→铺贴聚酯无纺布同时涂刮第二遍涂料→涂刮第三遍涂料→蓄水试验→保护层施工→质量验收→第二次蓄水试验。

3. 操作要点

厚质水性防水涂料施工的操作要点见表 6-5。

表 6-5 厚质水性防水涂料施工的操作要点

序号	步骤	内容
1	清理基层	厕浴间防水施工前，应将基层浮浆、杂物清理干净。强调基面应做到坚实、平整，找坡准确，排水通畅
2	涂刷基层处理剂	将防水涂料与软水各按 50％质量比例混合搅拌均匀，即可涂刷于基层上。材料用量 0.20～0.25kg/m^2。涂刷后应干燥 4h 后，才能进行下一工序施工

续表 6-5

序号	步骤	内容
3	涂刮附加层防水涂料	在地漏、管道根部、阴阳角等容易渗漏部位，均匀涂刷一遍附加层防水涂料，其厚度宜为 0.5mm 以上
4	涂刮第一遍涂料	涂料无需搅拌，直接用抹刀或胶皮刮板将材料涂刮于基层上
5	铺贴聚酯无纺布，同时涂刮第二遍涂料	此时先将聚酯无纺布剪成相应尺寸，在基层上涂刮薄薄一层涂料，随即铺贴无纺布，最后在无纺布上涂刮厚度不少于 1mm 的防水涂料，材料用量为 1.2～1.3kg/m^2。无纺布搭接宽度不宜小于 100mm。平面与立面搭接缝应留在转角处外 200mm，收口处应压实贴牢
6	涂刷第三遍涂料	待第二遍涂料实干后(约 24h)，再满涂第三遍涂料，涂刮厚度亦为 1mm，材料用量为 1.2～1.3kg/m^2
7	蓄水试验	待第三遍涂料实干并超过 48h 后，涂膜趋于坚固。此时可以上人进行蓄水试验。蓄水试验 24h 后无渗漏水为合格
8	保护层施工	蓄水试验合格后，可按设计要求及时做保护层，或铺贴饰面层
9	第二次蓄水试验	防水层完工并经质量验收后，工程竣工交付使用前要进行第二次蓄水试验，以确保防水层的质量

4. 注意事项

(1)防水涂膜约经 3～4 天后才能达到最终强度。此时才可进行保护层施工。

(2)防水涂料如当天使用不完，可在桶中放一些自来水，然后再把桶盖封严。第二次使用时，只需把水倒掉，就可进行涂刮，而不影响质量。

技能要点 4：厕浴间、厨房刚性防水层施工

下面以 U 型混凝土膨胀剂(UEA)为例，介绍其砂浆配制和施

工方法。

1. 材料及要求

(1)水泥。42.5 级普通硅酸盐水泥或 32.5 级矿渣硅酸盐水泥。

(2)UEA。符合《混凝土膨胀剂》(GB 23439—2009)的规定。

(3)砂子。中砂,含泥量小于 2%。

(4)水。饮用自来水或洁净非污染水。

2. UEA 砂浆的配制

在楼板表面铺抹 UEA 防水砂浆,应按不同的部位,配制含量不同的 UEA 防水砂浆。不同部位 UEA 防水砂浆的配合比参见表 6-6。

表 6-6 不同防水部位 UEA 防水砂浆配合比

防水部位	厚度(mm)	C+UEA(kg)	UEA/(C+UEA)(%)	配合比			水灰比	稠度(cm)
				水泥	UEA	砂		
垫层	20～30	550	10	0.90	0.10	3.0	0.45～0.50	5～6
防水层(保护层)	15～20	700	10	0.90	0.10	2.0	0.40～0.45	5～6
管件接缝	—	700	15	0.85	0.15	2.0	0.30～0.35	2～3

注:C—水泥。

3. 防水层施工

(1)基层处理。施工前,应对楼面板基层进行清理,除净浮灰杂物,对凹凸不平处用 10%～12%UEA(灰砂质量比为 1∶3)砂浆补平,并应在基层表面浇水,使基层保护湿润,但不能积水。

(2)铺抹垫层。按质量比为 1∶3 的水泥砂浆垫层配合比,配制灰砂质量比为 1∶3 的 UEA 垫层砂浆,将其铺抹在干净湿润的楼板基层上。铺抹前,按照坐便器的位置,准确地将地脚螺栓预埋在相应的位置上。垫层的厚度为 20～30mm，必须分 2～3 层铺抹，每层应揉浆、拍打密实，垫层厚度应根据标高而定。在抹压的同时，应完成找坡工作，地面向地漏口找坡 2%，地漏口周围 50mm 范围内向地漏中心找坡 5%，穿楼板管道根部位向地面找坡为 5%，转角墙部位的穿楼板管道向地面找坡为 5%。分层抹压结束后，在垫层表面用钢丝刷拉毛。

(3)铺抹防水层。待垫层强度能达到上人时，把地面和墙面清扫干净，并浇水充分湿润，然后铺抹四层防水层。第一、第三层为 10%UEA 水泥素浆，第二、第四层为 10%～12%UEA(水泥：砂=1：2)水泥砂浆层。铺抹方法如下：

1)第一层先将 UEA 和水泥按 1：9 的配合比准确称量后，充分干拌均匀，再按水灰比加水拌和成稠浆状，然后就可用滚刷或毛刷涂抹，厚度为 2～3mm。

2)第二层灰砂质量比为 1：2，UEA 掺量为水泥质量的 10%～12%，一般可取 10%。待第一层素灰初凝后，即可铺抹，厚度为 5～6mm，凝固 20～24h 后，适当浇水湿润。

3)第三层掺 10%UEA 的水泥素浆层，其拌制要求、涂抹厚度与第一层相同，待其初凝后，即可铺抹第四层。

4)第四层 UEA 水泥砂浆的配合比、拌制方法、铺抹厚度均与第二层相同。铺抹时应分次用铁抹子压 5～6 遍，使防水层坚固密实，最后再用力抹压光滑，经硬化 12～24h，就可浇水养护 3 天。

以上四层防水层的施工，应按照垫层的坡度要求找坡，铺抹的操作方法与地下工程防水砂浆施工方法相同。

(4)管道接缝防水处理。待防水层达到强度要求后，拆除捆绑在穿楼板部位的模板条，清理干净缝壁的乳渣、碎物，并按节点防水做法的要求涂布素灰浆和填充 UEA 掺量为 15%的(水泥：砂=1：2)管件接缝防水砂浆，最后灌水养护 7d。蓄水期间，如不发生渗漏现象，可视为合格；如发生渗漏，找出渗漏部位，及时修复。

(5)铺抹 UEA 砂浆保护层。保护层 UEA 的掺量为 10%～12%，灰砂质量比为 1∶(2～2.5)，水灰质量比为 0.4。铺抹前，对要求用膨胀橡胶止水条做防水处理的管道、预埋螺栓的根部及需用密封材料嵌填的部位及时做防水处理。然后就可分层铺抹厚度为 15～25mm 的 UEA 水泥砂浆保护层，并按坡度要求找坡，待硬化 12～24h 后，浇水养护 3 天。最后，根据设计要求铺设装饰面层。

第三节　细部构造防水施工

本节导读：

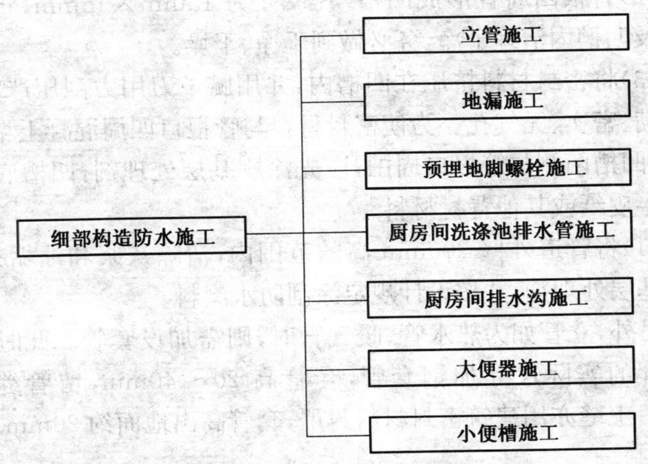

技能要点 1：立管施工

立管防水构造如图 6-4 所示。

立管施工要点如下：

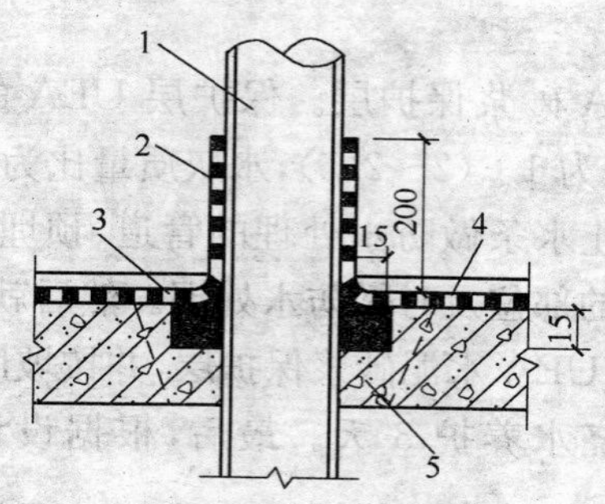

图 6-4　立管防水构造

1. 穿楼板管道　2. 涂膜防水　3. 15mm×15mm 凹槽内嵌密封材料
4. 地面面层　5. 细石混凝土灌缝

(1)立管定位后，楼板四周缝隙应用 1∶3 水泥砂浆堵严，缝大于 20mm 时宜用 C20 细石混凝土堵严。

(2)管根四周宜形成凹槽，其尺寸为 15mm×15mm，将管根周围及凹槽内清理干净，务必做到干净、干燥。

(3)将密封材料挤压在凹槽内，并用腻子刀用力刮压严实，使之饱满、密实、无气孔。为使密封材料与管根口四周混凝土粘结牢固，在凹槽两侧与管根口周围，应先涂刷基层处理剂，凹槽底部应垫以牛皮纸或其他背衬材料。

(4)将管道外壁 200mm 高的范围内，清除灰浆和油垢杂质，涂刷基层处理剂，并按设计规定涂刮防水涂料。

另外，立管如为热水管、暖气管时，则需加设套管。此时可根据立管的实际尺寸加钢套管，套管高 20～40mm，留管缝 2～5mm。上缝亦用建筑密封材料封严，套管高出地面约 20mm。

技能要点 2：地漏施工

(1)立管定位后，楼板四周缝隙应用 1∶3 水泥砂浆堵严；缝大于 20mm 时宜用 C20 细石混凝土堵严。

(2)厕浴间垫层向地漏处找 2%坡度，垫层厚度小于 30mm 时用水泥混合砂浆；大于 30mm 时用水泥炉渣材料。

(3)地漏上口四周用 10mm×15mm 密封材料封严，上面做涂膜防水层。

地漏施工图，如图 6-5 所示。

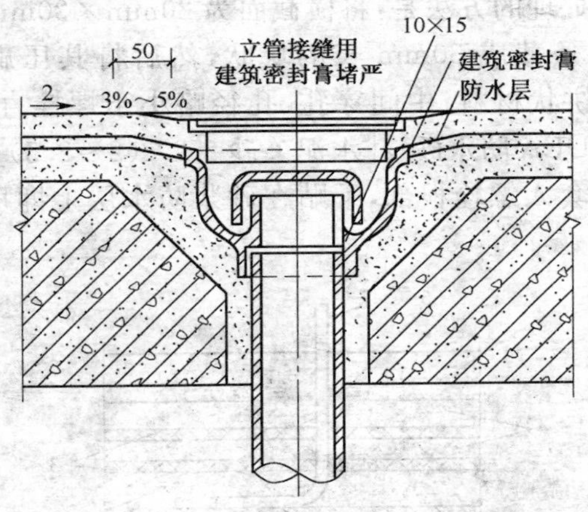

图 6-5　地漏防水构造

由于混凝土凝固时有微量收缩，而铸铁地漏口大底小，外表面与混凝土接触处容易产生裂缝。为了防止地漏周围渗水，最好将地漏加以改进，在原地漏的基础上加铸铁防水托盘，以提高厕浴间防水的质量，如图 6-6 所示。

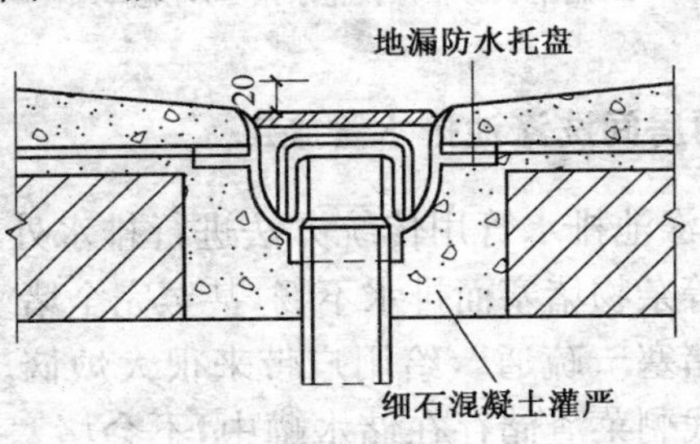

图 6-6　地漏处防水托盘

技能要点 3：预埋地脚螺栓施工

厕浴间的坐便器，常用细而长的预埋地脚螺栓固定，应力较集中，容易造成开裂，如防水处理不好，很容易在此处造成渗漏。对其进行防水处理的方法是：将横截面为 20mm×30mm 的遇水膨胀橡胶止水条截成 30mm 长的块状，然后将其压扁成厚度为 10mm 的扁饼状材料，中间穿孔，孔径略小于螺栓直径，在铺抹 10%～20%UEA 防水砂浆[水泥：砂＝1：(2～2.5)]保护层前，将止水薄饼套入螺栓根部，平贴在砂浆防水层上即可，如图 6-7 所示。

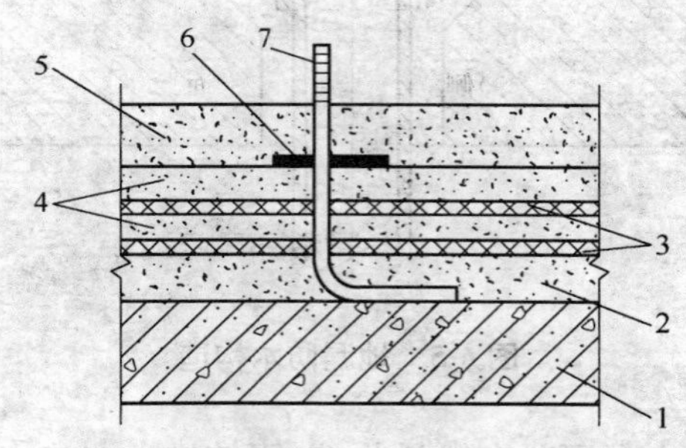

图 6-7　预埋地脚螺栓防水构造

1. 钢筋混凝土楼板　2. UEA 砂浆垫层　3. 10%UEA 水泥素浆
4. 10%～12%UEA 防水砂浆　5. 10%～12%UEA 砂浆保护层
6. 扁平状膨胀橡胶止水条　7. 地脚螺栓

技能要点 4：厨房间洗涤池排水管施工

厨房间洗涤池排水管用传统方法进行排水处理，由于管道狭窄，常因菜渣等杂物堵塞而排水不畅，甚至完全堵塞，疏通很困难，周而复始的"堵塞一疏通"，给用户带来很大烦恼。用图 6-8 所示的排水方法，残剩菜渣储存在储水罐中，不会堵塞排水管，但长期储存，会腐烂变质发生异味，所以应经常清理。吸水弯管头可以卸下，以便清理。

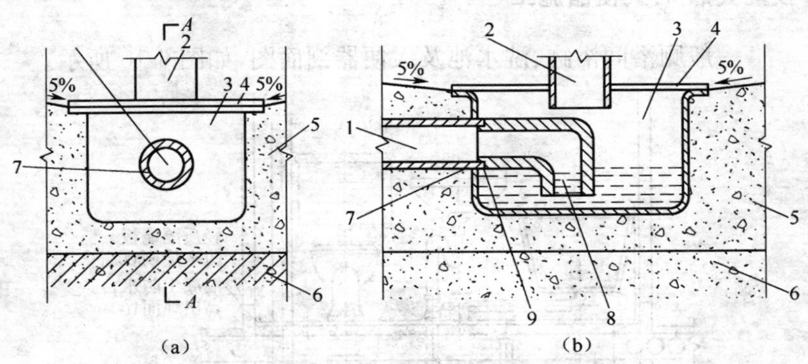

图 6-8　洗涤池储水灌排水管排水构造

(a)侧面　(b)A—A 剖面

1. 金属排水管　2. 洗涤池排水管　3. 金属储水罐　4. 带孔盖板　5. 200mm 厚 C20 细石混凝土台阶　6. 楼板　7. 满焊连接　8. 吸水弯管头　9. 插卸式连接

技能要点 5：厨房间排水沟施工

1. 厨房间排水沟

厨房间排水沟的防水层，应与地面防水层相互连接，其构造如图 6-9 所示。

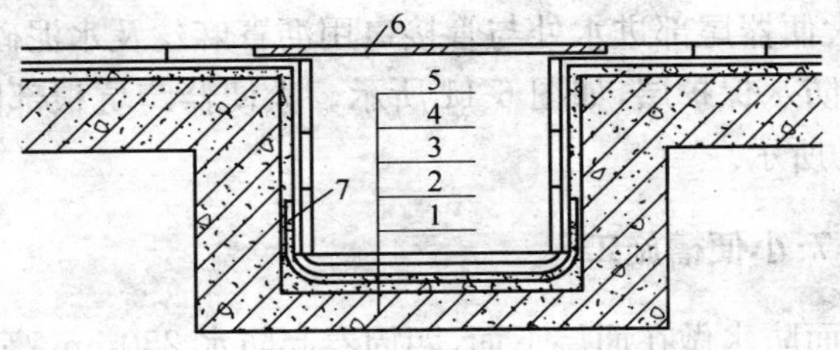

图 6-9　厨房间排水沟防水构造层

1. 结构层　2. 刚性防水层　3. 柔性防水层　4. 粘结层　5. 面砖层　6. 铁箅子　7. 转角处卷材附加层

技能要点 6：大便器施工

一般厕浴间浴缸、洗水池及大便器剖面图，如图 6-10 所示。

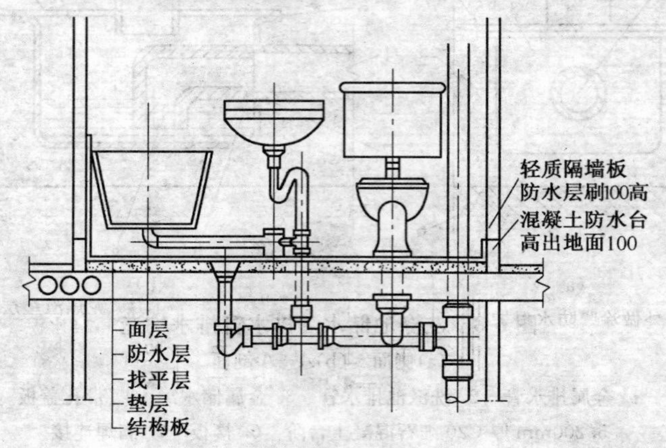

图 6-10　厕浴间剖面

大便器蹲坑防水做法：

(1)大便器立管定位后，楼板四周缝隙用 1∶3 水泥砂浆堵严；缝大于 20mm 时宜用 C20 细石混凝土堵严、抹平。

(2)立管接口处四周用密封材料交圈封严，尺寸为 10mm×10mm，上面防水层做至管顶部。

(3)大便器尾部进水处与管接口用沥青麻丝及水泥砂浆封严，外做涂膜防水保护层，如图 6-11 所示。大便器蹲坑根部防水做法如图 6-12 所示。

技能要点 7：小便槽施工

楼地面防水做在面层下面，四周卷起防水 250mm 高。

小便槽防水层与地面防水层交圈，立墙防水做到花管处以上 100mm，两端展开 500mm 宽。

小便槽地漏及地面地漏做法，如图 6-13 所示，小便槽防水剖面如图 6-14 所示。

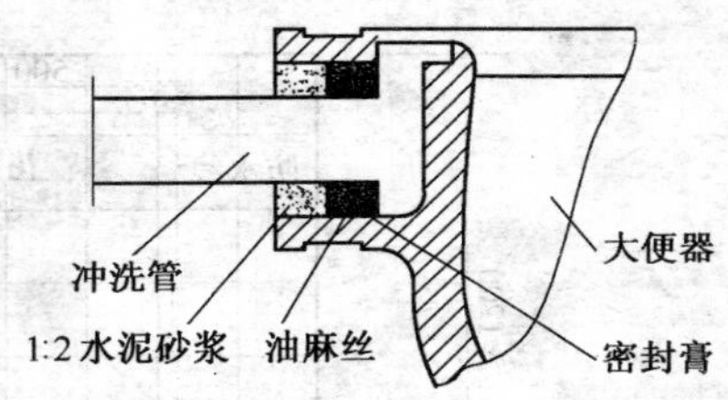

图 6-11　大便器进水管与管口连接

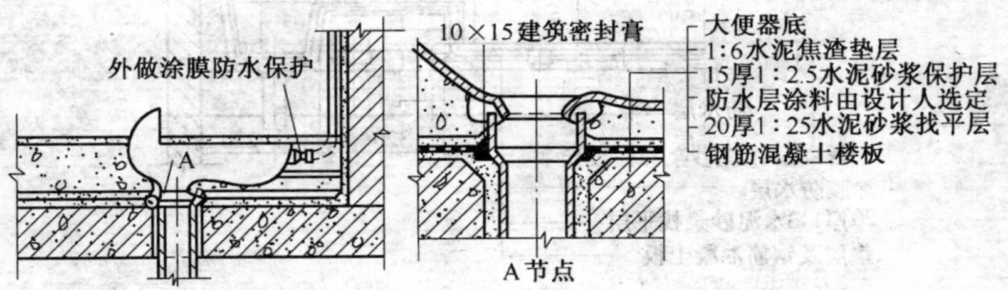

图 6-12　大便器蹲坑防水做法

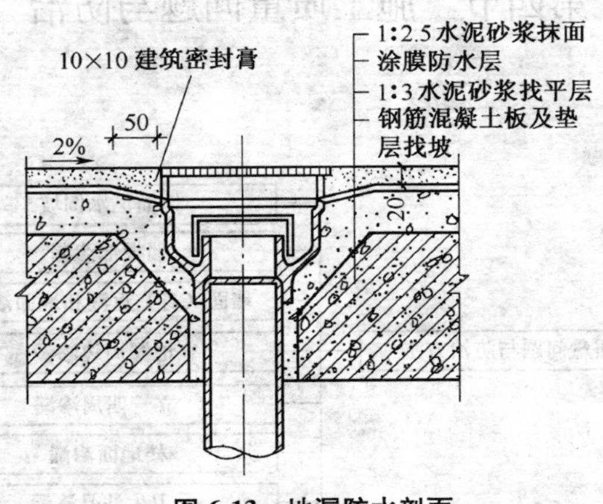

图 6-13　地漏防水剖面

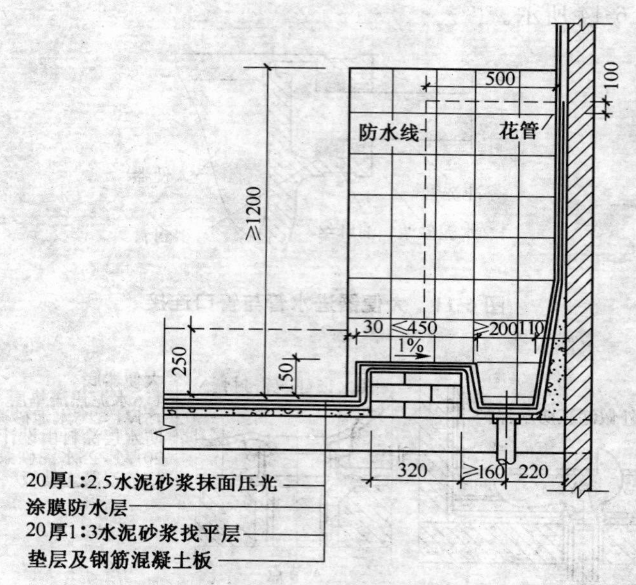

图 6-14 小便槽防水剖面

第四节 施工质量问题与防治

本节导读：

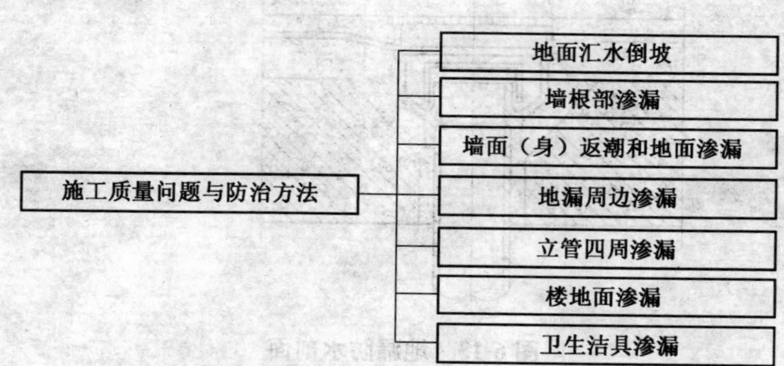

技能要点1:地面汇水倒坡

1. 产生原因

地漏偏高,集水汇水性差,表面层不平有积水,坡度不顺或排水不通畅或倒流水。

2. 防治方法

(1)地面坡度要距排水点最远距离处控制在2%,且不大于30mm,坡向准确。

(2)严格控制地漏标高,且应低于地面表面5mm。

(3)厕浴间地面应比走廊及其他室内地面低20～30mm。

(4)地处的汇水口应呈喇叭口形,集水汇水性好,确保排水(或液体)通畅。严禁地面有倒坡和积水现象。

技能要点2:墙根部渗漏

1. 产生原因

(1)一些采用空心板等梁式板做楼板结构的房间,在长期荷载作用下,楼板出现挠曲变形,使板侧与立墙交接处出现裂缝,室内积水沿裂缝流入下层室内造成渗漏,如图6-15所示。

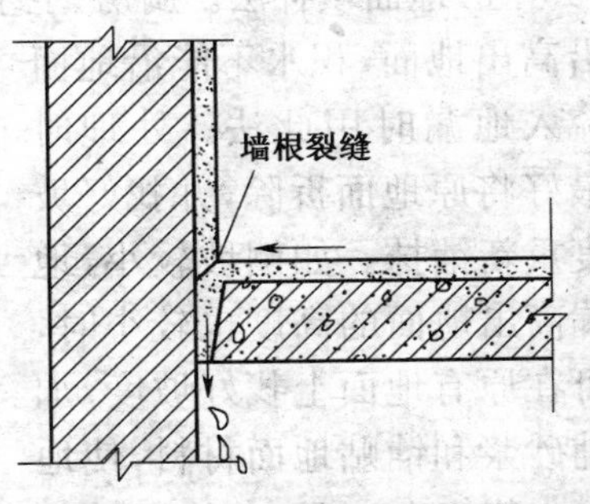

图6-15　墙根部渗漏

(2)地面坡度不合适,或者地漏高出地面,使室内地面上的水排不出去,致使墙根部位经常积水,在毛细管作用下,水由踢脚板、墙裙上的微小裂纹中进入墙体,墙体逐渐吸水饱和,造成渗漏。

2. 防治方法

(1)水不漏嵌填法。沿渗水部位的楼板和墙面交接处,用凿子凿出一条截面为倒梯形或矩形的沟槽,深20mm左右,宽10～

20mm，清除槽内浮渣，并用水清洗干净后，将水不漏块料砸入槽内，再用浆料抹平，如图 6-16 所示。

(2)贴缝法。当墙根裂缝较小，渗水不严重时，可采用贴缝法进行处理。具体处理方法是在裂缝部位涂刷防水涂料，并加贴胎体增强材料将缝隙密封，如图 6-17 所示。

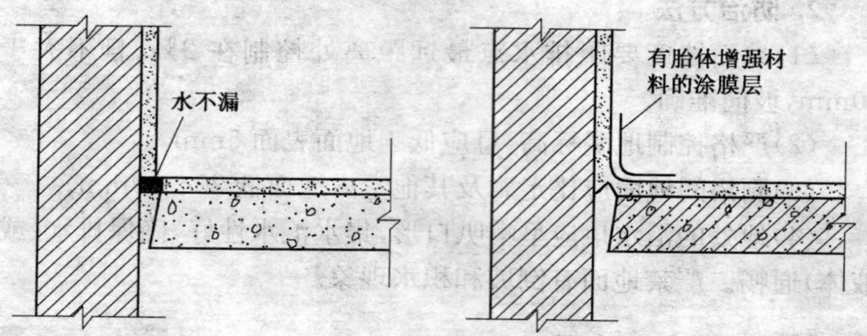

图 6-16　墙根渗漏用水不漏嵌填处理　　图 6-17　墙根渗漏用贴缝法处理

(3)地面填补法。厨房、卫生间地面向地漏方向倒坡或地漏边沿高出地面，积水不能沿地面流入地漏时用此法。处理时最好将原地面拆除，并找好坡度重新铺抹。如倒坡较小，地漏高出地面的高度也较小时，可在原有地面上找好坡度，加铺砂浆和铺贴地面材料，使地面水能流入地漏中，如图 6-18 所示。

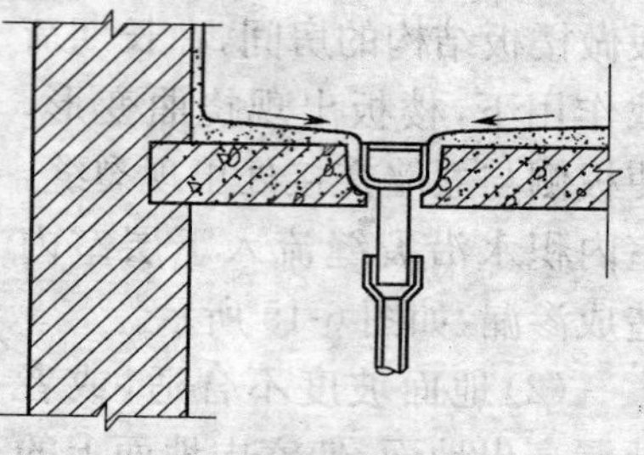

图 6-18　地面填补法

技能要点 3：墙面(身)返潮和地面渗漏

1. 产生原因

(1)墙面防水层设计高度偏低，地面与墙面转角处成直角状。

(2)地漏、墙角、管道、门口等处结合不严密,造成渗漏。

(3)砌筑墙面的黏土砖含碱性和酸性物质。

2. 防治方法

(1)墙面上设有水器具时,其防水高度一般为1500mm;淋浴处墙面防水高度应大于1800mm。

(2)墙体根部与地面的转角处,其找平层应做成钝角。

(3)预留洞口、孔洞、埋设的预埋件位置必须准确、可靠。地漏、洞口、预埋件周边必须设有防渗漏的附加防水层措施。

(4)防水层施工时,应保持基层干净、干燥,确保涂膜防水层与基层粘结牢固。

(5)进场黏土砖应进行抽样检查,如发现有类似问题时,其墙面宜增加防潮措施。

技能要点4:地漏周边渗漏

1. 产生原因

承口杯与基体及排水管接口结合不严密,防水处理过于简陋,密封不严。

2. 防治方法

(1)安装地漏时,应严格控制标高,宁可稍低于地面,也决不可超高。

(2)要以地漏为中心,向四周辐射找好坡度,坡向准确,确保地面排水迅速、通畅。

(3)安装地漏时,先将承口杯牢固地粘结在承重结构上,再将浸涂好防水涂料的胎体增强材料铺贴于承口杯内,随后仔细地再涂刷一遍防水涂料,然后用插口压紧,最后在其四周,再满涂防水涂料1~2遍,待涂膜干燥后,把漏勺放入承插口内。

(4)管口连接固定前,应先进行测量,复核地漏标高及位置正确后,方可对口连接、密封固定。

技能要点 5:立管四周渗漏

1. 产生原因

(1)厨房、卫生间的管道,一些都是土建完工后方进行安装,常因预留孔洞不合适,安装施工时随便开凿,安装完管道后,又没有用混凝土认真填补密实,形成渗水通道,地面稍一有水,就首先由这个薄弱环节渗漏。

(2)暖气立管在通过楼板处没有设置套管,当管子因冷热变化、胀缩变形时,管壁就与楼板混凝土脱开、开裂,形成渗水通道。

(3)穿过楼板的管道受到振动影响,也会使管壁与混凝土脱开,出现裂缝。

2. 防治方法

(1)堵漏灵嵌填法。先在渗漏的管道根部周围混凝土楼板上,用凿子剔凿一道深 20～30mm、宽 10～20mm 的凹槽,清除槽内浮渣,并用水清洗干净,在潮湿条件下,用 03 型堵漏灵块料填入槽内砸实,再用砂浆抹平,如图 6-19 所示。

(2)涂膜堵漏法。将渗漏的管道根部楼板面清理干净,涂刷合成高分子防水涂料,并粘贴胎体增强材料,如图 6-20 所示。

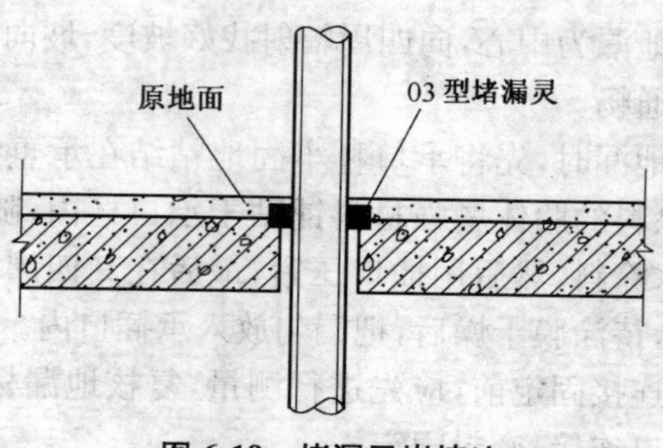

图 6-19　堵漏灵嵌填法

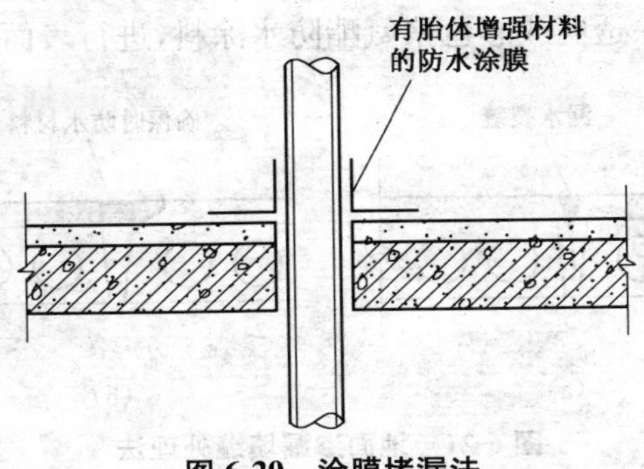

图 6-20　涂膜堵漏法

技能要点 6:楼地面渗漏

1. 产生原因

(1)混凝土、砂浆面层施工质量不好,内部不密实,有微孔,成为渗水通道,水在自重压力下顺这些通道渗入楼板,造成渗漏。

(2)楼板板面裂纹,如现浇混凝土出现干缩;预制空心板在长期荷载作用下发生挠曲变形,在两块板拼缝处出现裂纹。

(3)预制空心楼板板缝混凝土浇灌不认真,嵌填振捣不密实、不饱满、强度过低,以及混凝土中有砖块、木片等杂物。

(4)卫生间楼地面未做防水层,或防水层质量不好,局部损坏。

2. 防治方法

(1)填缝处理法。当楼板面上有显著的裂缝时,宜用填缝处理法。处理时先沿裂缝位置进行扩缝,凿出 15mm×15mm 的凹槽,清除浮渣,用水冲洗干净,刮填无机防水堵漏材料,如图 6-21 所示。

(2)拆除贴面材料,重新涂刷防水涂料。厨房、卫生间大面积地面渗漏,可先拆除地面的面砖,暴露漏水部位,然后重新涂刷防水涂料,除“确保时”涂料及聚氨酯防水涂料外,通常都要加铺胎体增强材料进行修补,防水层全部做完经试水不渗漏后,再在上面铺贴地面饰面材料。

(3)表面处理。厨房、卫生间渗漏,亦可不拆除贴面材料,直接在其表面刮涂透明或彩色聚氨酯防水涂料，进行表面处理。

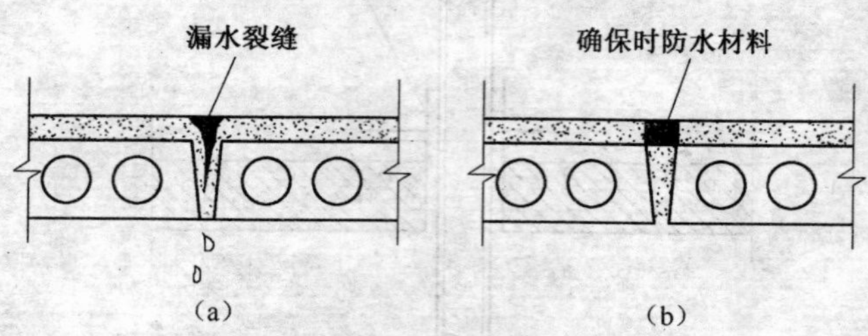

图 6-21　地面渗漏填缝处理法

(a)修理前　(b)修理后

技能要点 7：卫生洁具渗漏

1. 产生原因

(1)铸铁管、陶土管、卫生洁具等有砂眼、裂纹。

(2)管道安装前，接头部分未清除灰尘、杂物，影响粘结。

(3)下水管道接头打口不严密。

(4)大便器与冲洗管、存水弯、排水管接口安装时未填塞油麻丝，缝口灰嵌填不密实，不养护，使接口有缝隙，成为渗水通道。

(5)横管接口下部环状间隙过小；公共卫生间横管部分太长，均容易发生滴漏。

(6)大便器与冲洗管用胶皮碗绑扎连接时，未用铜丝而用钢丝绑扎，年久钢丝锈蚀断开，污水沿皮碗接口处流出，造成渗漏。

2. 防治方法

(1)重新更换法。如纯属管材与卫生洁具本身的质量问题，如本身的裂纹、砂眼等，最好是拆除，重新更换质量合格的材料。

(2)接头封闭法。对于非承压的下水管道，如因接口质量不好而渗漏时，可沿缝口凿出 V 形缝，如图 6-22 所示，再用密封材料填充处理。

(3)重新用钢丝绑扎。如属大便器的皮碗接头绑扎钢丝锈断，可将其凿开后，重新用 14 号铜丝绑扎两道，试水无渗漏后，再行填料封闭，如图 6-23 所示。

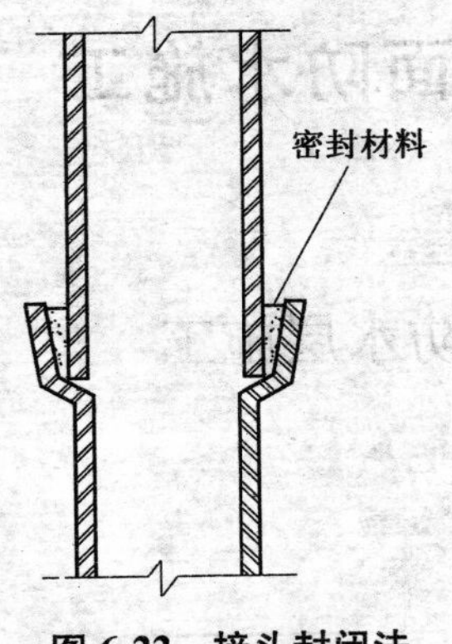

图 6-22　接头封闭法

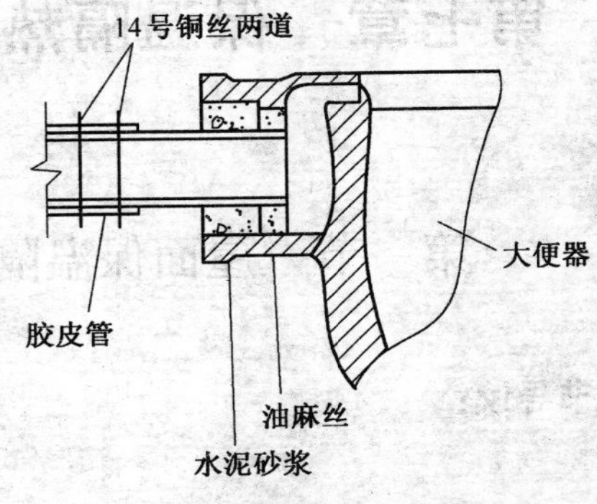

图 6-23　大便器接头渗漏处理

第七章　保温隔热屋面防水施工

第一节　屋面保温隔热防水层施工

本节导读：

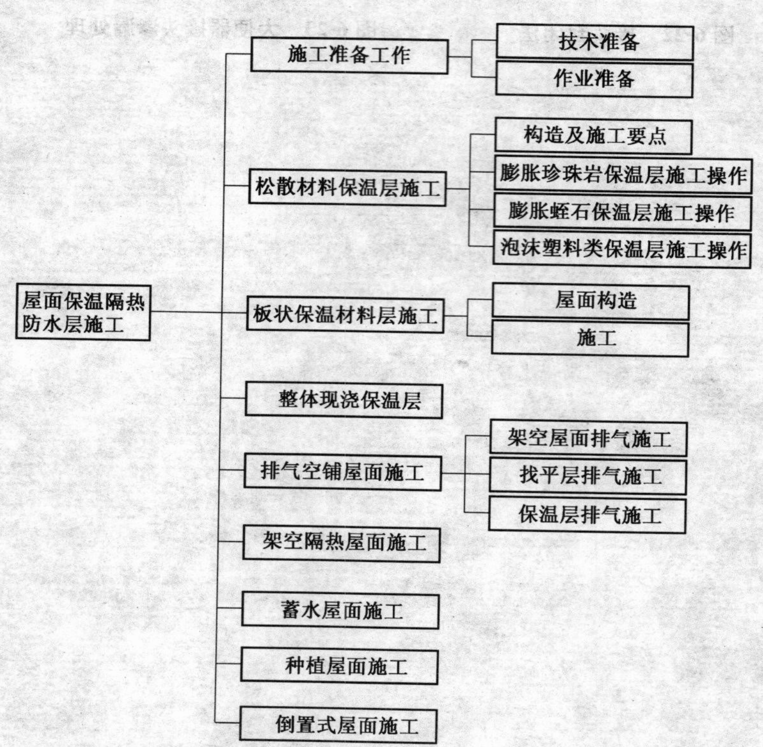

技能要点1:施工准备工作

1. 技术准备

(1)编制防水施工方案。依据专项防水工程设计要求与技术要求,在开工前对专项工程编制出有针对性的防水施工方案或技术措施,报上级有关主管部门批准后实施。

施工方案包括:防水工程概况、材料选用、施工方法、细部构造、操作要点、质量要求、成品保护、施工进度、施工安全及注意事项等。

(2)明确防水施工检验步骤。防水施工前,质检与技术人员可共同研究,确定出施工检验步骤(程序)。明确哪几道工序是必检合格之后才允许连续施工,并提出相应的检验内容、方法与记录。例如防水施工前,必须对找平层进行检验,合格后才可做防水作业。

防水施工中,进行中间检验和工序检验,能够及早发现质量缺陷与问题,及时修补,消除隐患,才能保证质量。

(3)技术学习和技术交底。根据专项工程防水施工方案的内容要求,对防水工进行新材料、新工艺、新技术培训学习,使之掌握技术要领。

施工负责人还应在开工前向班组做全面技术交底。重点是防水部位及设防要求、施工做法及细部处理、保证质量措施、责任分工及施工进度、安全等交底工作。

2. 作业准备

(1)材料与工具准备。按防水工程面积,工程队核算防水材料总量,一次或分次组织运至现场,包括配套材料(胶粘带、胶粘剂、冷底油稀释剂等)和专用施工工具、操作人员的劳保用具均应备齐。

对易燃物品(汽油燃料等),应设临时库房安全储存。

(2)做好与防水层相关层次的施工。相关层次指:结构层、找平层、隔气层、保温层、找坡层、隔离层等有关各层。这些层次的施工质量直接或间接影响着卷材防水层的施工，是防水作业前不可忽视的工序准备。

1)结构层：结构层一般指顶层屋面板，其质量要求应有较大的刚度、变形小、整体性强。结构层以现浇混凝土整体板或防水混凝土板对防水层有利。如结构层为预制装配式混凝土板，板缝要用C20细石混凝土填嵌，灌缝的细石混凝土宜掺微膨胀剂。当屋面板板缝宽度大于40mm或上窄下宽时，板缝应设置构造筋，板端缝应进行密封处理。

2)找平层：防水层附于基层之上，基层(找平层)质量是保证防水层施工质量的基础。

①坡度。找平层的排水坡度很重要，如果排水不畅，造成积水浸泡防水层，加速材料老化，防水层可能发生渗漏。故防水层施工前不仅按设计要求检查屋面排水坡度，还要检查天沟、檐沟、檐口、水落口和自由排水等各处的坡度。

②平整度。找平层不平整影响防水层粘贴，会削弱防水功能并极易出现表面积水现象。防水层施工前可用2m靠尺检查，其空隙不得大于5mm，检查时特别要注意顺屋面坡度方向。

③强度与表面质量。找平层一般在屋顶板上抹20mm厚、配合比为1∶2.5～1∶3的水泥砂浆，并有一定强度。找平层表面应光滑、不起砂、不起皮、无开裂等缺陷。

为减少找平层开裂，找平层可留分格缝，一般分格缝应留设在板端，并嵌填密封材料，目的是使结构变形与找平层干缩变形、温差变形集中在柔性处理的分格缝上。

④含水率。柔性防水层(包括卷材、涂料等防水层)对屋面找平层的含水率要求较高。在干燥或较干燥地区，含水率不大于9%～10%为宜。含水率的简易测试方法，将1m²卷材平铺在找平层上，3～4h后掀开检查，所覆盖部位及卷材表面未见水印时，基层含水率即符合基本要求，才可铺设卷材。

⑤清扫。施工前将找平层表面的砂粒、灰浆、灰尘、杂物等全部清扫干净,有利于卷材与基层的粘结。

3)隔气层:设隔气层是为了防止室内水蒸气通过屋面板渗透到保温层内,影响保温效果,促使防水层起鼓(是否设置隔气层参见屋面规范)。

由于冷凝水是以蒸气的形式通过结构层缝隙进入保温层的,所以应选择气密性好的材料作隔气层,一般以单层防水卷材满粘或空铺法施工。也可采用涂膜防水处理,但气密性差的水乳型涂料不宜使用。

技能要点 2:松散材料保温层施工

松散保温材料屋面指其保温层主要采用炉渣、膨胀蛭石、膨胀珍珠岩、矿物棉等材料干铺而成。

1. 松散保温材料屋面的构造及施工要点

松散保温材料屋面的构造及施工要点见表 7-1。

表 7-1 松散保温材料屋面的构造及施工要点

序号	类 别	构造简图	施工要点
1	空心板隔热保温屋面	油毡防水层 1:2.5水泥矿渣层厚20 松散垤石或珍珠岩隔热层 钢筋混凝土空心板 C20 细石混凝土灌缝 保温屋面	1)板缝用 C20 细石混凝土灌缝 2)分格木龙骨要与板缝预埋钢丝绑牢 3)保温隔热材料铺放后,要用竹筛或钉有木框的铝丝网覆盖,然后将找平层砂浆倒入筛内,摊平后取出筛子,找平抹光即可。这样可以防止倒砂浆时挤走隔热保温材料,以保证工程质量

续表 7-1

序号	类 别	构造简图	施工要点
2	干铺炉渣保温层面	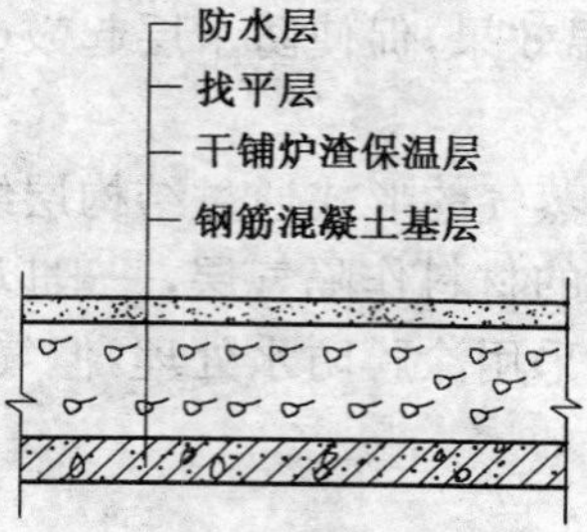 防水层 找平层 干铺炉渣保温层 钢筋混凝土基层	1)炉渣铺设应分层进行,每层厚度应小于150mm 2)边铺设、边分层压实,并有一定坡度 3)压实后的表面用2m长靠尺检查,顺水方向误差不大于15mm
3	干铺膨胀珍珠岩保温屋面	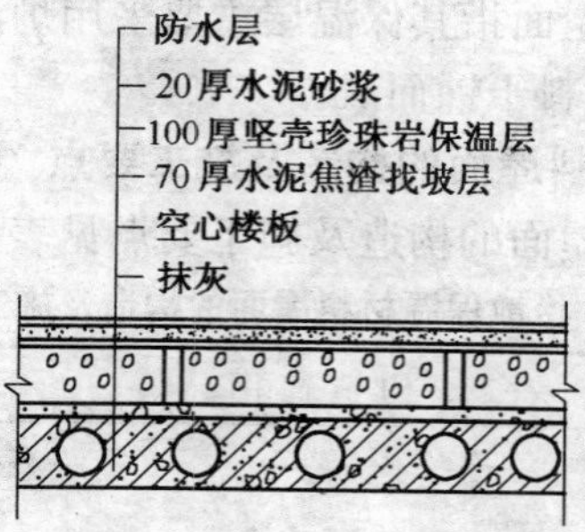 防水层 20厚水泥砂浆 100厚坚壳珍珠岩保温层 70厚水泥焦渣找坡层 空心楼板 抹灰	1)屋面用半砖砌若干封闭仓,内填干膨胀珍珠岩,并按一定压缩比将珍珠岩压实拍平 2)珍珠岩上抹C20混凝土找平层
4	袋装珍珠岩保温屋面	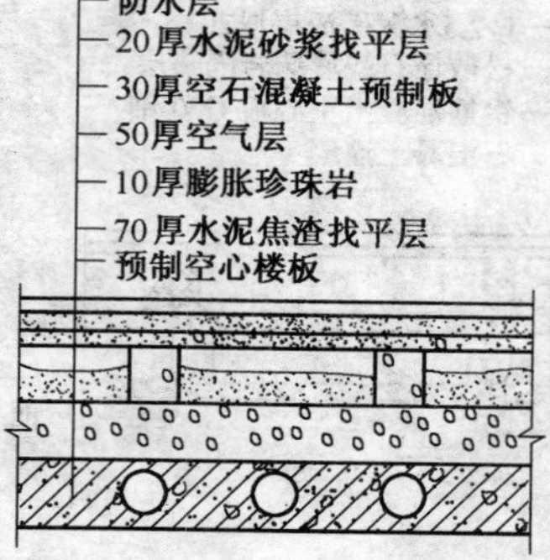 防水层 20厚水泥砂浆找平层 30厚空石混凝土预制板 50厚空气层 10厚膨胀珍珠岩 70厚水泥焦渣找平层 预制空心楼板	1)在圆孔板上用水泥、焦砟找坡,其上砌加气混凝土块作支撑点 2)支撑点之间放置袋装膨胀珍珠岩,再用预制块盖上 3)用水泥砂浆找平,其上做防水层

2. 膨胀珍珠岩保温层施工操作

膨胀珍珠岩保温层大体上可分为三种做法，即水泥膨胀珍珠岩、沥青膨胀珍珠岩及乳化沥青膨胀珍珠岩。

(1)水泥膨胀珍珠岩保温层。水泥膨胀珍珠岩保温层可分为预制和现浇整体两种做法。

1)预制水泥膨胀珍珠岩板：用于铺设屋面保温层，不仅施工方便，而且由于其含水率低于现浇整体式水泥膨胀珍珠岩保温层，所以保温效果较好，对卷材、涂膜防水层质量的不良影响小。采用预制水泥膨胀珍珠岩板时，应注意控制板的厚度，在新规范中对其厚度的允许偏差采用双控法，就是既要控制其相对数值，使其厚度允许偏差为±5%；又要控制其绝对数值，使其达到不论厚度如何，均不超过 4mm。这是因为，对于轻质、热工性能好的保温材料，如水泥膨胀珍珠岩板，其厚度可以比过去使用的保温材料减小很多，单用绝对数值控制其偏差限值就很不合适了。如厚度为 40mm 的水泥膨胀珍珠岩板，若允许偏差为±4mm，则相当于设计厚度 40mm 的 10%，如负偏差数值过大，即保温层厚度 δ 减小，则屋面的热阻降低，达不到设计要求的保温效果。由于此类板状保温材料多为工厂预制，规格化、定型化的程度高，允许偏差小一些是可以做到的。当然，对于较薄的板材，厚度允许偏差值定得过小也不符合实际。

2)现浇整体水泥膨胀珍珠岩保温层也是一种常见的做法。但通过大量工程实践证明，这种保温层在进行整体现浇时，为了便于拌和操作和防止其上的水泥砂浆找平层早期失水，常加大拌合用水量，并待稍干后，表面能上人操作时，就进行施工找平层。这种做法，对于非封闭式保温层(不设隔气层的屋面)而言，因其多余的水分可经保温层上的结构层而逐渐蒸发，所以经过一段时间后，保温层的湿度仍可以和大气湿度平衡。但对于封闭式保温层(设有隔气层的屋面)而言，多余的水分则不易蒸发，使上部防水层的基层处于潮湿状态，容易引起卷材或涂膜防水层鼓泡。为此，在新规范中规定："水泥膨胀蛭石和水泥膨胀珍珠岩不宜用于整体封闭式保温层，当需要采用时，应做排气道。"

(2)沥青膨胀珍珠岩保温层。沥青膨胀珍珠岩保温层是以沥青为胶粘剂，膨胀珍珠岩为骨料，经过预热、拌和、压制而成的一种板状保温材料。

沥青膨胀珍珠岩有一定的吸水性，但吸水仅在表层，内部大部分还处于干燥状态，且吸水后水分的蒸发很快。同时，它的抗冻性能好，抗压强度约为 0.2～0.3MPa。

从以上技术性能看出，沥青膨胀珍珠岩用作屋面保温材料是比较理想的，沥青膨胀珍珠岩也可以在现场整体浇筑。但无论是预制还是现浇，均需做到搅拌均匀，否则会影响保温效果。在现场浇筑整体沥青膨胀珍珠岩保温层时，应按照设计所规定的表观密度，经试验确定压缩比（虚铺厚度与压实厚度之比），并在施工中严格掌握。

(3)乳化沥青膨胀珍珠岩保温层。乳化沥青膨胀珍珠岩保温层是将乳化沥青加水稀释成相对密度为 1.03～1.05 的液体后，与膨胀珍珠岩按配合比混合搅拌而成的一种保温材料。其特点是表观密度较小，导热系数小，吸湿性小，憎水性好，故具有一定的防水性能。由于这种保温层可以冷施工，因此它不仅可以简化工序，而且有利于安全生产以及减轻对环境的污染。

由于乳化沥青属水溶型材料，为防止冰冻，施工时应按规范要求认真操作。要注意在不低于 5℃的条件下施工。如果一定要在低于 5℃的条件下施工，则可视情况将乳化沥青用蒸气加热至 60℃进行稀释，并控制其相对密度不小于 1.05，以适应减小乳化沥青与膨胀珍珠岩的配合比。施工后应用草帘盖好，注意保温防冻。

3. 膨胀蛭石保温层施工操作

水泥膨胀蛭石和沥青膨胀蛭石，也是我国目前应用较多的屋面保温材料。

(1)水泥膨胀蛭石保温层。水泥膨胀蛭石保温层可分为预制和整体现浇两种。水泥膨胀蛭石预制板的铺设方法与铺设水泥膨胀珍珠岩预制板的方法相同,施工关键就是铺平、垫稳、粘牢和成品保护。整体现浇水泥膨胀蛭石保温层的施工应掌握以下几点:

1)配合比。一般配合比为1∶10～1∶12(水泥∶膨胀蛭石),水灰比为2.4～2.6(体积比)。水灰比过大,会造成因水分排出时间过长而影响施工和强度不高等结果;水灰比过小,又易造成找平层在施工后龟裂,或影响粘结等缺点。

2)拌和。拌和时不宜用机械搅拌,否则会造成机械破碎蛭石颗粒,降低保温效果;另外,因蛭石较轻,极易与搅拌筒粘结。

3)分仓。铺设时应采取分仓施工,每仓宽度宜为700～900mm,可用木条分格控制宽度。

4)保护。"水泥膨胀蛭石、水泥膨胀珍珠岩压实抹平后,应立即抹找平层。"也就是说,两者尽量不要分两阶段施工。这主要是考虑找平层在做完后不易产生开裂与施工缝,而且找平层还可对保温层起保护作用,减轻或避免施工时对保温层的破坏和下雨时对保温层含水率变化的影响。

(2)沥青膨胀蛭石保温层。沥青膨胀蛭石保温层可分为预制和现浇两种施工方法。沥青蛭石保温板和沥青蛭石整体现浇保温层的施工可参照上述做法进行。

4. 泡沫塑料类保温层施工操作

随着我国塑料工业的发展和对屋面保温隔热要求的提高,从20世纪80年代开始,在一些建筑工程的屋面上使用了聚苯乙烯泡沫塑料、聚氨酯硬泡沫塑料等轻质、高效保温材料做屋面保温层。

施工时,如结构层没有坡度,应先在屋面结构层上用1∶6水泥焦砟找坡,然后按设计要求的厚度铺贴泡沫塑料保温板,并按要求与基层固定好,上面最好铺抹一层聚合物砂浆做找平层。

我国目前有些单位已将泡沫塑料保温与防水集为一体,实现保温、防水复合的做法。还有的单位利用废弃的泡沫聚苯乙烯塑料，以丁型泡沫剂为成分，以水泥、粉煤灰等为胶结料及多种调节剂，经混合、搅拌、成型后，自然养护而成“双泡沫高效保温板”。

技能要点3：板状保温材料层施工

1. 板状保温材料屋面构造

板状保温材料屋面的构造及施工要点见表7-2。

表7-2 板状保温材料屋面的构造及施工要点

序号	类别	构造简图	施工要点
1	蛭石（珍珠岩）板保温屋面	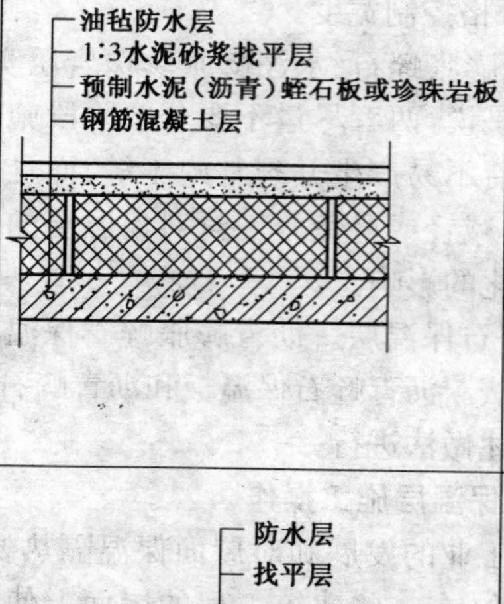 油毡防水层 1:3水泥砂浆找平层 预制水泥（沥青）蛭石板或珍珠岩板 钢筋混凝土层	1)基层清扫干净后，先刷水泥蛭石（或珍珠岩）浆一道，以保证粘贴牢固 2)板状隔热保温层的胶结材料应与找平层所用材料一致，粘铺完后立即做好找平层，使之形成整体，防止雨淋受潮
2	预制珍珠岩板（下贴式）保温屋面	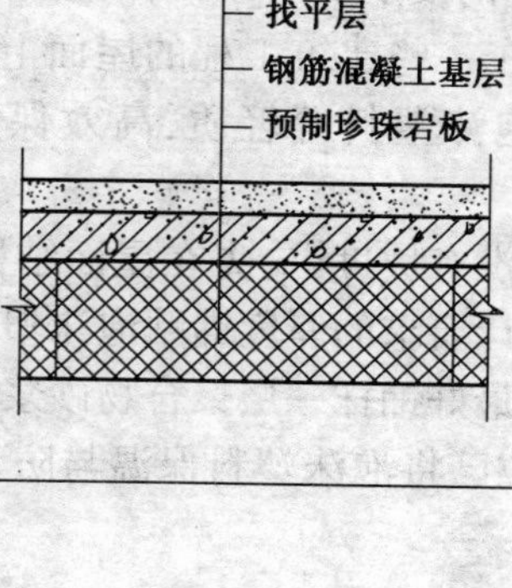 防水层 找平层 钢筋混凝土基层 预制珍珠岩板	1)先将珍珠岩板（或其他无机材料板材）铺平 2)在其表面刷水泥：同类板材碎屑＝1：1的浆一道，然后支模灌筑混凝土

续表 7-2

序号	类　别	构造简图	施工要点
3	聚苯乙烯板上防水下保温屋面	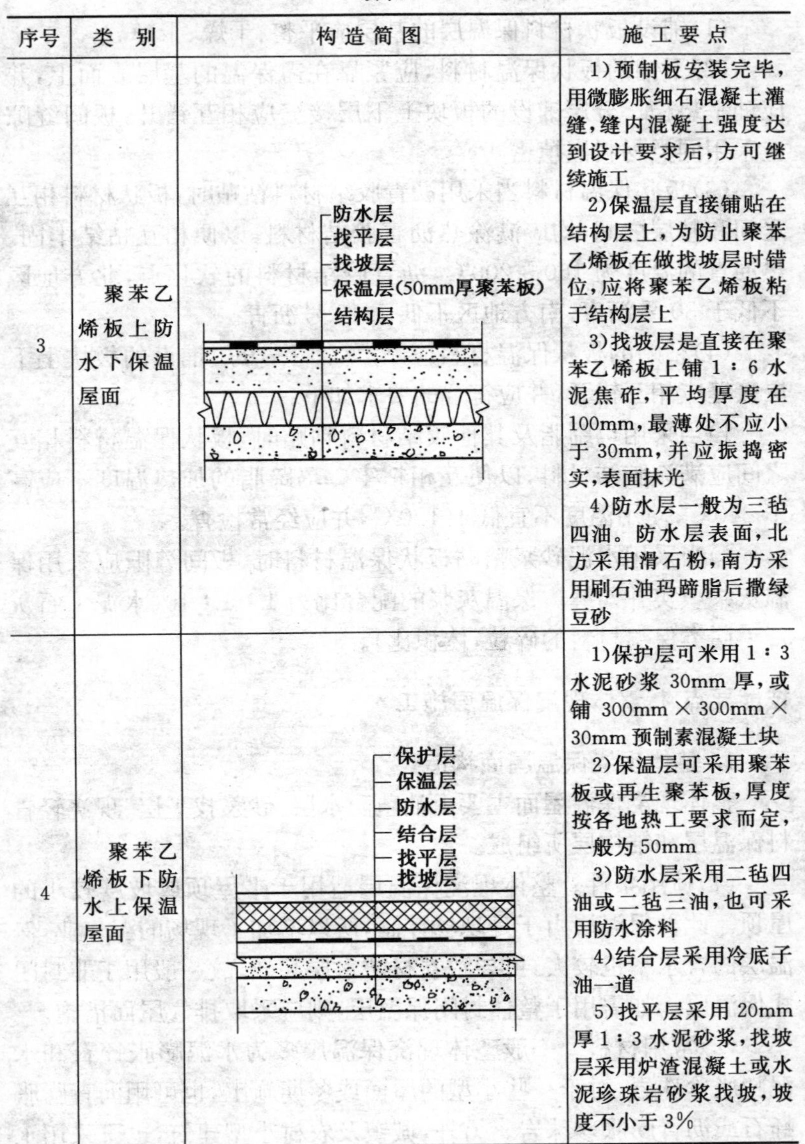	1)预制板安装完毕，用微膨胀细石混凝土灌缝，缝内混凝土强度达到设计要求后，方可继续施工 2)保温层直接铺贴在结构层上，为防止聚苯乙烯板在做找坡层时错位，应将聚苯乙烯板粘于结构层上 3)找坡层是直接在聚苯乙烯板上铺 1∶6 水泥焦砟，平均厚度在 100mm，最薄处不应小于 30mm，并应振捣密实，表面抹光 4)防水层一般为三毡四油。防水层表面，北方采用滑石粉，南方采用刷石油玛蹄脂后撒绿豆砂
4	聚苯乙烯板下防水上保温屋面		1)保护层可采用 1∶3 水泥砂浆 30mm 厚，或铺 300mm × 300mm × 30mm 预制素混凝土块 2)保温层可采用聚苯板或再生聚苯板，厚度按各地热工要求而定，一般为 50mm 3)防水层采用二毡四油或二毡三油，也可采用防水涂料 4)结合层采用冷底子油一道 5)找平层采用 20mm 厚 1∶3 水泥砂浆，找坡层采用炉渣混凝土或水泥珍珠岩砂浆找坡，坡度不小于 3%

2. 板状保温材料施工

(1)铺设板状材料保温层的基层应平整、干燥、干净。

(2)干铺的板状保温材料,应紧靠在需保温的基层表面上,并应铺平垫稳。分层铺设的板块上下层接缝应相互错开,板间缝隙应采用同类材料嵌填密实。

(3)板状保温材料当采用沥青胶结材料粘贴时,板状材料相互之间和基层之间,均应满涂热沥青胶结材料,以便相互粘结牢固。热沥青的温度为160～200℃,沥青胶结材料的软化点,北方地区不低于30号沥青,南方地区不低于10号沥青。

(4)粘贴的板状保温材料应贴严、铺平;分层铺设的板块上下层接缝应相互错开,并应符合的要求如下:

1)当采用玛蹄脂及其他胶结材料粘贴时,板状保温材料相互之间应满涂胶结材料,以便互相粘牢。玛蹄脂的加热温度不应高于240℃,使用温度不宜低于190℃,并应经常检查。

2)当采用水泥砂浆粘贴板状保温材料时,板间缝隙应采用保温灰浆填实并勾缝。保温灰浆的配合比为1∶1∶10(水泥∶石灰膏∶同类保温材料的碎粒,体积比)。

技能要点4:整体现浇保温层施工

1. 整体现浇保温屋面构造

整体现浇保温屋面主要由油毡防水层、砂浆找平层、现浇轻骨料保温层和结构层所组成。

(1)适用条件。整体现浇保温层适用于平屋顶或坡度较小的屋顶。此种保温层由于是现场拌制,所以增加了现场的湿作业,保温层的含水率也较大,可导致卷材防水层起鼓,故一般用于非封闭式保温层。如需用于整体封闭保温层,则应采取排气屋面措施。

(2)常用材料。一般整体现浇保温层多为水泥膨胀蛭石和水泥膨胀珍珠岩,对于一些小型的屋面或冬期施工,也可用沥青膨胀蛭石或沥青膨胀珍珠岩。另外,城镇及农村小型建筑,也可采用水泥炉渣或水泥白灰炉渣。其中沥青胶结材料宜选用10号建筑石油沥青或符合要求的乳化沥青；水泥的强度等级不应低于32.5级。

(3)铺设要求。整体现浇保温层铺设时，要求铺设厚度应符合设计要求，表面应平整，并达到规定要求的强度；但又不能过分压实，以免降低保温效果。

(4)水泥膨胀蛭石(水泥膨胀珍珠岩)操作方法。

1)配合比：一般为1∶10～1∶12(水泥∶膨胀蛭石或膨胀珍珠岩)；水灰比为1∶2.4～1∶2.6，以上均为体积比。

2)搅拌：宜采用人工搅拌。搅拌时先将水泥与骨料干拌均匀，然后加水拌和，稠度以手捏成团、落地开花为准，并做到随拌随铺。

3)分仓铺抹：每仓宽度700～900mm，可用木条分格。

4)控制厚度：虚铺厚度应根据试验确定，铺后拍实抹平至设计厚度。

5)加强保护：保温层压实抹平后，应立即做找平层，对保温层进行保护。

(5)沥青膨胀蛭石(或沥青膨胀珍珠岩)操作方法。这类保温层目前多数采用乳化沥青作为胶结料，与膨胀蛭石或膨胀珍珠岩搅拌和整压而成。

由于乳化沥青是一种防水材料，当水分蒸发后，沥青颗粒凝结成膜，将蛭石或珍珠岩颗粒包围，形成一种憎水性的材料。因此这种保温层不但有保温隔热作用，而且有一定的防水性能。现以膨胀珍珠岩骨料为例，介绍这类保温层具体操作方法。

1)原材料及配合比：乳化沥青密度选用1.03～1.06g/cm^{3}之间，如进入现场的乳化沥青密度较大，可用软水进行稀释。膨胀珍珠岩的表现密度选用60～100kg/m^{3}之间。

当采用人工搅拌时，配合比一般为5∶1～6∶1(乳化沥青∶膨胀珍珠岩)，机械搅拌时为4∶1(乳化沥青∶膨胀珍珠岩)，以上均为重量比。

采用上述配合比制成的保温材料，表现密度为 300～330kg/m^3，导热系数为 0.08W/(m·K)，与水泥类基层及沥青基防水卷材均有良好粘结性能。

2)搅拌：优先采用机械搅拌（砂浆搅拌机），也可采用人工搅拌。但要求充分拌匀，色泽一致。稠度以手捏成团、落地开花为准。

3)压实：宜用平板振动器振实，以人行无沉陷为准。虚铺与实铺的压缩比一般为 1.8∶1～2∶1（视试验而定）。也可用铁辊子反复滚压，至预定的设计厚度为止。

4)抹光：压实后可用收光机抹光，边缘角落处可用铁抹子抹光，也可采用木抹子找平抹光。

5)分仓：乳化沥青膨胀珍珠岩施工时亦应进行分仓，每仓宽度 700～900mm。

6)保护措施：采用乳化沥青膨胀珍珠岩保温层，可免去找平层构造。因此在施工后要加强成品保护，在干燥成型前不得上人或受冲击荷载，也不得在其表面上打洞钻孔。当表面强度达到 0.2MPa 以上时，即可进行防水层施工。

(6)水泥炉渣或水泥白灰炉渣操作方法。

1)配合比：水泥炉渣体积配合比为 1∶2（水泥∶炉渣），水泥白灰炉渣体积配合比为 1∶1∶8（水泥∶白灰∶炉渣）。

2)搅拌：一般可采用人工搅拌。炉渣在搅拌前必须浇水闷透。如用水泥白灰做胶结料时，需用白灰浆将炉渣闷透，闷透时间不少于 5 天。

3)压实：虚铺厚度应根据试验确定。可用平板振动器振实或用木夯拍实。

4)抹光：可用木抹子或铁抹子进行抹光。

5)养护：注意浇水养护。水泥炉渣至少养护 2 天；水泥白灰炉渣至少养护 7 天。

2. 整体现浇保温层的施工

(1)水泥膨胀蛭石、水泥膨胀珍珠岩保湿层施工应符合下列要求：

1)水泥膨胀蛭石、水泥膨胀珍珠岩的拌和宜采用人工搅拌，搅拌时先将水和水泥调成水泥浆，然后均匀泼在定量的膨胀蛭石(膨胀珍珠岩)上，拌和均匀，随拌随铺。

2)保温层的虚铺厚度应根据试验确定，铺后拍实抹平至设计厚度。膨胀蛭石的用量可按下式估算：

$$Q=150X \tag{7-1}$$

式中　Q——$100m^2$保温层中膨胀蛭石用量(m^3)；

X——保温层的设计厚度(m)。

3)水泥膨胀蛭石、水泥膨胀珍珠岩压实抹平稍干后(表面能上人操作)，应立即抹找平层，两者不可分两阶段施工。找平层配合比为 42.5 级水泥：粗砂：细砂＝1：2：1，稠度为 7～8cm。

(2)整体沥青膨胀蛭石、沥青膨胀珍珠岩保温层的施工应符合下列要求：

1)沥青加热温度不应高于 240℃，膨胀蛭石或膨胀珍珠岩的预热温度宜为 100～120℃。

2)沥青膨胀蛭石或沥青膨胀珍珠岩宜用机械搅拌，并应色泽一致，无沥青团。压实程度根据试验确定，其厚度应符合设计要求。

(3)干铺的保温层可在负温度下施工，用热沥青粘结的整体现浇保温层和粘贴的板状材料保温层低于－10℃时不宜施工，用水泥、石灰或乳化沥青胶结的整体现浇保温层和用水泥砂浆粘贴的板状材料保温层在气温低于 5℃时不宜施工。

(4)保温层宜采用“分仓”施工，每仓宽度为 700～900mm。可用木板或钢筋尺控制宽度和厚度。

(5)为防止防水层中发生起鼓现象，整体式保温层施工必须留置分格缝(每隔 4～6m)。分格缝不得填死，可作为排气槽，并与大气连通。

当雨天、雪天和五级风及其以上时不得施工，当施工中途下雨、下雪时应采取遮盖措施。

技能要点5：排气空铺屋面施工

1. 架空屋面排气施工

当屋面设有保温层时，可做成预制板找平层架空式或双层屋面板架空式，架空部分起隔热和排气作用。排气孔可在屋脊处每隔 30～40m² 设一个，待 2～3 年后保温层中多余水分排出，可将排气孔堵住，如图 7-1 所示。

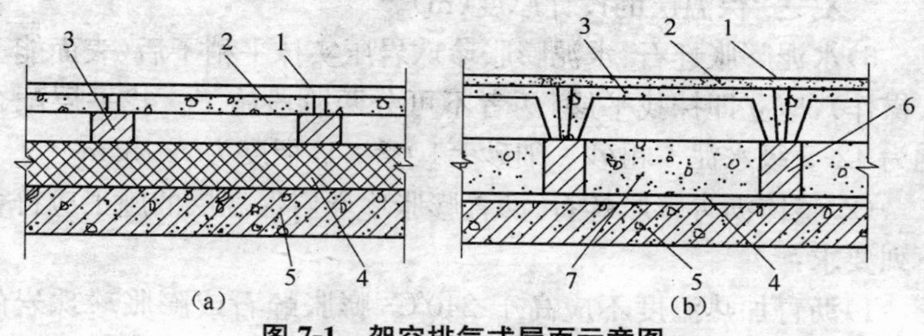

图 7-1　架空排气式屋面示意图

(a)预制板找平层架空屋面

1. 卷材防水层　2. 预制平板找平层　3. 砖或混凝土垫块　4. 隔热层　5. 结构层

(b)双层屋面板架空屋面

1. 卷材防水层　2. 找平层　3. 槽形板　4. 隔气层　5. 结构层　6. 砖墙　7. 炉渣

2. 找平层排气施工

当有保温层时，可沿屋架或屋面梁的位置，在保温层的找平层上每隔 1.5～2.0m 留设 30～40mm 宽的排气槽，并在屋脊处设排气干道和排气孔，跨度不大时，也可在檐口设排气孔，使排气槽和外界连通，如图 7-2 所示。

3. 保温层排气施工

在保温层中，与山墙平行每隔 4～6m 留一道 4～6cm 宽的排气槽，排气槽中可放一些松散的大粒径炉渣等，并通过檐口处的排气孔与大气连通。当屋面跨度较大时，还宜在屋脊处设排气干道和排气孔，如图 7-3 所示。

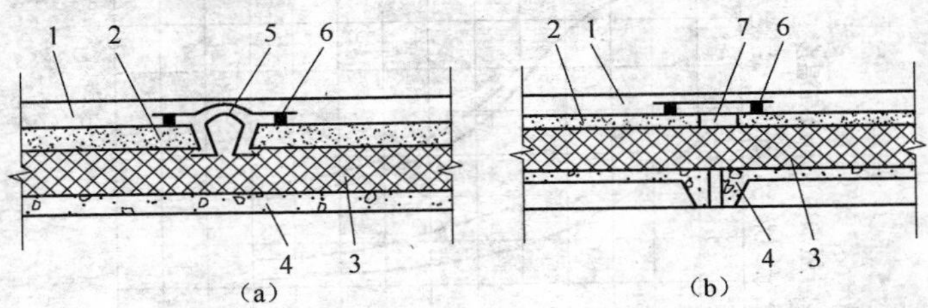

图 7-2　找平层排气屋面示意图

(a)现浇结构层　(b)预制板结构层

1. 防水层　2. 找平层　3. 保温层　4. 结构层　5. Ω 形油毡条
6. 油毡条点贴　7. 排气槽

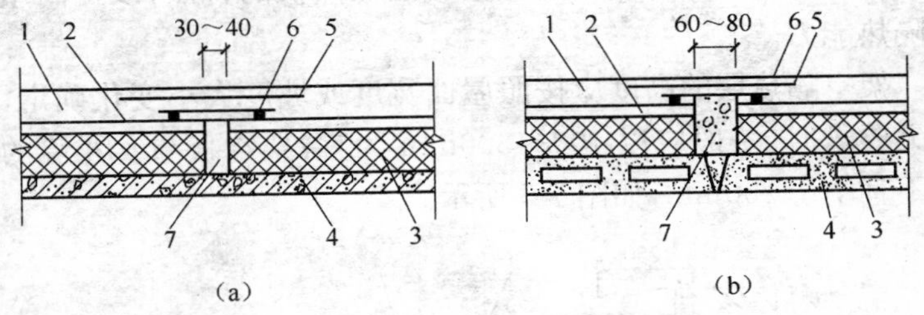

图 7-3　保温层排气屋面示意图

1. 防水层　2. 找平层　3. 保温层　4. 结构层　5. 油毡层
6. 油毡条点贴　7. 排气槽

技能要点 6：架空隔热屋面施工

1. 架空隔热屋面的构造

图 7-4 所示为根据不同空气间层高度，在不同时期、不同的建筑上测得的屋顶内表面最高温度。由图中曲线可以看出，架空层过小则隔热效果不显著，如空气间层逐渐增大，则屋顶内表面温度逐渐降低，但增加到一定程度后，降温效果逐渐减缓。所以空气间层高度在 10～30cm 范围内较为理想。

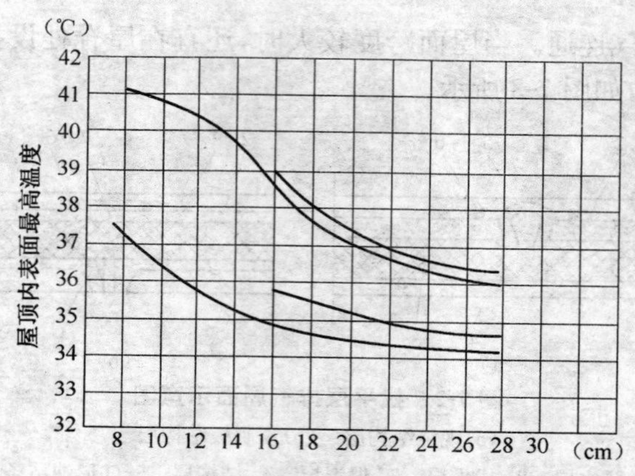

图 7-4 空气间层高度与内表面温度关系

架空隔热屋面是利用通风空气层散热快的特点，以提高屋面的隔热能力。

架空隔热层的高度应按照屋面宽度或坡度大小变化确定，设计无要求时，一般应以 100～300mm 为宜；架空板与女儿墙的距离不宜小于 250mm，如图 7-5 所示。

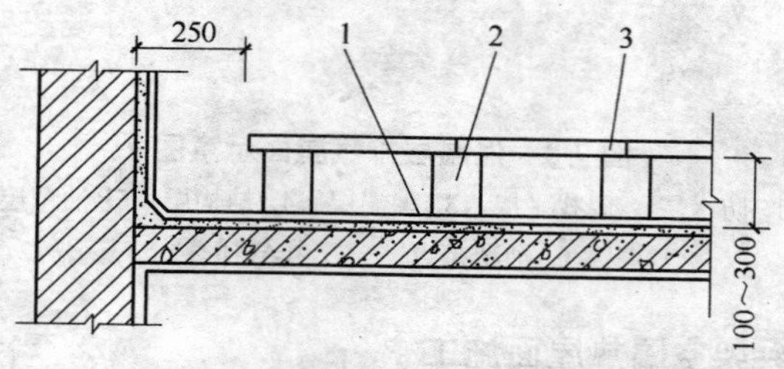

图 7-5 架空隔热屋面构造示意图

1. 防水层 2. 支座 3. 架空板

架空隔热屋面的支座方式可采用带式（砖带）和点式（砖墩）布置。带式布置即每块隔热板两边均支承在砖带上。带式布置时，进风口宜设置在当地炎热季节最大频率风向的正压区，出风口宜设在负压区。当屋面宽度大于 10mm 时，应设置通风屋脊。

点式布置即每块隔热板的四个角支承在砖墩上。从隔热效果来讲，带式布置比点式布置好。

架空隔热屋面铺设隔热板时，应将防水层上的落灰、杂物扫除干净，以保证空气气流畅通。同时，为了避免施工时损坏防水层导致屋面漏雨，施工时应在防水层上铺设垫板、草包以便于砌筑和运输。

2. 架空隔热屋面的施工要点

架空隔热屋面的其他构造形式和施工要点详见表 7-3。

表 7-3　架空隔热屋面类型和施工要点

序号	屋面坡度	简　图	施工要点
双层土瓦屋面	1∶1.6	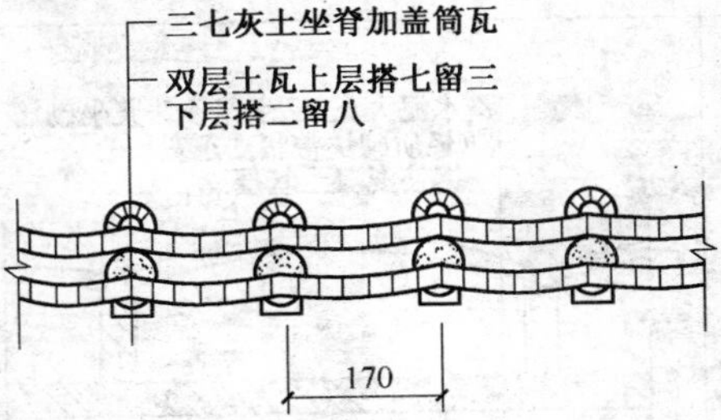 三七灰土坐脊加盖筒瓦 双层土瓦上层搭七留三下层搭二留八 170	1）椽子间距要准确一致 2）屋脊要设置排风口 3）上层搭七留三，灰条盖缝，底层搭二留八，土瓦盖缝
大阶砖架空屋面	≥3%	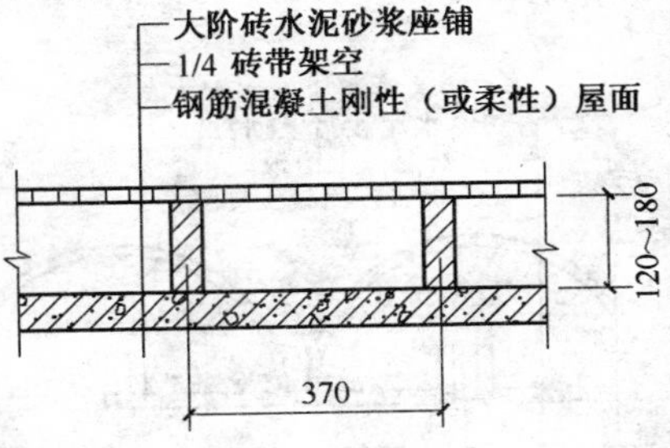 大阶砖水泥砂浆座铺 1/4 砖带架空 钢筋混凝土刚性（或柔性）屋面 120~180 370	1）屋面清扫干净，放出支撑中线 2）M2.5 水泥砂浆铺砌砖带支承，间距偏差不大于 10mm 3）用 M2.5 水泥砂浆铺砌大阶砖或混凝土隔热板 4）用 1∶2 水泥砂浆或沥青砂浆嵌缝

续表 7-3

序号	屋面坡度	简　图	施工要点
混凝土半圆拱架空屋面	1∶(3～4)	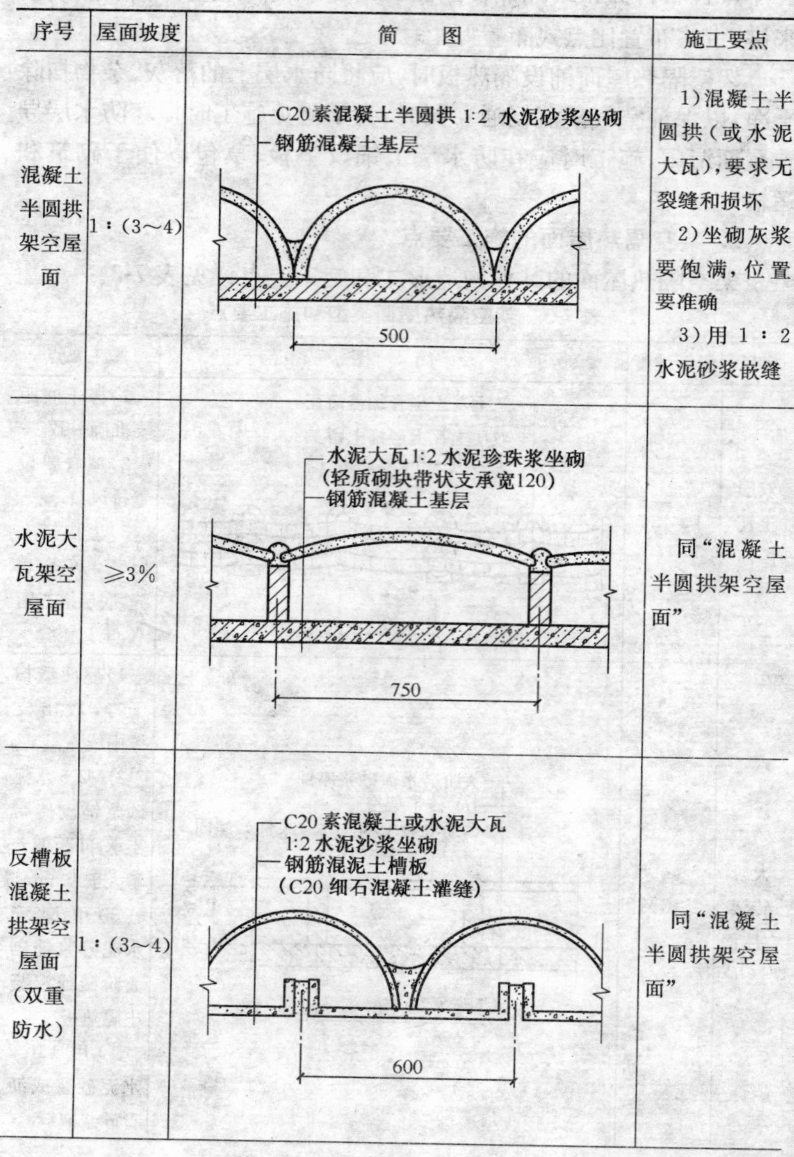	1）混凝土半圆拱（或水泥大瓦），要求无裂缝和损坏 2）坐砌灰浆要饱满，位置要准确 3）用 1∶2 水泥砂浆嵌缝
水泥大瓦架空屋面	≥3%		同"混凝土半圆拱架空屋面"
反槽板混凝土拱架空屋面（双重防水）	1∶(3～4)		同"混凝土半圆拱架空屋面"

续表 7-3

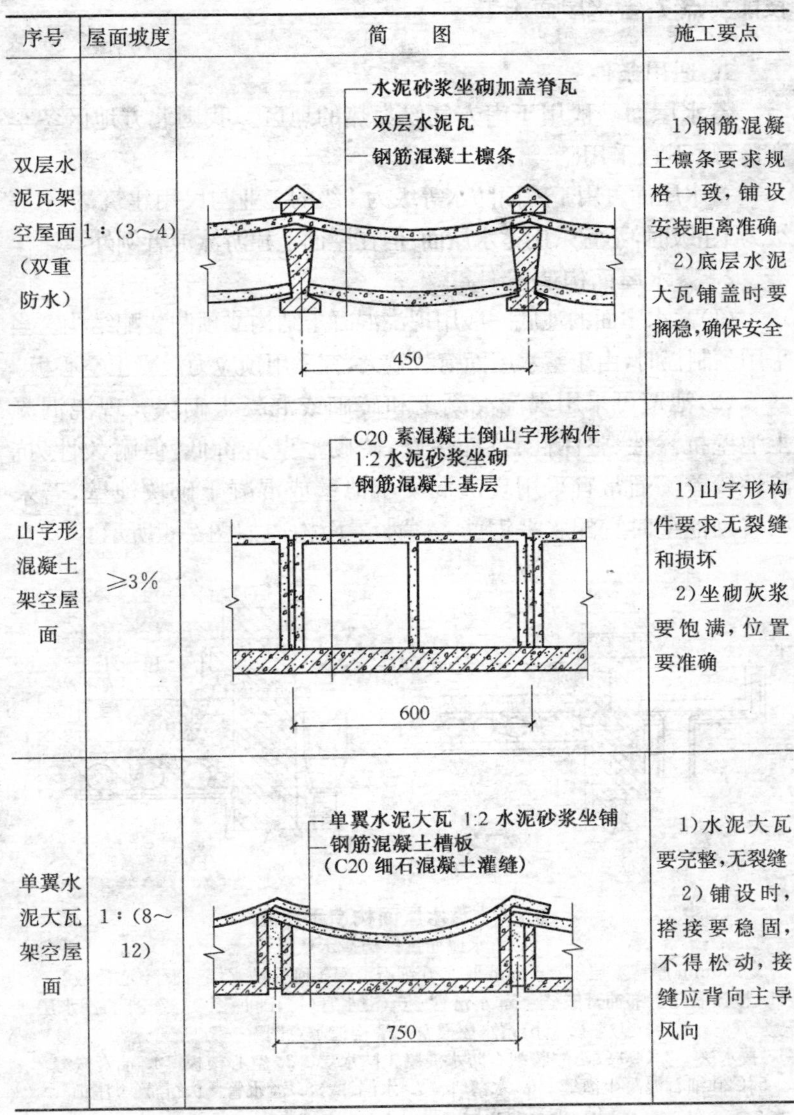

序号	屋面坡度	简图	施工要点
双层水泥瓦架空屋面（双重防水）	1∶(3～4)	水泥砂浆坐砌加盖脊瓦 双层水泥瓦 钢筋混凝土檩条 450	1）钢筋混凝土檩条要求规格一致，铺设安装距离准确 2）底层水泥大瓦铺盖时要搁稳，确保安全
山字形混凝土架空屋面	≥3%	C20 素混凝土倒山字形构件 1:2 水泥砂浆坐砌 钢筋混凝土基层 600	1）山字形构件要求无裂缝和损坏 2）坐砌灰浆要饱满，位置要准确
单翼水泥大瓦架空屋面	1∶(8～12)	单翼水泥大瓦 1:2 水泥砂浆坐铺 钢筋混凝土槽板 （C20 细石混凝土灌缝） 750	1）水泥大瓦要完整，无裂缝 2）铺设时，搭接要稳固，不得松动，接缝应背向主导风向

注：架空隔热屋面宜在通风较好的建筑物上采用，不宜在寒冷地区采用。

技能要点 7:蓄水屋面施工

1. 适用条件

蓄水屋面一般用于南方气候炎热的地区。我国北方地区冬季寒冷,故不宜采用。

蓄水屋面可用于屋面防水等级为Ⅰ级的工业与民用建筑;防水等级为Ⅰ、Ⅱ级时,不宜采用蓄水屋面,但在屋面上建游泳池者例外。

2. 蓄水屋面构造

(1)蓄水屋面的池底一般用现浇混凝土结构或预制装配结构。当采用预制板时,由于蓄水屋面荷载较大,宜采用预应力混凝土空心板。

(2)池壁可采用现浇混凝土和砖砌或混凝土砌块。现浇混凝土池壁抗渗性、整体性、抗冻性好;砖砌池壁造价低,但耐久性、抗渗性较差。通常宜采用现浇混凝土池壁或混凝土砌块池壁,若采用砖砌池壁时宜配水平钢筋。蓄水屋面构造如图 7-6 所示。

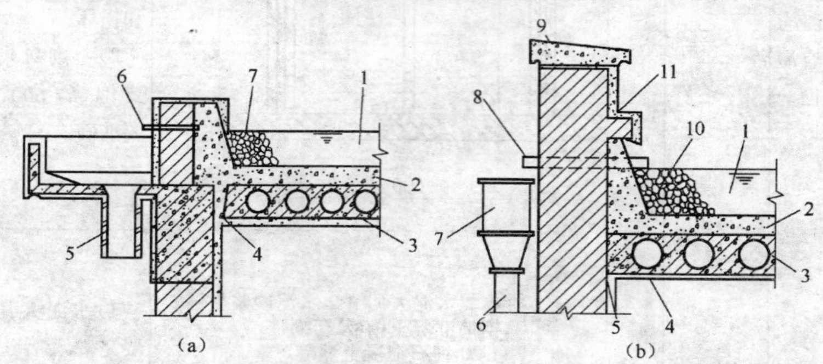

图 7-6　蓄水屋面构造示意图

(a)蓄水屋面挑檐构造示意图

1. 200mm 厚蓄水层　2. 40mm 厚 C20 细石混凝土刚性防水层　3. 空心楼板　4. 楼板灌缝上部油膏嵌缝　5. 水落管　6. 溢水管(每开间一个)　7. 卵石滤水层

(b)蓄水屋面女儿墙构造示意图

1. 蓄水层　2. C20 三乙醇胺细石防水混凝土防水层　3. 空心楼板　4. 油膏嵌缝　5. C20 细石混凝土灌缝　6. 水落管　7. 水漏斗　8. 溢水管　9. 混凝土压顶　10. 卵石滤水层　11. 1∶1 水泥砂浆抹泛水

(3)当蓄水屋面池底和池壁均采用现浇混凝土时，按现浇混凝土高水位线设计，池底按现浇混凝土连续板结构配筋，池壁按悬壁板配筋。另外，考虑温度、收缩影响宜配双层钢筋。

(4)蓄水屋面按构造方式分为封闭式蓄水屋面和敞开式蓄水屋面。封闭式蓄水屋面，即蓄水层上部用各种板材覆盖，蓄水层不直接受太阳热能的辐射；敞开式蓄水屋面，即蓄水层是露天的，不加封闭，蓄水层直接接受太阳热能的辐射。敞开式蓄水屋面管理方便，我国采用较多。

(5)蓄水屋面应划分若干蓄水区，每区的边长不宜大于 10m，在变形缝的两侧，应分成两个互不连通的蓄水区；长度超过 40m 的蓄水屋面，应做横向伸缩缝一道。

(6)蓄水屋面的溢水口的上部高度应距分仓墙顶面 100mm，如图 7-7 所示。过水孔应设在分仓墙底部，排水管应与水落管连通，如图 7-8 所示。分仓缝应嵌填沥青麻丝，上部用卷材封盖，然后加扣混凝土盖板，如图 7-9 所示。

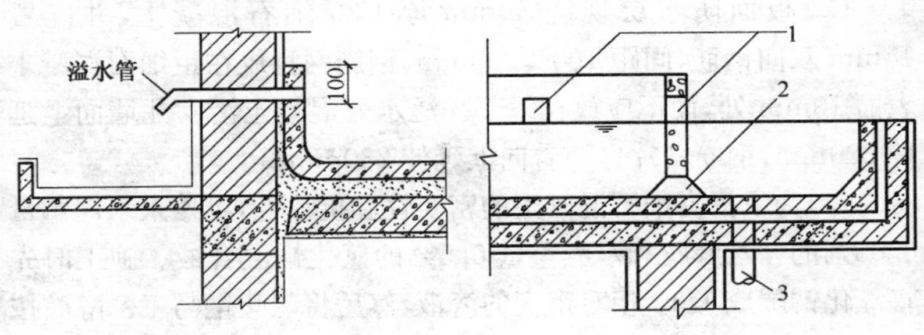

图 7-7　溢水口构造

图 7-8　排水管过水孔构造

1. 溢水口　2. 过水孔　3. 排水管

(7)蓄水屋面的防水层应选择耐腐蚀、耐穿刺性好的材料，其上应设置人行通道，蓄水屋面坡度不宜大于 0.5%。

(8)蓄水屋面不宜在寒冷地区、地震区和震动较大的建筑物上使用，仅适用南方炎热的非地震区、地基情况较好的一般住宅和其他小跨度建筑。

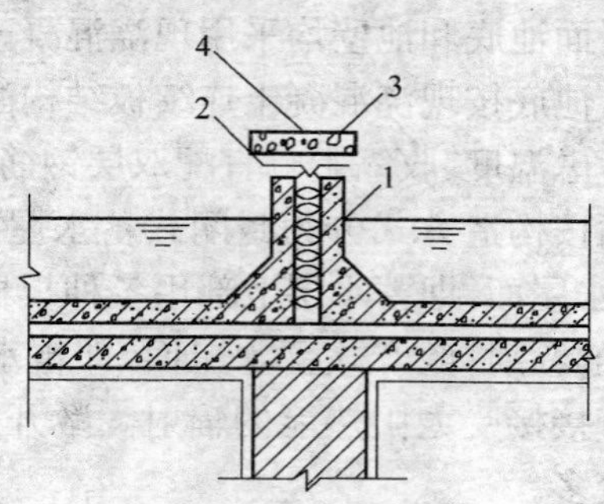

图 7-9　分仓缝构造示意图

1. 泡沫塑料　2. 粘贴卷材层　3. 干铺卷材层　4. 混凝土盖板

3. 蓄水屋面施工

(1)安装屋面板时要用 M5 水泥砂浆坐灰,使结构层稳固,板缝用不低于 C20 细石混凝土灌缝,并用人工铁钎插实。为增强防水效果,混凝土内可掺入微膨胀剂。

(2)板面防水层现浇 40mm 厚 C20 细石混凝土,并配置 ϕ4mm 双向钢筋,间距 100～200mm,钢筋网宜放在距细石混凝土表面 10mm 处,而不应放在下部。泛水处混凝土沿女儿墙向上延伸 300mm,钢筋网片也随着向上延伸 280mm。

(3)为了提高细石混凝土的密实性和抗渗性,可掺入水泥重量 0.05%的三乙醇胺和水泥重量 0.5%的氯化钠混合液。施工时先将氯化钠配成 1.13 相对密度的溶液,然后将氯化钠与三乙醇胺按 43∶1 配成溶液,混凝土搅拌时,按每 50kg 加入 1.3kg 混合液即可。

(4)防水混凝土的水灰比宜为 0.5～0.55,坍落度不应大于 5cm。砂子用粗砂或中砂,含泥量不应大于 2%,石子粒径宜为 5～20mm,含泥量不应大于 1%,每 $1m^3$ 水泥用量不小于 360kg,宜用不低于 42.5 级的普通硅酸盐水泥。

(5)浇筑混凝土之前应将基层表面清扫干净,浇水湿透,表面风干后，涂刷水泥浆（水灰比为0.4）一道，随涂刷随浇注防水混凝土。

(6)防水混凝土必须用平板振捣器振捣密实，随捣随抹，终凝后覆盖浇水养护，一般养护期为两周。

(7)蓄水屋面应设置变形分格缝，横墙承重时，每开间支座处设置；纵墙承重时，分格缝内的面积应控制在$60m^2$以内。浇筑混凝土时应将每一格内混凝土一次浇完，不留施工缝。

(8)混凝土初凝后，立即取出分格缝内木条，待防水层养护完毕干燥后，将缝隙清扫干净，用聚氯乙烯胶泥或其他防水油膏进行嵌缝处理，并应做到不渗不漏。

(9)蓄水屋面完工后应及时蓄水，防止混凝土干涸开裂。

(10)蓄水区的分仓墙宜采用水泥砂浆砌筑，其强度等级宜为M10；墙的顶部可设置直径为ϕ6mm或ϕ8mm的钢筋砖带，也可采用钢筋混凝土压顶。

技能要点8：种植屋面施工

1. 适用条件

种植屋面可用于一般工业与民用建筑的屋面。这种屋面不仅可以改善居住条件，还可以美化城市。目前，一些种植屋面已用作日光浴场、屋顶花园，并设置喷泉供人们纳凉或休息。种植屋面宜用刚性防水层，或在柔性防水层上，再做可靠的刚性保护层。

2. 种植屋面构造

(1)种植屋面四周应设置围护墙及泄水管、排水管，为防止种植介质流失，应在泄水管和排水管处堆放一些卵石或碎石。种植屋面构造如图7-10所示。

(2)种植屋面可采用如图7-11所示“⌈⌉”形钢筋混凝土预制分箱走道板分隔，在防水层施工完毕后，按设计要求组装在防水层上，然后再铺设种植介质。用分箱走道板组合的植被屋面形式，如图7-12所示。

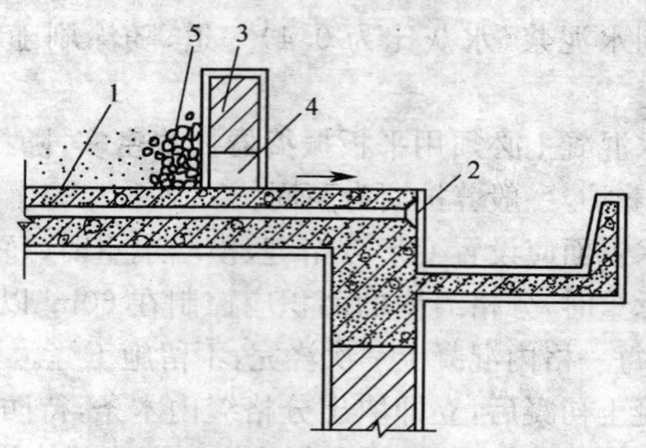

图 7-10 种植屋面构造示意图

1. 细石混凝土防水层 2. 密封材料 3. 砖砌挡墙 4. 泄水孔 5. 种植介质

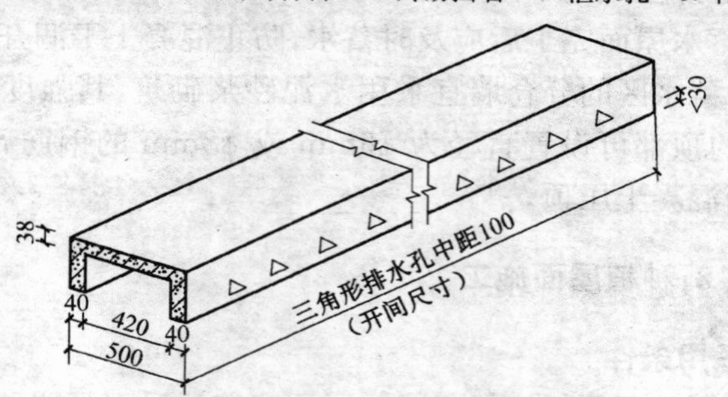

图 7-11 钢筋混凝土分箱走道板

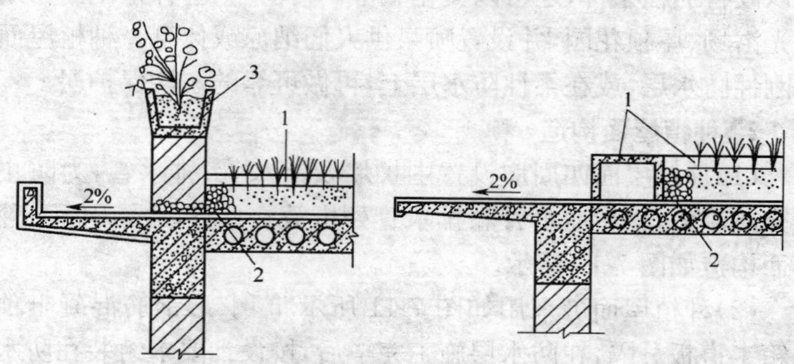

图 7-12 用分箱走道板组合的植被屋面形式

1. 分箱走道板 2. 堆放卵石 3. 预制花槽

3. 种植屋面的施工

(1)种植屋面挡墙施工时，留设的泄水孔位置应准确，并不得堵塞。

(2)种植屋面防水层施工完毕后，在覆土前应进行蓄水试验，其静置时间不应少于 24h，当确认不漏时方可覆盖。

(3)种植覆盖层的施工应避免损坏防水层，覆盖材料的厚度、质量应符合设计要求。

(4)种植屋面的基层和防水层施工方法与蓄水屋面的基层和防水层的施工方法相同。

种植屋面施工的关键技术：

(1)屋面结构层应在常规设计的基础上，增加种植介质的荷载，确保屋面结构的承载能力。此点应在图纸会审时明确交代。

(2)种植介质宜选用蛭石、锯末等轻质、松散的材料。

(3)种植屋面坡度不宜大于 3%，以免种植介质流失。

(4)施工时应根据设计要求的介质品种、厚度进行覆盖，严防超载。

(5)屋面防水层完工后，应作 24h 蓄水试验，确认无渗漏后方可覆盖种植介质。

(6)四周挡墙下的泄水孔不得堵塞，且能保证排水。

(7)在砌筑挡墙及覆盖种植介质时，不得损坏已完工的防水层。

倒置式屋面与传统的卷材防水屋面构造相反，保温层不是设在卷材防水层的下面，而是设在卷材防水层的上面，故称“倒置屋面”。

技能要点 9：倒置式屋面施工

(1)倒置式屋面构造是由保护层、保温层、防水层、找平层结构层所组成，如图 7-13 所示。

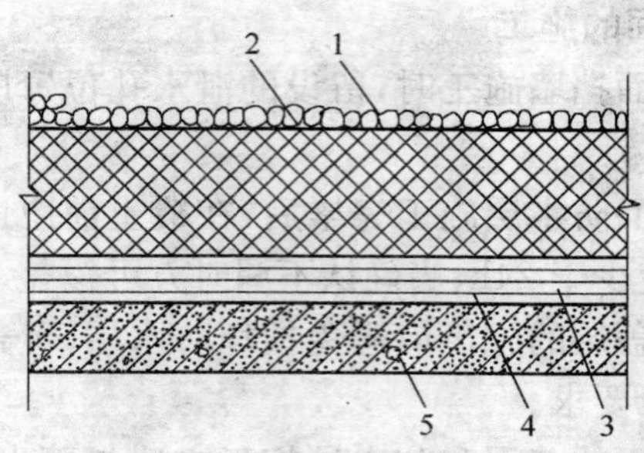

图 7-13　倒置式屋面构造示意图

1. 保护层　2. 保温层　3. 防水层　4. 找平层　5. 结构层

(2)倒置式屋面保温层应采用表观密度小、憎水性好的或吸水率低、导热系数小的保温材料。经大量工程实践证明,认为采用沥青膨胀珍珠岩做保温层,可取得较好的技术经济效果。另外,在高寒地区采用挤压聚苯乙烯泡沫塑料板(100mm厚)铺在卷材防水层上,可解决长期存在的卷材防水层脆裂和渗漏问题。

(3)倒置式屋面的保温层上面可采用混凝土板材、水泥砂浆或卵石做保护层。卵石保护层与保温层之间应铺设纤维物;保温层可采用干铺,亦可采用与防水层材料相容的胶粘剂粘贴。板状保护层可干铺,也可用水泥砂浆铺砌,如图 7-14 和图 7-15 所示。

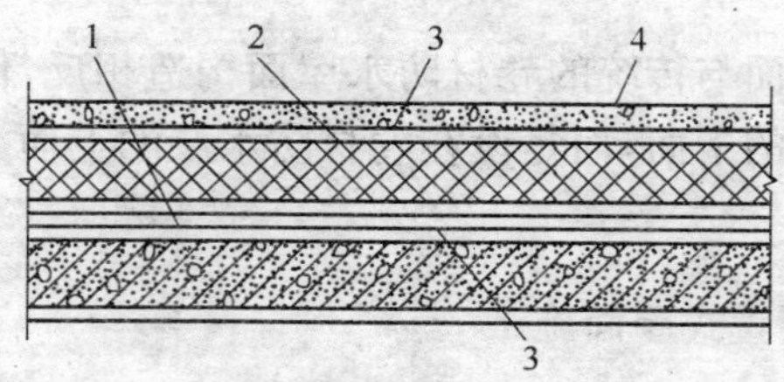

图 7-14　倒置式屋面板材保护层

1. 防水层　2. 保温层　3. 砂浆找平层　4. 混凝土或黏土板材制品

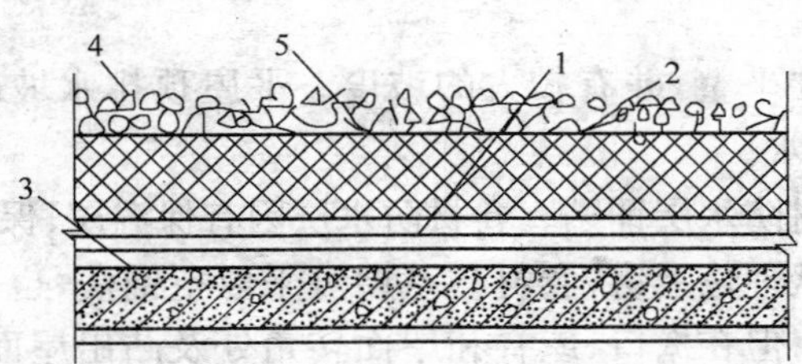

图 7-15 倒置式屋面卵石保护层

1. 防水层 2. 保温层 3. 砂浆找平层 4. 卵石保护层 5. 纤维织物

一般上人屋面保温层宜采用粘贴的方法，非上人屋面的保温层可采用粘贴或不粘贴的方法。粘贴时可采用水泥砂浆或其他胶结材料。

(1)卷材防水层施工时应铺贴平整，卷材的搭接长度应符合设计要求，避免产生积水现象。

(2)板状保温材料的铺设应平稳，拼缝应严密，相邻预制板之间应用胶结材料填封密实。

(3)现场用沥青膨胀珍珠岩做保温层预制板时，应用机械搅拌均匀，避免有大块的沥青团影响保温效果。沥青和膨胀珍珠岩搅拌均匀后，可用 1.8～1.85 压缩比压模成型(具体压缩比应经过试验确定)，每 $1m^3$ 珍珠岩可掺入 100kg 沥青。

(4)当保护层采用卵石铺压时，宜在保温层上先铺一层纤维织物，纤维织物应满铺，不要露底，其上再均匀铺压卵石，卵石的质量应符合设计要求。

(5)保护层施工时应避免损坏保温层和防水层。

倒置式屋面施工的关键技术：

(1)基层处理。如为整浇钢筋混凝土结构层，在防水层施工前必须对基层进行全面检查，发现裂缝应及时修补。如为装配式钢筋混凝土结构层，则应沿屋面板的端缝单边粘贴(或干铺)一层附加卷材条，每边的宽度不应小于 100mm，且在铺贴时，不应将卷材条粘牢，否则因基层结构变形，仍会将附加卷材条与上部卷材防水层一起拉裂。

(2)基层平整，并有较大的坡度。平屋顶排水坡度不宜小于3%，以防积水。

(3)卷材防水层铺贴。卷材防水层因有保温层、保护层等材料压住，因此从理论上讲，卷材与基层可采取空铺法，也可采取点粘法或条粘法；但在檐口、屋脊和屋面转角处及凸出屋面的连接处，应用胶结材料将卷材与基层粘牢，其宽度不得小于800mm。

(4)铺设板状保温材料时，拼缝应严密，铺设应平稳。如保温层厚度较大，可以铺设两层，并将接缝错开。

保温材料与防水层之间可以采用干铺，也可采用与防水材料相容的胶结材料粘贴(点粘或条粘)。

第二节　施工质量问题与防治

本节导读：

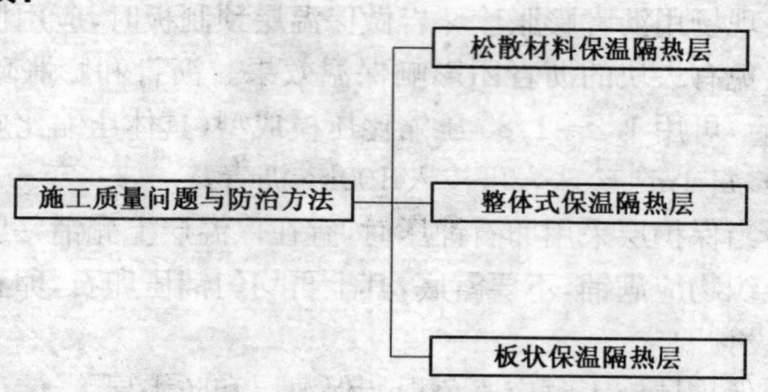

技能要点1：松散材料保温隔热层

松散材料保温隔热层质量事故原因及防治见表7-4。

技能要点2：整体式保温隔热层(用水泥粘结)

整体式保温隔热层质量事故原因及防治见表7-5。

表 7-4　保温隔热层质量事故原因及防治

序号	现象	原因分析	防治措施
1	保温材料颗粒过大或过小	1)使用前未严格按标准选择和抽样检查 2)保温材料中混入石块、土块等杂物	1)使用保温材料时应选用最佳热阻值的粒级 2)保温材料中大颗粒或粉状颗粒含量过多,应在使用前过筛 3)采用合格保温材料予以更换
2	保温层厚薄不匀	1)铺设松散材料时未设隔断,无法找平造成堆积过高 2)抹砂浆找平层时,挤压了保温层,造成厚薄不均	1)不论平屋面或坡屋面均应分层、分隔铺设 2)做砂浆找平层时,宜在松散材料上放置 100mm 网目铁丝筛,然后在上面均匀摊铺砂浆并刮平,最后放出铁丝筛抹平压光
3	保温层含水率过高	1)松散保温材料进场后保管不善,雨淋受潮 2)铺好屋面保温层后突然降雨将保温层淋湿	1)材料进场妥善保管,防止受潮 2)保温材料含水量过大或经防腐处理的有机保温材料,必须晾晒干燥后方可使用 3)找平层已做好后,发现保温层含水量过大,可在找平层和防水层上留出排气孔道,做成排气屋面
4	屋面保温层坡度不当	1)未按设计要求铺出坡度,或未向出水口、水漏斗方向作出坡度,造成屋面积水 2)工人操作不认真,未按坡度标志线找出坡度	1)严格按坡度标志线进行铺设 2)屋面做完,发现坡度不当积水时,应用沥青砂浆找垫 3)若因出水口过高或天沟倒坡,应降低出水口或对天沟坡度进行翻修处理
5	保温屋面卷材起鼓	1)保温层和找平层未充分干燥,含水量过大 2)保温层和找平层中的水分和气体遇热蒸发,在油毡上造成起鼓	1)不得在雨、雪天或下雾天施工,且基层含水率不得大于 9% 2)在保温层中留设排气孔,做成排气屋面

表 7-5　保温隔热层质量事故原因及防治

序号	现象	原因分析	防治措施
1	保温材料粒形不好	1)使用的膨胀珍珠岩、蛙石是次品,炉渣未过筛,粉末未清除 2)采用机械拌和,将膨胀珍珠岩或蛙石粒径破坏	1)使用膨胀珍珠岩、蛙石应符合规定材料标准,并应有出厂证明 2)水泥膨胀珍珠岩、膨胀蛙石宜采用人工搅拌,并应拌和均匀 3)炉渣中粉末过多,应过细筛,将粉末清除
2	保温层强度不够	1)水泥强度等级不够或水泥安定性不合格 2)水泥用量不够或拌和不均 3)抹砂浆找平层时,车载重,压坏了整体保温层	1)水泥进厂要严格检验,严格按配合比施工 2)整体保温层随铺随抹砂浆找平层,分隔施工 3)使用小车运料时应铺垫脚手板,避免车轮直接压在保温隔热层上
3	保温层厚度不够	1)铺设保温层时,未设定标尺或施工前未确定虚实比,压实过度 2)保温层铺好后,直接在上面行人过车,将其踩压结实,厚度减薄	1)施工时必须设定标尺,并确定虚铺厚度和压实比例 2)保温层铺好后,不得直接在上面行人、过车或堆放重物 3)若发现厚度不足,在承载力允许条件下,抹一层同配合比保温材料至规定厚度
4	沥青胶搅拌不均匀(拌和料色泽不匀)	1)沥青标号不对,搅拌时温度过低 2)膨胀蛙石(珍珠岩)片状和粉末含量高,增大材料表面积,不能全部裹上沥青 3)配合比不对,掺量不足	1)用热沥青拌合时宜采用 30 号沥青,或再加适量 60 号沥青,沥青软化点调高到 80℃左右 2)沥青熔化熬制温度不低于 180℃,松散保温材料预热到 110℃左右,拌和2.5～3min 3)严格控制膨胀蛙石(珍珠岩)材料质量,使用前必须做配合比试验
5	保温层表面不平(偏差超过5mm)	1)铺保温层时,摊铺厚度不均匀,没及时赶平就进行碾压 2)碾压过程中,碾破表面吸热温度升高,出现粘碾现象	1)按保温层厚度设定标尺,随铺摊材料,随趁热用刮杆将材料刮平 2)准备 2～3 个碾磙,发现粘碾,立即换冷碾磙 3)表面不平时,可用热沥青拌和料将表面凹陷处填补平整

技能要点3:板状保温隔热层

板状保温隔热层质量事故原因及防治见表7-6。

表7-6　板状保温隔热层质量事故原因及防治

序号	现象	原因分析	防治措施
1	板状保温制品含水率过大	1)保温材料吸水率大,制品成型时含水量过多 2)在铺好的保温层上抹砂浆找平层时,浇水过多	1)材料进场严格进行质量检验,并尽量堆码在室内,若堆在室外,下面应垫板,上面应遮盖防雨设施 2)抹砂浆找平层时,用喷壶洒水湿润,不得用胶管浇水 3)在水泥砂浆中掺加减少剂,减少用水量 4)保温层充分干燥到允许含水率,再做防水层
2	板状制品铺设不平(相邻两块高差大于3mm)	1)屋面板表面不平 2)保温板块不规格,厚度差异过大 3)操作不精细,吊装板时垫灰厚度不均匀	1)严格控制安装后板的上面平整度 2)严格控制保温板块规格质量,厚度要求一致 3)铺设保温板块时上口要挂线,以控制坡度和平整度
3	板状保温制品强度不足或破碎(板状制品缺棱、掉角、破碎)	1)板状保温制品本身强度低,质量差;运输过程中未严格按要求操作 2)施工车辆碾压,人员踩踏 3)用破碎制品铺设保温层时,未仔细对缝拼严,造成砂浆大量流入缝隙中	1)自制板状保温材料时,确定合适的配合比、压缩比以提高强度 2)板状保温材料在运输中要加以包装,避免随意搬动 3)用破碎制品铺设保温层时,缝隙应用与制品相同的材料填补,不能用水泥砂浆填补

第八章　其他防水和排水工程施工

第一节　墙体防水施工

本节导读：

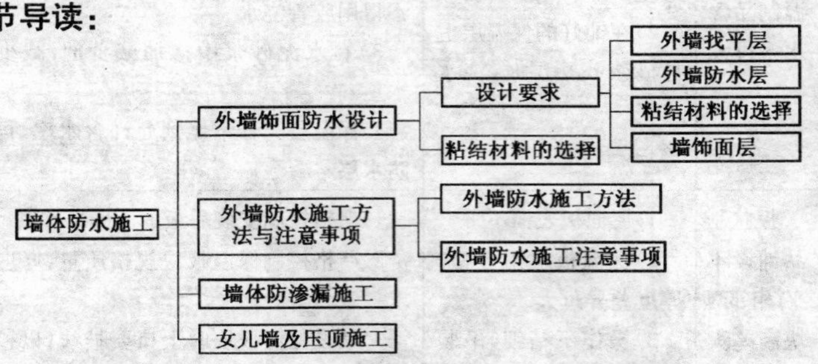

技能要点1：外墙饰面防水设计

1. 设计要求

建筑外墙饰面防水设计应满足表8-1的规定。

表8-1　建筑外墙饰面防水设计规定

序号	项目	防水设计规定
1	外墙找平层	1)外墙体表面不平整超过20mm时，应设砂浆找平层，孔洞、缺口等均应先行堵塞 2)外墙较平整时，找平层可与防水层合并，并宜采用掺防水剂或减水剂的水泥砂浆 3)找平层不宜使用掺黏土类的混合砂浆；一次抹灰厚度不宜大于10mm； 4)找平层的抹灰砂浆抗压强度不应低于M10，与墙体基层的剪切粘结力不宜小于1MPa 5)找平层在外墙混凝土结构与砖墙交接处，应附加钢丝网抹灰，宽度宜为200～300mm

续表 8-1

序号	项目	防水设计规定
2	外墙防水层	1)外墙防水层必须留设分格缝,分格缝间距纵横不应大于 3m;且在外墙体不同材料交接处还宜增设分格缝。分格缝缝宽宜为 10mm,缝深宜为 5～10mm,并应嵌填密封材料 2)防水砂浆抗渗等级不应低于 P6,耐风雨压力不小于 60kg/m² 3)防水砂浆的抗压强度不应低于 M20,与基层的剪切粘结力不宜小于 1MPa 4)墙面为饰面材料或亲水性涂料时,防水层不宜采用表面憎水性材料 5)外墙防水层可直接设在墙体基层上,也可设在砂浆抗压强度大于 M10 的找平层上;直接设在墙体上时,砖墙缝及墙上的孔洞必须先行堵塞
3	墙饰面层	1)外墙饰面层必须留设分格缝。分格缝纵横间距不应大于 3m,且在外墙体不同材料交接处亦宜留设分格缝。分格缝缝宽宜为 10mm,并嵌填高弹性、高粘结力和耐老化的密封材料 2)外墙饰面砖的勾缝应采用聚合物水泥砂浆材料 3)粘贴外墙面砖时,宜优先采用聚合物水泥砂浆或聚合物水泥素浆做胶结材料,也可采用掺减水剂、防水剂的水泥砂浆或水泥素浆,但此时胶结层均不宜过厚

2. 粘结材料的选择

外墙找平层、防水层与饰面层粘结材料可按表 8-2 要求选择。

表 8-2　外墙找平层、防水层与饰面层粘结材料的选择

名　　称	找平层	防水层	饰面层
水泥石灰混合砂浆	√		
水泥粉煤灰混合砂浆	√		
掺减水剂水泥砂浆	√	√	√
掺防水剂水泥砂浆	△	√	√
氯丁胶乳水泥砂浆		√	√

续表 8-2

名　　称	找平层	防水层	饰面层
丙烯酸胶乳水泥砂浆		√	√
环氧乳液水泥砂浆		√	√
EVA 水泥砂浆		√	√

注：√优先采用；△可以采用。

技能要点 2：外墙防水施工方法与注意事项

1. 外墙防水施工方法

外墙防水施工宜选用单人吊篮、双人吊篮或脚手架，以确保防水施工质量和人身安全，其具体的施工方法有如下三种：

(1)外墙砂浆要抹干压实，施工 7 天后连续喷涂有机硅防水涂料两遍。

(2)如贴外墙瓷砖要密实平整，最好选用专用瓷砖胶粘剂，瓷砖或清水墙均应喷涂有机硅防水涂料。

(3)如采用密封材料应在缝中衬垫闭孔聚乙烯泡沫条或在缝中贴不粘纸，以避免三面粘结而破坏密封材料。

2. 施工注意事项

(1)混凝土外墙找平层抹灰前，仔细检查混凝土外墙表面，如有裂缝、蜂窝、孔洞等缺陷，应视情节轻重进行修补、密封处理后再抹灰。

(2)外墙凡穿过防水层的管道、预留孔、预埋件两端连接处，均应采用柔性密封处理，或用聚合物水泥砂浆封严。

(3)外墙体变形缝必须做防水处理，防腐蚀金属板在中间需弯成倒三角形，并用水泥钉固定于基层。高分子卷材或高分子涂膜条在变形缝处必须做成 Ω 形，并在两端与墙面粘结牢固，以利伸缩，可采用胎体增强材料涂布高分子涂料；防水球可采用经塑料油膏浸渍的海绵或聚氨酯密封膏材料，如图 8-1 所示。

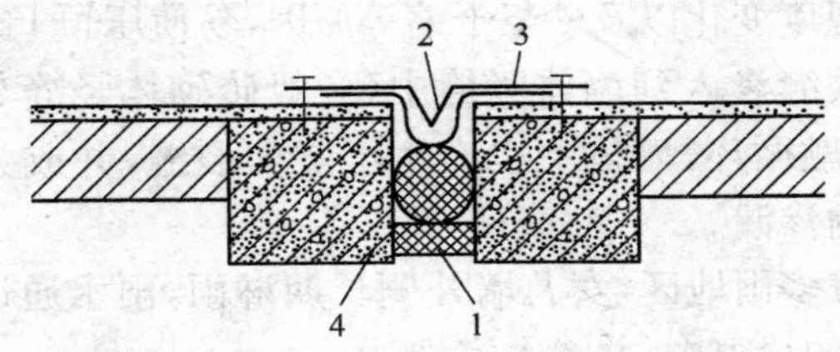

图 8-1 外墙变形缝处理

1. 聚苯泡沫背衬材料 2. 防腐蚀金属板
3. 高分子卷材或高分子涂膜条 4. 高弹性防水球

技能要点 3:墙体防渗漏施工

如果建筑物墙体产生裂缝,首先应做好观察工作,注意裂缝的延伸规律。对于非地震区一般性裂缝,如若干年后不再发展,则可认为不影响结构安全。对于影响安全的结构裂缝,应根据裂缝性质和严重程度,由设计部门提出加固方法。一般宜采用压力灌浆法修补裂缝,选用 108 胶聚合物水泥砂浆,可提高砌体强度。对于不影响安全的墙体裂缝与渗漏水,其维修方法如下:

(1)对于内墙面的装饰层,要先找出变色、污染、发霉、渗漏等部位,确定修补范围,然后将抹灰的基层全部凿掉。在严重渗漏部位宜用密封材料先行封堵,然后再用水泥砂浆分层抹压,最后涂刷两遍有机硅防水涂料。经确认不再渗漏后,就可恢复原有装饰面层。

(2)对于外墙面的裂缝,应先剔槽,然后涂刷约 1~1.5mm 厚的聚氨酯防水涂料,最后用聚合物水泥砂浆堵抹严实。

技能要点 4:女儿墙及压顶施工

造成女儿墙墙体开裂的原因主要有:

(1)女儿墙顶部开裂,主要是因压顶采用水泥砂浆抹灰,由于风吹日晒、温度变化以及砂浆干缩等原因,易使压顶上水泥砂浆开裂,雨水沿裂缝渗入到墙体竖缝中(一般砖砌体竖缝灰浆均不饱满),经过冻融循环,墙体上也产生了竖向裂缝,并成为渗水的通道,造成室内渗漏。

(2)南方多雨地区,女儿墙外侧长期淋雨,雨水通过墙面裂缝进入砖砌体的缝隙中,并渗入室内。

(3)女儿墙根部防水层损坏,主要是因钢筋混凝土结构层与砖砌体女儿墙两者线膨胀系数不一致,在温度变形下引起开裂而造成的。

(4)施工时,结构层与女儿墙的缝隙填塞不严,未用密封材料封死,从而使屋顶上雨水通过防水层的破损处渗入室内,如图 8-2 所示。

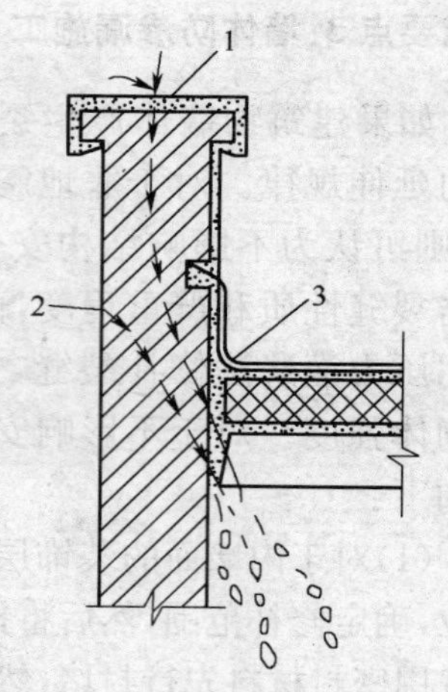

图 8-2　女儿墙渗漏水部位

1. 压顶抹灰裂缝　2. 外墙面裂缝　3. 防水层损坏

进行女儿墙防水施工时,水泥砂浆压顶上可铺贴高弹性防水卷材或铺一毡、涂聚氨酯防水涂料两遍,将裂缝全面封闭,阻止雨水由压顶裂缝进入墙体内。在女儿墙内侧原有水泥砂浆抹灰的基层上,普遍增刷 1～2 遍聚氨酯防水涂料层,厚度为 1～1.5mm。对于女儿墙根部防水层的破损处,应局部揭开重做,并增加一毡二涂聚氨酯防水涂料层。在凹槽的收头处,应用射钉将卷材固定,并用密封材料封死。

第二节　构筑物防水施工

本节导读：

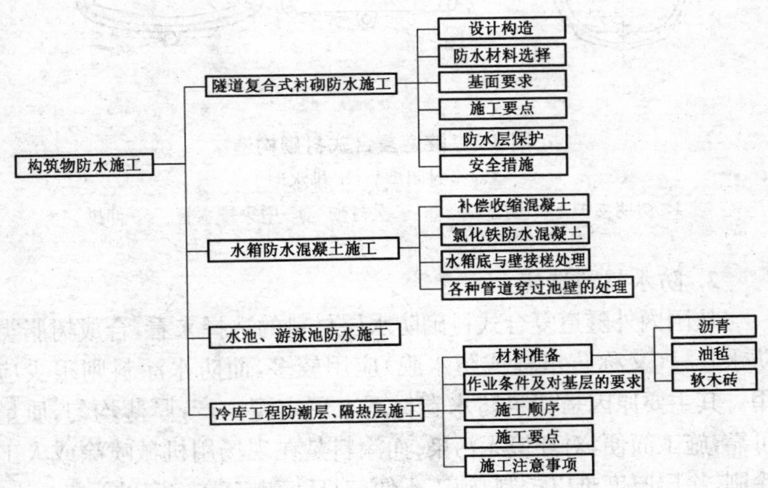

技能要点 1：隧道复合式衬砌防水施工

1. 设计构造

隧道复合式衬砌防水，一般是在开挖隧道的毛洞上喷射混凝土，作为初期支护，然后再铺设厚度大于 4mm 的聚乙烯泡沫卷材或无纺布衬垫，作为背面缓冲材料，再用射钉或木螺丝将塑料的圆垫片固定在衬垫上，间距 500～1000mm，成梅花形铺设。防水层的卷材则用热焊方法焊接在塑料的圆垫片上，卷材与卷材间是用自动行走式热合机进行焊接，最终形成无钉孔铺设的防水层。待防水层铺设后，最后模注混凝土作为二次衬砌。衬砌构造如图8-3所示。这种结构不仅防水效果好，而且由于防水层表面光滑，消除了喷射混凝土对二次衬砌模注混凝土的约束应力，使新浇筑混凝土不会出现开裂。

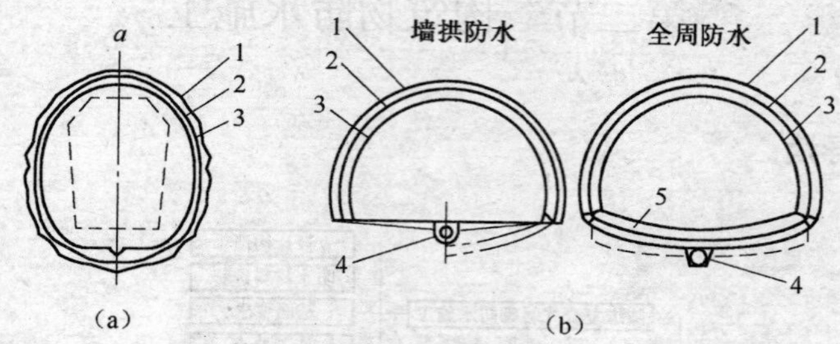

图 8-3　隧道复合式衬砌构造

(a)全封闭型　(b)排水型

1. 初期支护　2. 防水层　3. 二次衬砌　4. 中央排水管　5. 仰拱

2. 防水材料选择

从国内外隧道复合式衬砌防水层材料的选择来看，合成树脂类防水卷材(又称防水板或防水膜)应用较多，而防水涂料则很少应用。其主要原因是塑料防水卷材系工厂定型生产，厚薄均匀，质量可靠，施工简便，对环境无污染；而涂料是在现场用机械喷涂或人工涂刷，涂层厚度难以控制，施工不便，对环境也存在一定的污染。

根据防水层材料应具有良好的物理性能、施工可操作性等要求，现将国内外常用几种防水材料主要参考技术性能列于表8-3。

表 8-3　常用防水层主要技术性能指标

项目名称	材料名称				
	LDPE	EVA	HDPE	ECB	PVC
密度 (g/cm^3)	≥0.90	0.93	≥0.94	≥0.99	1.35～1.45
拉伸强度 (MPa)	纵向 13.80 横向 14.20	纵向 19.5 横向 21.6	纵向 18.9 横向 18	纵向 19 横向 17.3	4.91～12

续表 8-3

项目名称	材料名称				
	LDPE	EVA	HDPE	ECB	PVC
断裂延伸率(%)	纵向 548 横向 606	纵向 676 横向 728	纵向 896 横向 900	纵向 748 横向 766	150～250
直角撕裂强度(N/mm)	纵向 73.9 横向 58.8	纵向 83.1 横向 75.1	纵向 118 横向 117	纵向 81 横向 77.8	19.6～40
耐酸碱性	稳定	稳定	稳定	稳定	稳定
维卡软化温度(℃)	70	—	≥90	—	—
脆化温度(℃)	−60	—	−60	—	−45
厚度×幅宽(mm)	0.80×2100	0.80×2100	0.65×4000	1.2×1580	1.0×1000
材料利用率	中	中	高	中	高

由表 8-3 可清楚看出，EVA、LDPE、HDPE 及 ECB 的技术性能皆优于 PVC 板，故选用 EVA 膜及 LDPE 膜较为合适。

3. 基面要求

(1)喷射混凝土平整度要求：$D/L\leqslant 1/6$，拱顶部位 $D/L\leqslant 1/8$，否则应进行基面处理，其中 L 表示喷射混凝土相邻两凸面间的距离；D 表示喷射混凝土相邻两凸面间凹进去的深度。

(2)基面不得有钢筋、凸出的管件(如螺杆)等尖锐凸出物，否则要进行割除；并在割除部位用砂浆抹成圆曲面，以免防水层被扎破。

(3)隧道断面变化或转弯时阴角应抹成 $R\geqslant 150$mm 的圆弧，阳角抹成 $R\geqslant 50$mm 的圆弧。

(4)底板基面要求平整，无大的明显凹凸起伏。

(5)喷射混凝土要求达到设计强度。

(6)防水层施工时基面不得有明水，如有应先进行处理(堵或引排)。

4. 施工要点

(1)无论衬垫卷材还是EVA、LDPE等防水卷材,铺设时都应在拱顶部位标出隧道中心线,再使衬垫(或防水卷材)的横向中心线与此标志相重合,然后从拱顶开始向两侧下垂铺设。当然,铺设防水卷材时隧道的中心线应画在已铺好的衬垫卷材上。

(2)防水层要与隧道基面尽量密贴,但不得拉得过紧,要注意搭接余量,确保焊接宽度。

(3)防水卷材间为双焊缝,用充气筒深入双焊缝间未焊接处的缝内进行充气检查,检查次数要根据施工熟练程度确定。当压力表达0.15MPa时停止充气,4min之内压力下降在20%以内不漏气为合格。

(4)防水层如有破坏一定要补好后再浇筑二次衬砌。

5. 防水层保护

(1)底板防水层做好后,应及时浇筑二次衬砌混凝土。

(2)绑扎二次衬砌混凝土的钢筋时,不得扎破防水层;焊接钢筋时应用不燃物遮挡,不得烧破防水层。

(3)浇筑二次衬砌混凝土时,振动棒不得接触防水层。

(4)操作人员不准穿钉子鞋在未保护的防水层上走动。

6. 安全措施

(1)EVA、LDPE等防水卷材和聚乙烯泡沫衬垫,都为易燃材料,运输、存放和施工等各个环节,都应制定防火措施。

(2)防水施工有高空或深坑作业时,应遵守有关作业的安全措施。

技能要点2:水箱防水混凝土施工

水塔的水箱一般采用防水混凝土或自防水结构,再在箱体内壁上做刚性防水。防水混凝土可选用氯化铁防水混凝土和补偿收缩混凝土。

1. 补偿收缩混凝土

补偿收缩混凝土是采用膨胀水泥或在普通混凝土中掺入适量

膨胀剂配制的一种微膨胀混凝土。补偿收缩混凝土可用于地下防水结构、水池、水塔等构筑物、人防、洞库、压力灌浆、混凝土后浇缝等。

(1)补偿收缩混凝土的配制。补偿收缩混凝土配合比可按普通防水混凝土的技术参数进行试配，初步选定出水灰比、水泥用量和用水量，然后按所确定的砂率计算出每立方米混凝土砂石用量，得出初步配合比。一般采用膨胀水泥防水混凝土的配制要求见表8-4。

表 8-4　膨胀水泥防水混凝土配制要求

序号	项　目	技术要求
1	水泥用量(kg/m^3)	350～380
2	水灰比	0.5～0.52
3	砂率(%)	0.47～0.5(加减水剂后)
4	砂子	宜用中砂
5	坍落度(mm)	40～60
6	膨胀率(%)	<0.1
7	自应力(MPa)	0.2～0.7
8	负应变(mm/m)	0.2‰

按表8-4的配制要求拌制的混凝土需制作强度试件和膨胀试件，以检验其是否满足设计要求。当满足设计要求时即可在施工现场试拌，考虑砂石的含水率，计算出施工配合比。使用UEA混凝土膨胀剂拌制的混凝土参考配合比见表8-5，供施工时参考。

表 8-5　UEA 混凝土配合比

混凝土强度等级	水泥强度等级	材料用量(kg/m^3)					坍落度(cm)	配合比(水泥+UEA)：砂：石：水
		水泥	UFA	砂	石	水		
C20	32.5级	317	43	702	1145	180	6～8	1：1.95：3.18：0.5
C25		349	48	716	1167	180		1：1.80：2.94：0.45

续表 8-5

混凝土强度等级	水泥强度等级	材料用量(kg/m³)					坍落度(cm)	配合比(水泥+UEA)：砂：石：水
		水泥	UFA	砂	石	水		
C25	42.5级	304	42	735	1200	170	6～8	1：2.12：3.47：0.49
C30		358	49	655	1165	187		1：1.61：2.94：0.46
C35		378	52	669	1091	208		1：1.56：2.54：0.48
C30	52.5级	317	43	693	1237	167	6～8	1：1.93：3.44：0.46
C35		352	42	660	1239	171		1：1.676：3.145：0.43
C25	42.5级	348	48	700	1141	181	12～16(泵送用)	1：1.77：2.88：0.46
C30		368	50	655	1155	187		1：1.57：2.76：0.45

使用膨胀水泥或膨胀剂必须称量准确，膨胀水泥掺量误差应小于1%，膨胀剂掺量误差应小于0.5%。

(2)施工注意事项。

1)混凝土拌制宜采用机械搅拌，搅拌时间要比普通混凝土时间延长，当采用UEA膨胀剂时，用强制式搅拌机搅拌要延长30s；采用自落式搅拌机时要延长1min以上，搅拌时间的长短应以拌和均匀为准。

2)严格掌握混凝土配合比，并依据施工现场情况的变化，及时调整配合比。

3)补偿收缩混凝土坍落度损失较大，如现场施工温度超过300℃或混凝土运输、停放时间超过30～40min，应在拌和前采取加大混凝土坍落度的措施，且混凝土拌和后不得随意加水。

4)膨胀水泥对温度很敏感。在低温时，钙矾石的形成速度慢，此类膨胀水泥防水混凝土的强度和膨胀率均较低；而氧化钙类膨胀水泥在低温时强度也低，膨胀率则稍高，因此施工时应保证一定温度，一般浇筑温度不宜大于35℃，也不宜低于5℃，若低于5℃时，应采取保温措施。

5)膨胀水泥防水混凝土具有胀缩可逆性和良好的自密作用，必须特别注意养护，尤其是初始养护时间必须严格控制。若初始养护时间开始较晚，则可能因强度增长较快而抑制了膨胀。一般在常温下，浇筑后 8～12h 即应开始覆盖浇水养护，并保持潮湿养护不少于 14 天。

6）膨胀水泥防水混凝土不宜长期在高温下养护，这是由于钙矾石发生晶形转变，孔隙率增加，会发生强度下降的现象，使抗渗性劣化。因此，膨胀混凝土的养护温度及使用温度均不应超过 80℃。不同温度下养护的膨胀混凝土强度和膨胀率变化，见表 8-6。

表 8-6　膨胀水泥防水混凝土在高低温下的性能

水泥名称	配合比 水泥：砂：石	养护温度 （℃）	抗压强度（MPa）			自由膨胀率（$\times10^{-1}$mm/m）			
			3d	7d	28d	1d	3d	7d	28d
明矾石	1：1.84：2.83	20	11.5	22.5	34.4	4.30	5.29	5.62	5.80
膨胀水泥	1：1.84：2.83	0.5	3.0	6.7	9.1	2.48	2.92	3.01	3.20
石膏矾土	1：1.67：3.89	20	31.7	28.3	41.5	1.25	2.80	4.52	4.65
膨胀水泥	1：1.67：3.89	80～90	40.9	26.6	29.9	2.42	3.81	5.21	5.42

2. 氯化铁防水混凝土

氯化铁防水混凝土是在混凝土拌和物中掺入一定比例的氯化铁防水剂配制而成。氯化铁防水剂是由氧化铁皮、铁粉和工业盐酸按适当比例在常温下发生化学反应后，生成的一种深棕色强酸性液体。

氯化铁防水混凝土可用于人防工程，工业、民用建筑的地下室、水池、水塔、储油罐等工程，以及其他处于地下潮湿环境的砖砌体、混凝土及钢筋混凝土工程的防水和堵漏。

（1）氯化铁防水混凝土配制。

1）氯化铁防水混凝土配制的技术要求，见表 8-7。

2）氯化铁防水剂必须符合质量标准，不得使用市场上出售的化学试制氯化铁。

3）配料要准确，配制防水混凝土时，首先称取需用量的防水剂，用 80％以上的拌和水稀释，搅拌均匀后，再将该水溶液拌和砂浆或混凝土，最后加入剩余的水。严禁将防水剂直接倒入水泥砂浆或混凝土拌和物中，也不能在防水基层面上涂刷纯防水剂。

表 8-7　氯化铁防水混凝土配制要求

序号	项　目	技　术　要　求
1	水泥用量（kg/m^3）	≥310
2	水灰比	≥0.55
3	坍落度（mm）	30～50
4	防水剂掺量	以水泥重量的3%为宜，掺量过多对钢筋锈蚀及混凝土干缩有不良影响，如果采用氯化铁砂浆抹面，掺量可增至3%～5%

（2）施工注意事项。

1）使用机械搅拌时，宜先将水泥、砂石等投入鼓筒，再倒入氯化铁水溶液进行搅拌，最后加入拌和混凝土剩余用水，搅拌 2min 后方可出料。

2）所有的施工缝要用 10～15mm 厚的防水砂浆胶粘，防水砂浆配合比为水泥：砂：氯化铁防水剂＝1：0.5：0.03，水灰质量比为 0.5。

3）氯化铁防水混凝土浇筑完毕后，应注意加强养护。相同的配合比不同的养护条件下，其抗渗性能也不同。一般要求，自然养护可在浇筑 8h 后，即用湿草袋等覆盖，养护温度不得低于 10℃，24h 后定期浇水养护 14 天。蒸汽养护应控制温度不超过 50℃，升温速度控制在 6～8℃为宜。

3. 水箱底与壁接槎处理

（1）筒壁环梁处与水箱底连接预留的钢筋，最好在混凝土强度较低时及时拉出混凝土表面。

（2）筒壁环梁处与水箱底接槎处的混凝土槎口，宜留毛槎或人工凿毛。

(3)浇筑水箱底混凝土前,需先将环梁上预留的混凝土槎口用水清洗干净,并使其湿润。

(4)旧槎应先用与混凝土同强度等级的砂浆扫一遍,然后再铺新混凝土。

(5)接槎处要仔细振捣,使新浇的混凝土与旧槎结合密实。

(6)加强混凝土的养护工作,使其经常保持湿润状态。

4. 各种管道穿过池壁的处理

在水箱施工中,对各种管道穿过混凝土池壁处要认真处理,如果稍有疏忽,就会在该部位发生渗漏现象。为了保证这些部位的施工质量,在施工时应注意以下几点:

(1)水箱壁混凝土浇筑到距离管道下面 20～30mm 时,将管下混凝土捣实、振平。

(2)由管道两侧呈三角形均匀、对称的浇筑混凝土,并逐步扩大三角区,此时振捣棒要斜振。

(3)将混凝土继续填平至管道上皮 30～50mm,如图 8-4 所示。

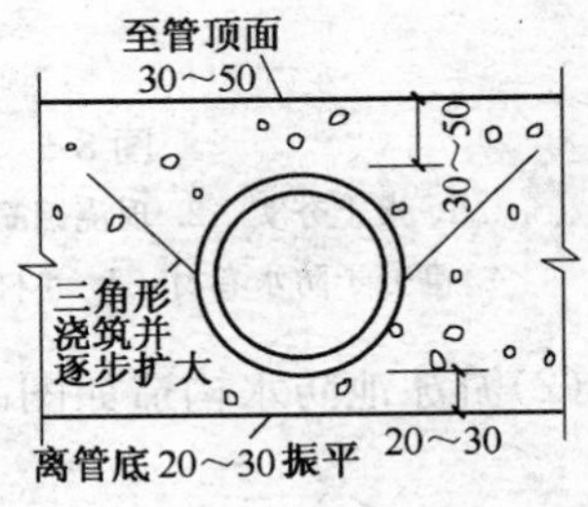

图 8-4　管道穿过处混凝土的浇筑

(4)浇筑混凝土时,不得在管道穿过池壁处停工或接头。

技能要点 3:水池、游泳池防水施工

1. 防水层材料要求

(1)水池、游泳池等构筑物所使用的防水材料,不得有任何有毒、有害物质渗入到水中。水质经检测应符合有关标准的规定。

(2)对可能发生开裂、变形的游泳池、大型蓄水池等,应选用延伸性较大的防水卷材或防水涂料。

2. 防水构造

(1)水池防水构造如图 8-5 所示。

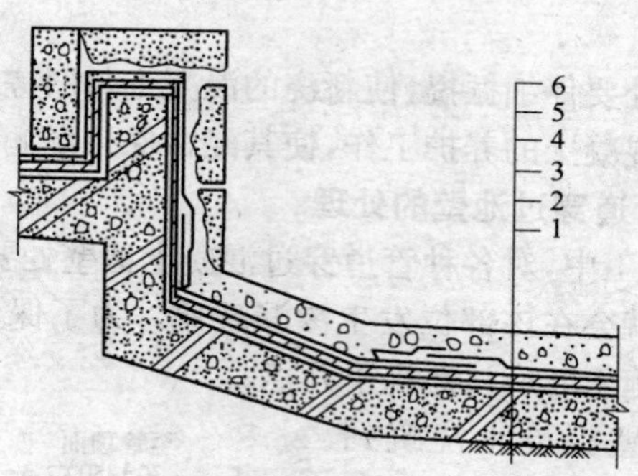

图 8-5　水池防水构造

1. 素土夯实　2. 现浇钢筋混凝土　3. 基层处理剂及胶粘剂
4. 高分子防水卷材　5. 卷材附加补强层　6. 细石混凝土保护层

(2)游泳池防水构造如图 8-6 所示。

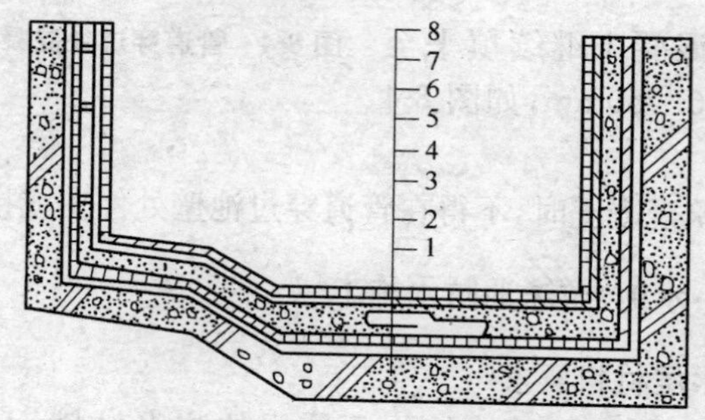

图 8-6　游泳池防水构造

1. 现浇钢筋混凝土　2. 水泥砂浆找平层　3. 聚氨酯防水涂料防水层
4. 高分子卷材防水层　5. 卷材附加补强层　6. 细石混凝土保护层
7. 瓷砖饰面层　8. 嵌缝密封膏

技能要点4:冷库工程防潮层、隔热层施工

冷库工程对防潮、隔热有特殊的要求。传统防潮材料采用石油沥青油毡,常用做法是二毡三油防潮层。隔热材料可以用软木、聚苯乙烯泡沫塑料板或现场发泡式硬质聚氨酯泡沫塑料。

1. 材料准备

(1)沥青。冷库内楼面、地面及内墙面选用60号石油沥青;外墙、屋面选用10～30号石油沥青做粘结材料。

(2)油毡。选用350号或500号石油沥青油毡。

(3)软木砖。由软木颗粒压制而成,厚度为25mm、75mm及100mm多种,按设计要求备料。

2. 作业条件及对基层的要求

(1)认真熟悉图纸,掌握隔热、防潮层与主体结构的关系及节点做法。

(2)防潮、隔热层所用的材料进场后要取样复验,合格后方准使用。

(3)基层必须坚实平整,无松动和起皮等现象。用2m靠尺检查,平整度应小于5mm,且允许平缓变化,每米内不多于1处。

(4)基层各种预埋件(木砖、木龙骨、螺栓等)和穿墙(板)孔洞应事先留好,位置准确,不得遗漏及错位。

(5)平面与立面的转角处应抹成圆弧或钝角。

(6)隔热层直接做在水泥砂浆基层上时,水泥砂浆中不得掺有吸潮的附加剂。

3. 施工顺序

冷库工程防潮层、隔热层施工施工程序如图8-7所示。

4. 施工要点

(1)清理基层。将基层浮浆、杂物清理干净。

(2)涂刷冷底子油。

1)冷底子油配制:先将沥青加热至不起泡沫,使其脱水,装入

容器中冷却至110℃，缓慢注入汽油，开始每次2～3L，以后每次5L，随注入随搅拌至沥青全部溶解为止。要远离火源。配合比（重量计）为汽油70%、沥青30%。

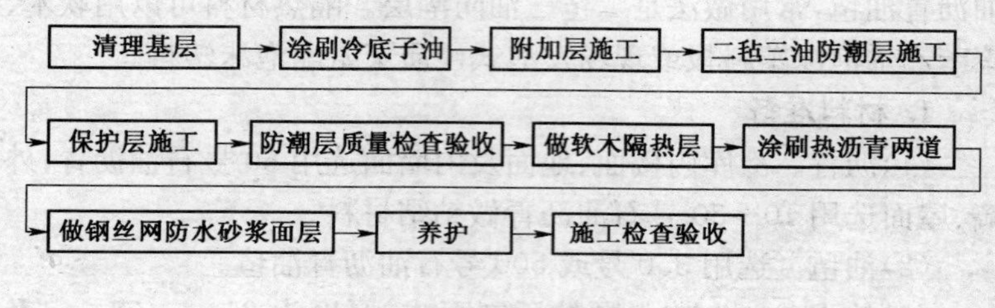

图8-7　施工程序

2）喷刷冷底子油：基层清理干净后，用胶皮滚刷或油漆刷均匀涂于基层上，不得漏刷；也可以用机喷方法施工。如基层较潮湿时，喷刷冷底子油应在水泥砂浆找平层初凝后立刻进行，以保证胶结材料与基层有足够的粘结力。

（3）附加层施工。所有的转角处均应铺贴二层附加油毡。铺贴时要按转角处的形状下料，并仔细粘贴密实。附加层的搭接宽度不小于100mm，如图8-8所示。

（4）二毡三油防潮层施工。

1）油毡在铺贴前，应在宽敞平坦的地面上摊开，用扫帚将其表面的撒布物清扫干净。清扫时不得损坏油毡，扫完后要将油毡反卷，放在通风处备用。

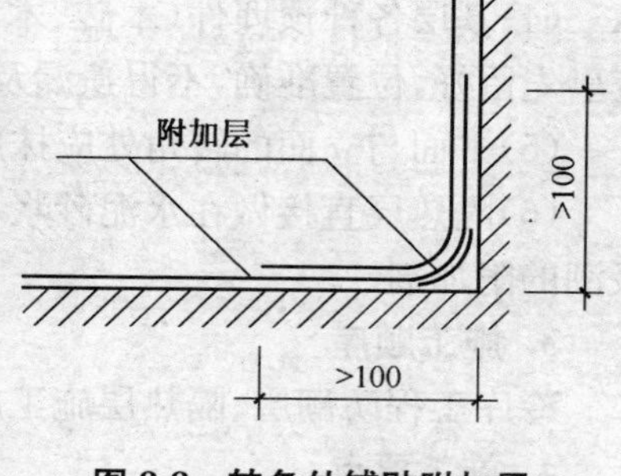

图8-8　转角处铺贴附加层

2）沥青胶结材料的加热温度不应高于240℃，使用温度不得低于190℃。

3）粘贴油毡的沥青胶结材料的厚度一般为1.5～2.5mm，最厚不超过 3mm。油毡之间以及油毡与基层之间,采用满粘法施工工艺。

4)油毡的搭接长度和压边宽度不应小于 100mm,上下两层和相邻两幅油毡的接缝应相互错开,上下层油毡不得采用垂直铺贴。

5)粘贴时应展平压实,使油毡与基层、油毡与油毡之间彼此紧密粘结。油毡搭接缝口部位应用铺贴时挤出的热沥青仔细封严。

6)防潮层施工的环境温度不应低于 5℃。夏季施工时应避免日光暴晒,以免引起沥青胶结材料流淌,导致油毡滑动。

(5)保护层施工。当采用绿豆砂做保护层时,应先将油毡表面涂刷 2～4mm 厚的沥青胶结材料,趁热将事先预热的绿豆砂(3～5mm 粒径)撒布一层,并用辊子压实,使其嵌入沥青胶结材料中。

(6)防潮层质量检查验收。防潮层完工后,应严格检查验收。防潮层应满铺不间断,接缝必须严密,各层间应紧密粘结。铺贴后,油毡防潮层应无裂缝、损伤、气泡、脱层和滑动现象。穿过防潮层的管线应封严,转角处无损伤。凡发现缺损处均应及时修补。

(7)软木隔热层施工。一般冷库工程的隔热层铺贴软木砖 4 层,总厚度为 200mm。具体施工方法:

1)对软木块的规格、尺寸要挑选加工,进行分类。长短不齐的应刨齐,且不应受潮,每层的厚度要均匀、一致。

2)基层表面要弹线、分格,确保粘贴位置准确。

3)将挑选分类的软木块浸入热沥青中,使其沾满沥青,然后铺贴于基层上。第一层铺贴好后,立即在木块表面上满涂一道热沥青,然后再粘贴第二层,粘贴方向同第一层。两层软木块的纵横接缝应错开。软木隔热层外墙面构造如图 8-9 所示。

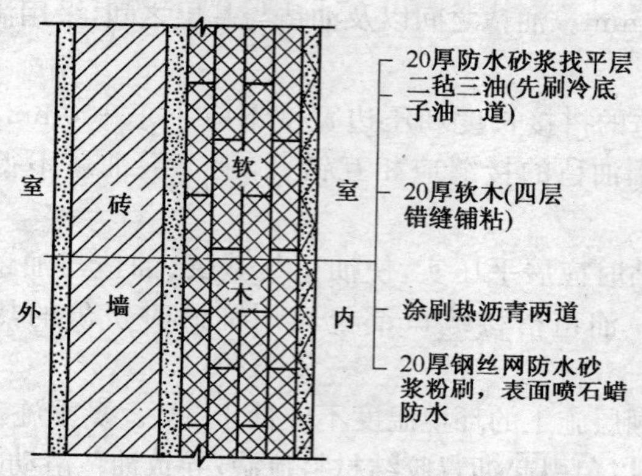

图 8-9　软木隔热层外墙面做法

4)铺贴时,软木块缝间挤出的沥青必须趁热随时刮净,以免冷却后形成疙瘩,影响平整。

5)每层软木块铺贴完后,应检查其是否平整,如果有不平处,应立即刨平,然后方可铺贴下一层。

6)铺贴地面时,要随铺贴随用重物压实。外墙面铺贴时,要随铺贴随支撑,防止翘起和空鼓。从第二层起,每块软木块均应用竹钉与前一层钉牢(每块可钉竹钉 6 颗)。软木隔热层地面构造如图 8-10 所示。

7)铺贴软木砖的石油沥青标号,应和防潮层(隔气层)所用的石油沥青标号相同。

(8)涂刷热沥青两道。4 层软木隔热层铺贴完毕,应在其表面涂刷热沥青两道。

(9)钢丝网防水砂浆面层。软木隔热层表面可按设计要求做钢丝网防水砂浆面层。注意施工时不得损坏表面防潮层及软木隔热层。

另外,根据设计要求,隔热层也可以用聚苯乙烯泡沫塑料板或现场浇注发泡聚氨酯。

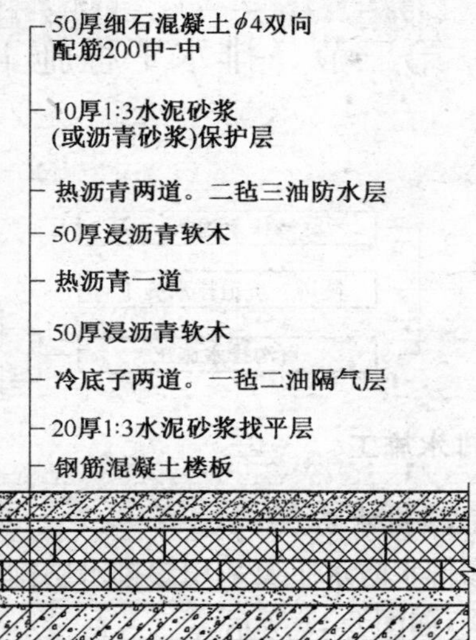

图 8-10 软木隔热层地面构造

聚苯乙烯板可用沥青胶粘贴，或用醋酸乙烯乳液粘贴，其配合比为：乳液：水泥＝1：(1.5～2.0)(重量计)，点粘即可。每层粘贴施工时同样要错缝。

(10)养护。防水砂浆面层完工后，注意及时湿养护 14 天，最后进行质量验收。

5. 施工注意事项

(1)冷库防潮层、隔热层施工应特别注意防火、防毒。现场应备有粉末灭火器等防火器材，并要注意通风。

(2)当采用现场浇注发泡聚氨酯做隔热层时，由于原料含氯、苯、氰化物，并产生光气(一氧化硫气体与氯气在光照下生成毒气)等刺激性毒物，因此在操作时必须注意安全，做好防护工作，防止中毒。

第三节　排水工程施工

本节导读：

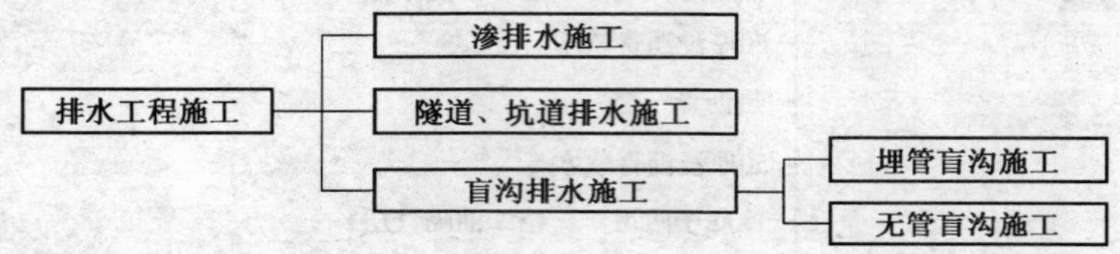

技能要点1：渗排水施工

1. 地下工程渗排水防水形式

地下工程渗排水防水主要采用渗排水层排水、盲沟排水、内排法排水三种形式，如图8-11所示。

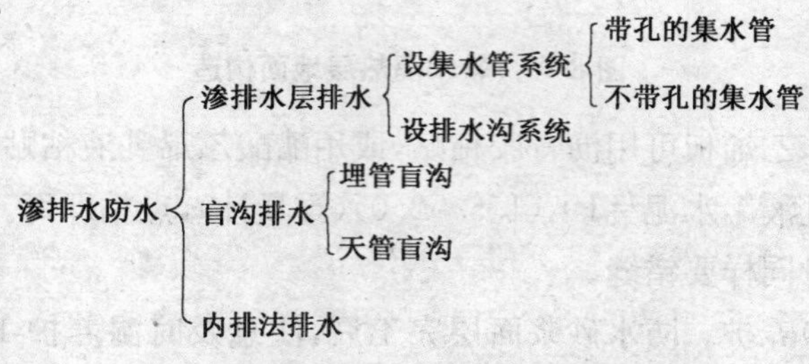

图8-11　渗排水放水的形式

渗排水层排水是在地下构筑物下面铺设一层碎石或卵石做渗水层，在渗水层内再设置集水管或排水沟，从而将水排走。

盲沟排水法是在构筑物四周设置盲沟，使地下水沿着盲沟向低处排走的一种渗排水方法。采用盲沟排水法，不仅排水效果好，而且还可以节约材料和工程费用。凡是自流排水条件而无倒灌可能时，则可采用盲沟排水法，如图8-12所示。当地形受到限制，无自流排水条件时，也可以利用盲沟将地下水引入集水井内，然后再用水泵抽走。

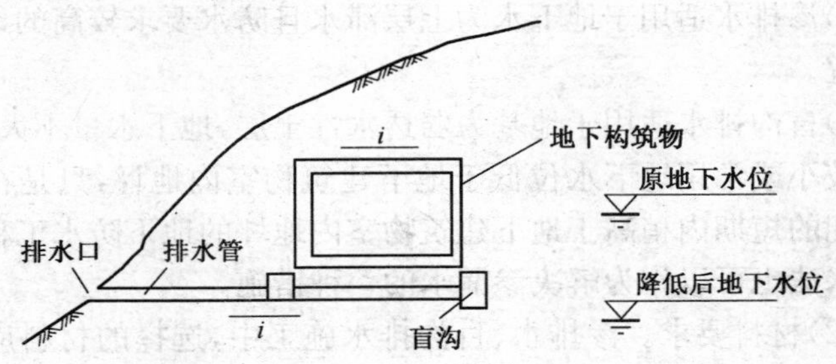

图 8-12　盲沟排水示意图

内排法排水是把地下室结构外的地下水通过外墙上的预埋管流入室内的排水沟中，然后再汇集到集水坑内用水泵抽走，如图 8-13 所示。或者是在地下构筑物室内地面，用钢筋混凝土预制板铺在地垅墙上做成架空地面，房心土上铺设粗砂和卵石，当地下水从外墙预埋管流入室内后，顺房心土形成的坡度流向集水坑，再用水泵抽走。采用内排法时，为防止外墙预埋管处堵塞，在预埋管入口处应设钢筋格栅，格栅外用石子做渗水层，粗砂做滤水层。

2. 渗排水、盲沟排水一般要求

(1)适用范围。

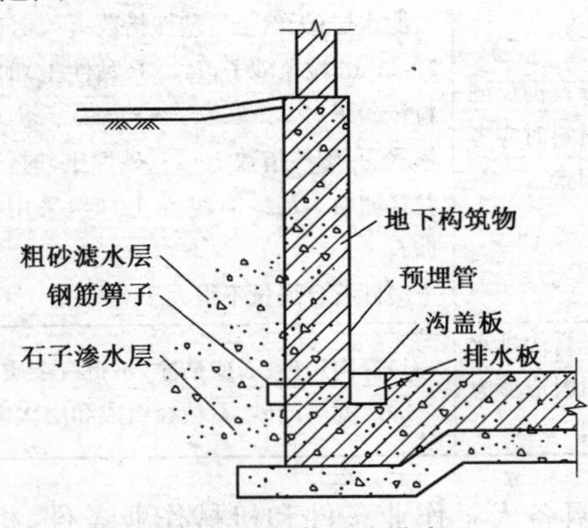

图 8-13　内排法排水

1)渗排水适用于地下水为上层滞水且防水要求较高的地下防水工程。

2)盲沟排水适用于地基为弱透水性土层,地下水量不大,排水面积较小或常用地下水位低于地下建筑物室内地坪,只是在雨季丰水期的短期内稍高于地下建筑物室内地坪的地下防水工程。盲沟排水法也可以作为解决渗漏水的一种措施。

(2)材料要求。渗排水、盲沟排水施工中,选择的材料应满足表 8-8 的要求。其中,集水管应采用无砂混凝土管、普通硬塑料管和加筋软管式透水盲管。

(3)作业条件。

1)渗排水及盲沟的施工必须在地基工程验收合格后进行。

表 8-8　材料要求

序号	项　目	要　求
1	选择渗排水的材料时应考虑的因素	渗排水层用砂、石应洁净,不得有杂质 粗砂过滤层总厚度宜为 300mm。过滤层与基坑土层接触处用厚度 100～150mm、粒径为 5～10mm 的石子铺填
2	选择盲沟反滤层的材料时应考虑的因素	1)砂、石粒径 滤水层(天然土):塑性指数 $I_p<3$(砂性土)时,采用 1～3mm 粒径砂子,$I_p>3$(黏性土)时,采用 2～5mm 粒径砂子 渗水层:塑性指数 $I_p<3$(砂性土)时,采用 3～10mm,粒径卵石。$I_p>3$(黏性土)时,采用 5～10mm 粒径卵石 2)砂石含泥量不得大于 2%
3	选择盲沟排水的材料时应考虑的因素	1)盲沟用砂、石应洁净,不得有杂质 2)反滤层的砂、石粒径组成和层次应符合设计要求

2)现场应具备人工作业条件和机械作业条件,机械作业时尽量避免与其他机械同时进行。

3)集水管应设置在粗砂过滤层下部,坡度不宜小于1%,且不得有倒坡现象,如图8-14所示。集水管之间的距离宜为5～10m,并与集水井相通。

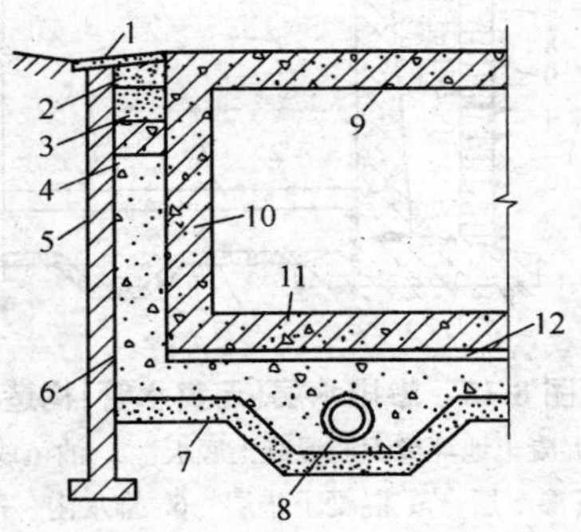

图8-14　渗排水层(有排水管)构造

1. 混凝土保护层　2. 300mm厚细砂层　3. 300mm厚粗砂层　4. 300mm厚小砾石或碎石层　5. 保护墙　6. 20～40mm碎石或砾石　7. 砂滤水层　8. 渗水管　9. 地下结构顶板　10. 地下结构外墙　11. 地下结构底板　12. 水泥砂浆或卷材防水层

4)工程底板与渗排水层之间应做隔浆层,建筑周围的渗排水层顶面应做散水坡。

5)采用排水沟排水时,在渗水层与土壤之间设混凝土垫层及排水沟,整个渗水层做成1%的坡度,水通过排水沟流向集水井,再用水泵抽走,如图8-15所示。

6)盲沟在转弯处和高低处应设置检查井,出水口处应设置滤水箅子。

(4)机具设备。

1)基底为土层时,基槽开挖可根据现场情况采用人工或小型反铲PC-200机械开挖。砂、碎石铺设及埋管采用人工作业,夯实宜采用平板振动器。

2)基底为岩层时,采用手风钻打孔。炸药可选用2号岩石硝铵。排水管安装及砂、石料铺填采用人工作业。

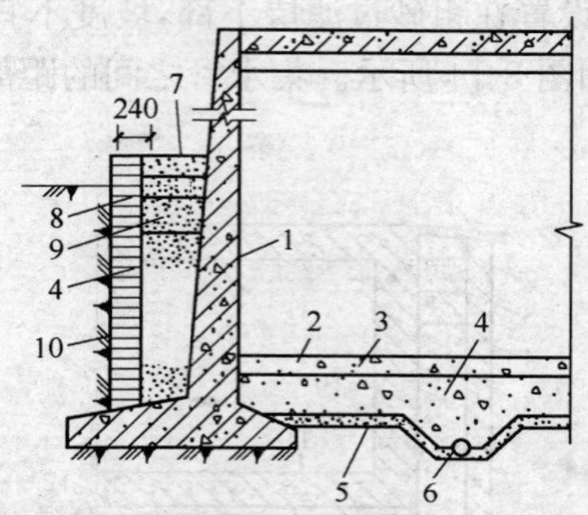

图 8-15　渗排水层(无集水管)构造

1. 钢筋混凝土壁　2. 混凝土地坪或钢筋混凝土底板　3. 油毡或 1∶3 水泥砂浆隔离层　4. 400mm 厚卵石渗水层　5. 混凝土垫层　6. 排水沟　7. 300mm 厚细砂　8. 300mm 厚粗砂　9. 400mm 厚粒径、5～20mm 厚卵石层　10. 保护砖墙

3. 渗排水、盲沟排水构造

(1)渗排水层排水。渗排水层的构造如图 8-16 所示。渗水层有设集水管系统和设排水沟系统两种类型。

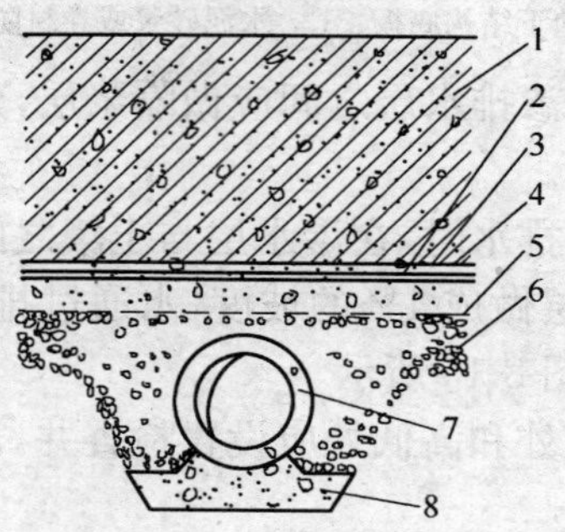

图 8-16　渗排水构造

1. 结构底板　2. 细石混凝土　3. 底板防水层　4. 混凝土垫层　5. 隔浆层　6. 粗砂过滤层　7. 集水管　8. 集水管座

1)设集水管系统的构造：即在基底下满铺卵石做渗水层，在渗水层下面按一定的间距设置渗排水沟，渗排水沟内设置集水管，沿基底外围有渗水墙，地下水经过渗水墙、渗排水层流入渗

排水沟内,进入集水管、沿管流入集水井,然后汇集于吸水泵房排出。

渗排水层采用集水管排水时,渗排水层与土壤之间不设混凝土垫层,地下水通过滤水层和渗水层进入集水管。为了防止泥土颗粒随着地下水一起进入渗水层将集水管堵塞,可在集水管周围采用粒径为20～40mm,厚度不小于400mm的碎石或卵石作为渗水层,在渗水层下面采用粒径为5～15mm、厚100～150mm的粗砂或豆石作为滤水层,渗水层与混凝土底板之间应抹15～20mm厚的水泥砂浆或加一层油毡作为隔浆层,以防止在浇捣混凝土时将渗水层堵塞。

集水管可以采用两种做法:

①采用直径为150～250mm带孔的铸铁管或钢筋混凝土管。

②采用不带孔的长度为500～700mm的预制管,为了达到渗水的要求,在管子端部之间留出10～15mm的间隙以便向集水管内渗水。集水管的坡度一般为1%,集水管要顺坡铺设,不能反坡,地下水进入集水管汇集到总集水管或集水井排走。

集水管宜采用无砂混凝土管;集水管在转角处和直线段设计规定处应设检查井。井底距集水管底应留设深200～300mm的沉淀部分,井盖应封严。

2)设排水沟系统的构造:基底下每隔20m左右设置渗排水沟,并与基底四周的渗水墙或渗排水沟相连通,形成外部渗排水系统,地下水从易透水的砂质土层中流入渗排水沟中,经由集水管流入与其相连的若干集水井中,然后汇集于吸水泵房中排出。

渗排水层采用排水沟排水(无集水管)时,则在渗排水层与土壤之间设混凝土垫层及排水沟,整个渗排水层应做1%的坡度,水方可通过排水沟流向集水井。

(2)盲沟排水。盲沟排水构造如图8-17所示。盲沟可分为埋管盲沟和无管盲沟,其特点见表8-9。

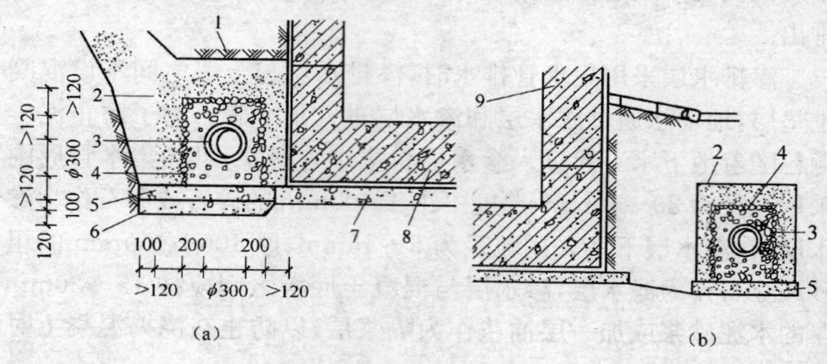

图 8-17　盲沟排水构造

(a)贴墙盲沟　(b)离墙盲沟

1. 素土夯实　2. 中砂反滤层　3. 集水管　4. 卵石反滤层　5. 水泥/砂/碎砖层　6. 碎砖夯实层　7. 混凝土垫层　8. 主体结构　9. 主体结构

表 8-9　埋管盲沟和无管盲沟

项目	图　示	特　点
埋管盲沟	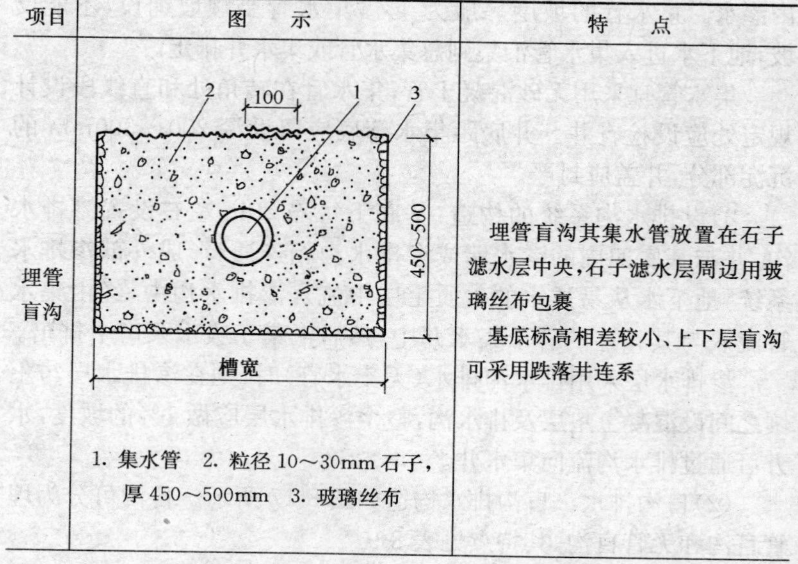 1. 集水管　2. 粒径 10～30mm 石子，厚 450～500mm　3. 玻璃丝布	埋管盲沟其集水管放置在石子滤水层中央，石子滤水层周边用玻璃丝布包裹 基底标高相差较小、上下层盲沟可采用跌落井连系

续表 8-9

项目	图　示	特　点
无管盲沟	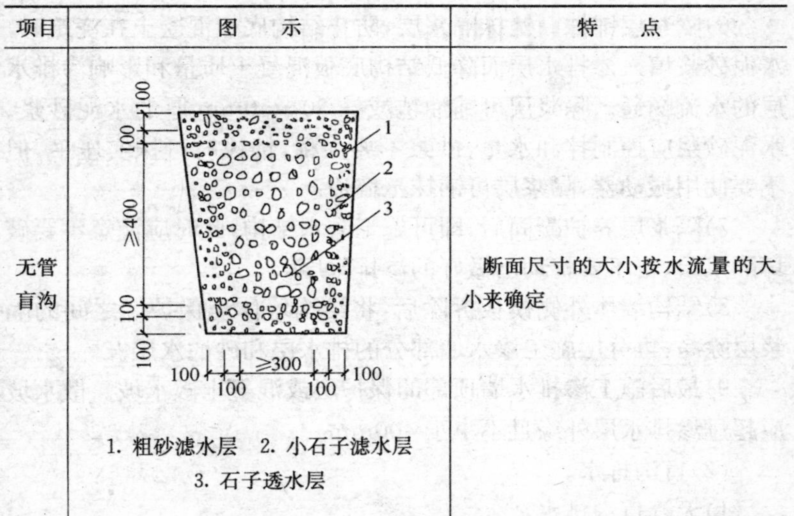 1. 粗砂滤水层　2. 小石子滤水层 3. 石子透水层	断面尺寸的大小按水流量的大小来确定

4. 渗排水、盲沟排水施工工艺

(1)渗排水。

1)基坑挖土,采用人工或小型反铲 PC-200 进行。应依据结构底面积、渗水墙和保护墙的厚度以及施工工作面,综合考虑确定基坑挖土面积。基底挖土应将渗水沟成型。

2)按放线尺寸砌筑结构周围的保护墙。

3)与基坑土层接触处,用 5～10mm 小石子或粗砂做滤水层,其总厚度为 100～150mm。

4)沿渗水沟安放渗排水管,管与管相互对接处应留出 5～10mm 的间隙,在做渗排水层时,将管埋实固定。渗排水管的坡度应不小于 1%,严禁出现倒流现象。

5)分层设渗排水层(即 20～40mm 碎石层)至结构底面。分层铺设厚度不应大于 300mm。渗排水层施工时每层应用平板振动器轻振压实,要求分层厚度及密实度均匀一致,与基坑周围土接触处,均应设粗砂滤水层。

6)隔浆层铺抹。铺抹隔浆层,防止结构底板混凝土在浇筑时,水泥砂浆填入渗排水层而降低结构底板混凝土质量和影响渗排水层的水流畅通。隔浆层可铺油毡或抹 30～50mm 厚的水泥砂浆。水泥砂浆应控制拌和水量,砂浆不要太稀,铺设时可抹实压平,但不要使用振动器,隔浆层可铺抹至墙边。

7)隔浆层养护凝固后,即可施工防水结构,此时应注意不要破坏隔浆层,也不要扰动已做好的渗排水层。

8)结构墙体外侧模板拆除后,将结构墙体至保护墙之间的隔浆层除净,再分层施工渗水墙部分的排水层和砂滤水层。

9)最后施工渗排水墙顶部的保护层或混凝土散水坡。散水坡应超过渗排水层外缘且不小于 400mm。

(2)盲沟排水。

1)无管盲沟排水:

①按盲沟位置、尺寸放线,采用人工或小型反铲 PC-200 开挖,沟底应按设计坡度找坡,严禁倒坡。

②沟底平整、两壁拍平,铺设滤水层。底部开始先铺粗砂滤水层厚 100mm;再铺小石子滤水层厚 100mm,同时将小石子滤水层外边缘与土之间的粗砂滤水层铺好;在铺设中间的石子滤水层时,应按分层铺设的方向同时将两侧的小石子滤水层和粗砂滤水层铺好。

③铺设各层滤水层要保持厚度和密实度均匀一致。注意防止污物、泥土混入滤水层,靠近土的四周应为粗砂滤水层,再向内四周为小石子滤水层,中间为石子滤水层。

④盲沟出水口应设置滤水箅子。

2)埋管盲沟排水:埋管盲沟排水具体施工操作要求见表 8-10。

5. 渗排水、盲沟排水施工注意事项

渗排水、盲沟排水施工注意事项见表 8-11。

表 8-10　埋管盲沟排水具体施工操作要求

序号	项　目	操　作　要　求
1	放线回填	在基底上按盲沟位置、尺寸放线，然后进行人工或机械回填（开挖）。盲沟底应回填灰土，填灰土前找好坡；盲沟壁两侧回填素土至沟顶标高
2	分隔层预留	按盲沟宽度用人工或机械对回填土进行刷坡整治，按盲沟尺寸成型。沿盲沟壁底人工铺设分隔层（土工布）。根据盲沟宽度尺寸并考虑相互搭接确定分隔层在两侧沟壁上口的留置长度，不少于 10cm。分隔层的预留部分应临时固定在沟上口两侧，注意保护
3	铺设石子	在铺好分隔层的盲沟内人工铺 17～20cm 厚的石子，铺设时必须按照排水管的坡度找坡，严防倒流。必要时用仪器实测每段管底标高
4	铺设排水管	接头处先用砖头垫起，再用 0.2mm 厚薄钢板包裹，以钢丝绑平，并用沥青胶和土工布涂裹两层，撤去砖，安好管，拐弯用弯头连接，跌落井应先用红砖或混凝土浇砌，外壁再安装管件
5	续铺滤水层	排水管安装好后，经测量管道标高符合设计要求，即可继续铺设石子滤水层至盲沟沟顶。石子铺设应使厚度、密实度均匀一致，施工时不得损坏排水管
6	覆盖土工布	石子铺设至沟顶即可覆盖土工布，将预留置的土工布沿石子表面覆盖，并沿顺水方向搭接，搭接宽度不应小于 10cm
7	回填	最后进行回填土，注意不要损坏土工布

表 8-11　渗排水、盲沟排水施工注意事项

序号	项目	注　意　事　项
1	渗排水层排水	1)渗排水层应分层铺设，用平板振动器振实，不得用碾压法碾压，以免将石子压碎，阻塞渗水层。渗水层厚度偏差不得超过±50mm 2)铺放渗水层时，集水管周围应铺放比渗水管孔眼略大的石子，以免将渗水眼堵塞 3)采用砖墙作外部滤水层时，砖墙应与填土、填卵石配合进行；每砌一段砖墙，两侧同时填土和卵石，避免一侧回填，将墙推倒 4)做渗排水层时，应将地下水位降到滤水层以下，不得在泥水中做滤水层

续表 8-11

序号	项目	注 意 事 项
2	盲沟排水	1)为防止盲沟堵塞，沟内应填以粒径为 60～100mm 的卵石或碎石，周围与土层接触的部位应设置粒径 5～10mm 的粗砂或小碎石做滤水层 2)盲沟的排水坡度一般不小于 3‰，为防止碎石或卵石流失，出水口应设滤水箅子 3)在使用过程中，由于地下水的流动，难免带走一些土的颗粒，时间久了，可能会发生淤塞，为清除淤塞物，可在盲沟的转角处设置窨井，供清淤时用

技能要点 2：隧道、坑道排水施工

隧道、坑道排水是采用各种排水措施，使地下水能够顺着预设的各种管、沟被排到工程外，以降低地下水位和减少地下工程中渗水量的一类排水工程。

(1)隧道应设计配套的排水系统。

1)洞内纵向排水沟、横向排水坡(沟)。

2)隧道及辅助坑道口设置截水沟、排水沟和其他防排水设施。

3)必要时，衬砌背后设置各种盲沟、集水钻孔及衬砌背后或衬砌内排水管(槽)等。

4)当地下水特别充足，含水层深，又有长期补给来源并影响隧道安全时，可采用泄水洞。

5)当洞内涌水量大，设置有平行导坑和横洞施工的隧道，可利用辅助坑道排水。

(2)隧道内一般均应设置排水沟。隧道全长在 100m 及以下(干旱地区 300m 及以下)，且常年干燥，可不设洞内排水沟，但应整平隧底，做好纵、横向排水坡。

洞内排水沟一般按下列规定设置：

1)水沟坡度应与线路坡度一致。在隧道中的分坡平段范围内和车站内的隧道,排水沟底部应有不小于1‰的坡度。

2)水沟断面应根据水量大小确定,要保证有足够的过水能力,且便于清理和检查。单线隧道水沟断面应不小于 25cm×40cm(高×宽),双线隧道断面一般应不小于 30cm×40cm(高×宽)。

3)水沟应设在地下水来源一侧。当地下水来源不明时,曲线隧道水沟设在曲线内侧、直线隧道水沟可设在任意一侧;当地下水较多或采用混凝土宽枕道床、整体道床的隧道,宜设双侧水沟,以免大量水流流经道床而导致道床基底发生病害。双线隧道町设置双侧或中心水沟。

4)洞内水沟均应铺设盖板。

5)根据地下水情况,于衬砌墙脚紧靠盖板底面高程处,每隔一定距离设置一个 10cm×10cm 的泄水孔。墙背泄水孔进口高程以下超挖部分应用同级圬工回填密实,以利泄水。

(3)为便于隧道底排水,不设仰拱的隧道应做铺底,其厚度一般为 10cm。当围岩干燥无水、岩层坚硬不易风化时,可不铺底,但应整平隧底。对超挖的炮坑必须用混凝土填平。

(4)隧道底部应有不小于 2%的流向排水沟的横向排水坡度。水沟应适当设置横向进水孔。

(5)衬砌背后设置的纵向盲沟的排水坡度一般不小于 5%,在两泄水孔间呈“人”字形坡向两端排水。

(6)洞口仰坡范围的水,可由洞门墙顶水沟排泄,也可引入路堑侧沟排除。洞外路堑的水不宜流入隧道。当出洞方向路堑为上坡时,宜将洞外侧沟做成与线路坡度相反,且一般不小于 2‰的坡度;当隧道全长小于 300m,路堑水量较小,且含泥量少,不易淤积,修建反向侧沟将增加大量土石方和砌块时,路堑侧沟的水可经隧道流出。但应验算隧道水沟断面,不够时应予扩大,并在高端洞口设置沉淀井。

技能要点 3:盲沟排水施工

1. 埋管盲沟施工

(1)材料要求。

1)滤水层选用 10～30mm 的洗净碎石或卵石,含泥量不应大于 2%。

2)分隔层选用玻璃丝布,规格 12～14 目,幅宽 980mm。

3)盲沟管选用内径为 100mm 的硬质 PVC 管,壁厚 6mm,沿管周六等分,间隔 150mm,钻 ϕ12 孔眼,隔行交错制成透水管;也可在现场制作无砂混凝土管,但要控制无砂混凝土的配合比和构造尺寸;如选用加筋软管式透水盲管,则应遵守《铁路路基土工合成材料应用技术规范》(TB 10118—2006)的有关规定。排水管选用内径为 100mm 的硬质 PVC 管,壁厚 6mm。跌落井采用无孔管,内径为 100mm,壁厚 6mm 硬质 PVC 管。

4)管材零件有弯头、三通、四通等。

(2)操作要点。

1)在基底上按盲沟位置、尺寸放线,然后回填土,盲沟底回填灰土,盲沟壁两侧回填素土至沟顶标高;沟底填灰土应找好坡度。

2)按盲沟宽度对回填上切槎,按盲沟尺寸成型,并沿盲沟壁底铺设玻璃丝布。玻璃丝布在两侧沟壁上口留置长度应根据盲沟宽度尺寸并考虑相互搭接不小于 10cm 确定。玻璃丝布的预留部分应临时同定在沟上口两侧,并注意保护,避免损坏。

3)在铺好玻璃丝布的盲沟内铺石子(厚 17～20cm),这层石子铺设时必须按照排水管的坡度进行找坡,此工序必须按坡度要求做好,严防倒流;必要时应以仪器施测每段管底标高。

4)铺设排水管,接头处先用砖垫起,再用 0.2mm 厚铁皮包裹,以铅丝绑牢,并用沥青胶和玻璃丝布涂裹两层,撤去垫砖,然后安放好排水管。

5)排水管安好后,经测量管道标高符合设计坡度,即可继续铺设石子滤水层至盲沟沟顶。石子铺设应使厚度、密实度均匀一致，施工时不得损坏排水管。

6)石子铺至沟顶即可覆盖玻璃丝布，将预先留置的玻璃丝布沿石子表面覆盖搭接，搭接宽度不应小于 10cm，并顺水流方向搭接。

7)最后进行回填土，注意不要损坏玻璃丝布。

2. 无管盲沟施工

(1)材料要求。

1)石子渗水层选用 60～100mm 洁净的砾石或碎石。

2)小石子滤水层：当天然土塑性指数 I_p 小于 3(砂性土)时，采用 1～3mm 粒径卵石；I_p 大于 3(黏性土)时，采用 3～10mm 粒径卵石。

3)砂子滤水层(贴天然土)：当天然土塑性指数 I_p 小于 3(砂性土)时，采用 0.1～2mm 粒径砂子；I_p 大于 3(黏性土)时，采用 2～5mm 粒径砂子。

4)砂石含泥量不得大于 2%。

(2)操作要点。

1)按盲沟位置、尺寸放线，挖土，沟底应按设计坡度找坡，严禁倒坡。

2)沟底平整、两壁拍平，铺设滤水层。底部开始先铺粗砂滤水层(厚 100mm)；再铺小石子滤水层(厚 100mm)，要同时将小石子滤水层外边缘与土之间的粗砂滤水层铺好；在铺设中间的石子滤水层时，应按分层铺设的方法同时将两侧的小石子滤水层和粗砂滤水层铺好。

3)铺设各层滤水层要保持厚度和密实度均匀一致；注意勿使污物、泥土混入滤水层；铺设应按构造层次分明，靠近土的四周应为粗砂滤水层，再向内四周为小石子滤水层，中间为石子滤水层。

4)盲沟出水口应设置滤水箅子。为了在使用过程中清除淤塞物，可在盲沟的转角处设置窨井，供清淤时用。

第四节　墙体防水施工质量问题与防治

本节导读：

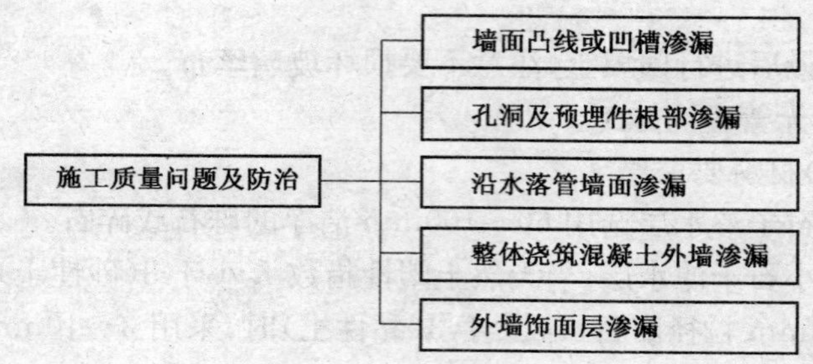

技能要点 1：墙面凸线或凹槽渗漏

南方多雨地区，在墙面上留有的凸凹线槽处，遇较长时间的连续降雨，雨水会沿墙面的凸线或凹槽渗入墙体出现渗漏。其原因及防治方法见表 8-12。

表 8-12　墙面凸线或凹槽渗漏

原因分析	防治方法
1)阳台、雨篷倒坡，雨水不流向室外而流入墙体，造成渗漏，如图 8-18 所示 2)凸出墙面的装饰线条积水，横向装饰线条的抹面砂浆开裂，雨水沿裂缝处渗入室内，如图 8-19a 所示 3)在进行外墙饰面施工时，在分格缝部位镶入木分格条，饰面完成后取出分格条，在墙面上留出了凹槽，这部分凹槽未做防水处理，由于饰面层本身的胀缩裂缝，也大量集中在这些凹槽内，雨水沿凹槽中的缝隙渗入墙体，造成室内渗漏，如图 8-19b 所示	1)凸线槽：在线条上沿用聚合物水泥砂浆抹出向外的斜坡，使雨水能迅速排除，从而避免因积水引起渗漏水的隐患(图 8-20a) 2)凹线槽：可在墙面的凹槽内，涂刷合成高分子防水涂膜，将凹槽中的缝隙封严，阻止雨水浸入墙体内部(图 8-20b)

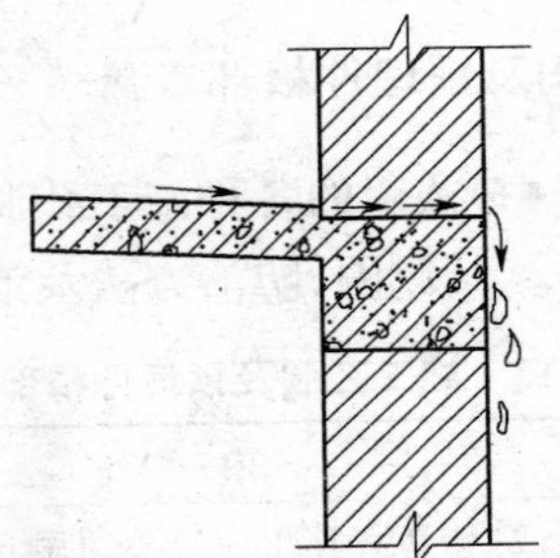

图 8-18　雨篷倒坡

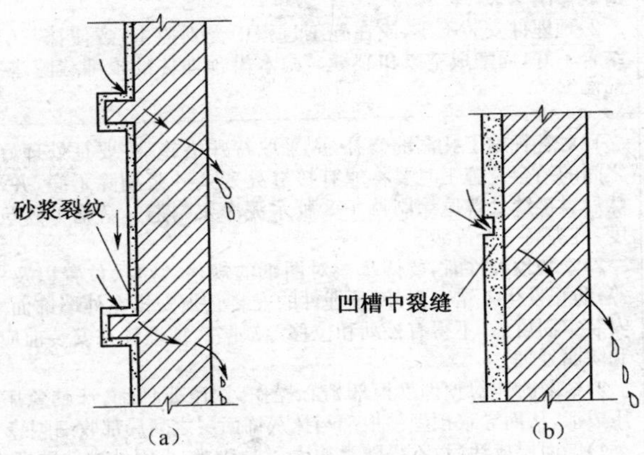

图 8-19 墙面渗漏

(a)凸出墙面线条渗漏　(b)墙面分格缝渗漏

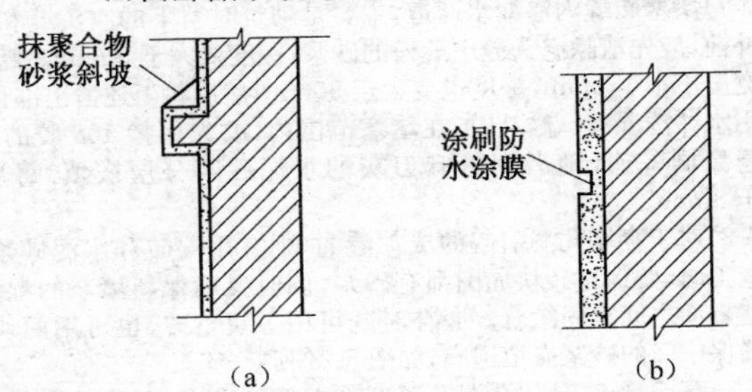

图 8-20　墙面凸凹线槽渗漏修补方法

(a)抹聚合物砂浆斜坡　(b)涂刷防水涂膜

技能要点 2:施工孔洞及预埋件根部渗漏

在建筑施工过程中,预留的各种施工孔洞以及预埋件根部,均易出现局部渗漏现象。其原因、防治方法及治理方法见表 8-13。

表 8-13 施工孔洞及预埋件根部渗漏

项目	内 容
原因分析	1)施工孔洞在外墙最后修补时,未将孔洞内部用湿砖和砂浆嵌填严实,雨水沿外墙面流入堵塞不严的灰缝中,形成流水通道,从而进入室内造成渗漏 2)预埋件安装不牢,或在施工过程中受到撞击,致使抹灰时新老砂浆结合不好,而酿成空鼓和裂缝。雨水沿预埋件的根部缝隙进入室内,引起渗漏
防治方法	1)对各种施工孔洞的修补,应采取特殊措施,主要是处理好新旧砖面之间的结合。施工时要将原有接缝处残余砂浆剔除干净,并冲水湿润;然后对接缝处普遍涂刷掺 108 胶水泥净浆一遍。新施工砌筑的砂浆强度,宜提高一个等级 2)安装预埋件时,要认真核对图纸的规格、数量、位置以及标高、间距等,防止发生差错。另外,预埋件的安装必须安排在外墙饰面之前,确保安装牢固可靠,不得有松动和位移等缺陷。预埋件在安装前应进行除锈和防腐处理 3)抹灰时应对预埋件根部精心操作,抹压要仔细,严禁急压成活或挤压成活,从而导致预埋件根部与抹灰饰面层之间局部收缩裂缝 4)饰面层成活后,不得随意冲撞和振动,防止因外力使预埋件松动,造成与饰面抹灰层之间的开裂或产生缝隙
治理方法	1)堵塞砖缝内渗漏水通道,主要是砌筑时留下的空头缝和瞎头缝。修补前,应先清除空头缝中酥松的砂浆,深度要大于 50mm。瞎头缝要凿出宽度不小于 8mm,深度也要大于 50mm;然后将上述凿出部位清扫干净,用水冲洗湿润。修补时,在堵塞范围内,要先用掺 108 胶的水泥净浆普遍涂刷一遍,随后用掺麻刀灰的水泥砂浆分层嵌填,每层厚度不大于 8mm 2)对于穿墙孔洞引起的成片渗漏,则宜用湿砖和水泥砂浆重新嵌补。施工时,要保持砖块周围都有砂浆,同时要确保新堵塞的湿砖与原有砖墙界面之间牢固结合。嵌补时既可用一块整砖,也可用两块短砖,必须确保中间的砂浆嵌填饱满,如图 8-21 所示 3)穿墙管道、预留孔洞及预埋件根部的渗水,可视具体情况用防水密封材料嵌填封严

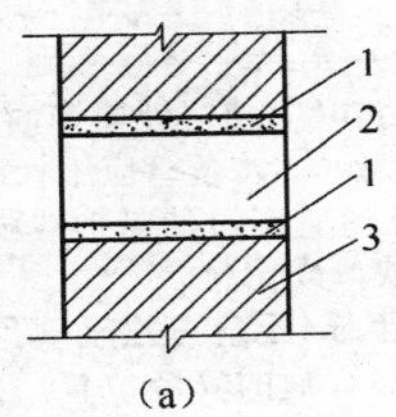

(a)

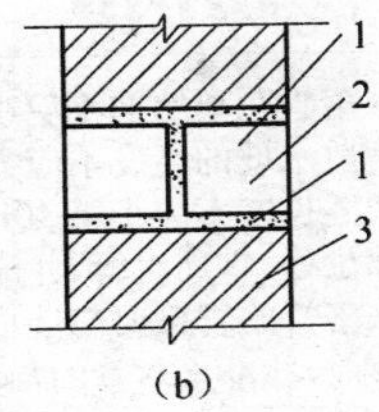

(b)

图 8-21　穿墙孔洞的嵌补

(a)用整砖补　(b)用两块断砖补

1. 灰缝中嵌满砂浆　2. 砖块　3. 墙体

技能要点 3:沿水落管墙面渗漏

沿水落管的墙面渗漏,一般多发生在砖混结构中。由于沿水落管部位有严重浸湿,逐渐发展到室内对应部位也出现渗漏湿迹,渗漏面积逐渐扩大。其原因、防治方法及治理方法见表 8-14。

表 8-14　沿水落管墙面渗漏

项目	内　容
原因分析	1)水落管选择不合理。由于水落管直径过小,数量不足,雨水不能及时排出。如遇暴雨,雨水便到处横溢,而渗入外墙面 2)水落口处防水处理不当,水漏斗与水落管连接不好,雨水沿接缝的间隙流下,导致墙面浸湿而渗漏 3)使用劣质且不防水的水落管,随着年限的增长,遭到锈蚀,并逐渐腐烂破坏,雨水沿破坏处流入墙面上。经过毛细管作用,该部分砖墙逐渐吸收水分,并经过墙内砖缝的渗水通道,造成室内渗漏 4)施工不当。多数工程水落管紧靠在墙面上,由于水落管承插口不严密以及卡箍不紧而脱节等原因,在下雨时易在水落管插口处出现冒水,浸湿墙面而渗入室内
防治方法	1)根据屋面汇水面积与当地最大雨水量,设计水落口管径与数量。水落管内径不应小于 75mm,应采用 100mm 以上。一根水落管最大屋面汇水面积为 200mm^2,雨水流到排水口的距离不应超过 30m

续表 8-14

项目	内　　容
防治方法	2)水落管距离墙面不应小于 20mm(应预留外墙饰面层的尺寸),其排水口距散水坡的高度不应大于 200mm。水落管应用管箍与墙面固定,接头的承插长度不应小于 40mm。水落管经过的带形线脚、檐口线等墙面凸出部位处,宜用直管,并应预留缺口或孔洞 3)水落管的管箍要与墙面固定牢靠,不应有松动现象。为此,可在外墙抹灰前,找准水落管的轴线,量好管箍的安装位置,管箍钉(应用射钉枪)伸入墙内不少于 100mm,不准采用小木楔固定管箍钉的错误做法。为防止管箍钉处的渗水,在抹灰时,还应将管箍钉周围缝隙用聚合物水泥浆嵌填密实。此外,管箍宜用不小于 3mm 厚、20mm 宽的扁铁制作,并要做好防锈处理 4)应选用有生产许可证且材质合格的无缝管、镀锌管或用镀锌铁板制成的水落管,严禁使用已淘汰的玻璃钢水落管。凡水落管进场后,还要抽样检测和试水,合格后方可安装使用 5)高跨屋面水落管的雨水流向低层屋面时,应在低层屋面的排水口处加设钢筋混凝土簸箕,如图 8-22 所示
治理方法	1)如为水落口杯与防水层处理不好,应先将水落口杯处的防水层揭开,在水落口杯四周用密封材料嵌填严密,然后再用柔性防水卷材或防水涂料铺至水落口杯内 50mm,如图 8-23 所示 2)如采用劣质水落管或已锈蚀、腐烂的铁皮水落管,则应将其拆下,重新更换新的优质水落管。如管箍已经松动或损坏,则应重新安装新的管箍,并固定牢靠。新更换的水落管,必须与外墙之间留出不少于 20mm 的间隙,接头的承插长度不应小于 40mm

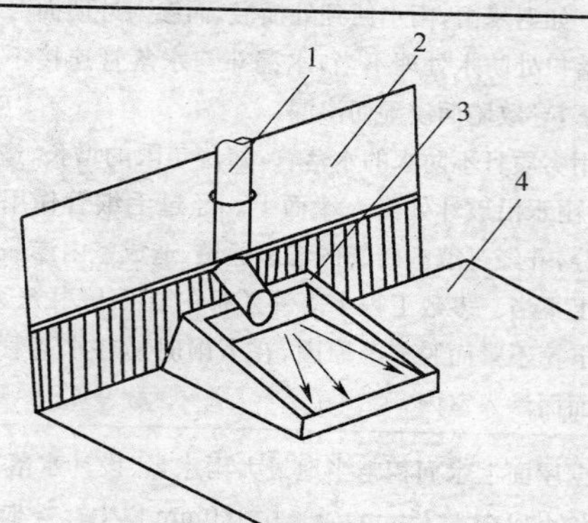

图 8-22　高低层的排水处理

1. 高跨排水管　2. 高跨墙体　3. 钢筋混凝土水簸箕　4. 低层屋面

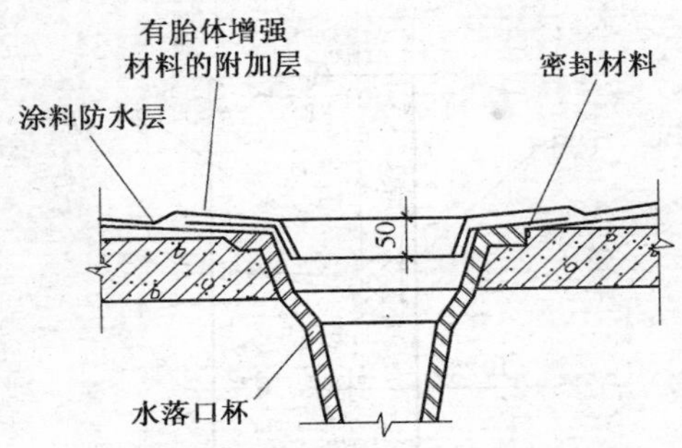

图 8-23　水落口接缝渗漏处理

技能要点 4:整体浇筑混凝土外墙渗漏

采用滑升模板、大模板的混凝土外墙,经过 1～2 年后,在墙上开口部位的周围,应力比较集中,是特别容易发生裂缝的地方。当裂缝宽度超过 1mm 时,雨水就会在风压、毛细管作用下,由裂缝处渗入室内,造成渗漏。其原因及治理方法见表 8-15。

表 8-15　整体浇筑混凝土外墙渗漏

项目	内　　容
原因分析	1)收缩裂缝:这是混凝土墙产生裂缝的主要原因 2)温度裂缝:常见的有两类,墙体自身温度的变化导致的裂缝及屋盖与墙体的温度差而引起的裂缝 3)外墙裂缝:地基不均匀沉降、风力、地震等影响,引起外墙裂缝
治理方法	1)环氧树脂封闭法:在裂缝宽度较小时使用。处理时用低压注入器向裂缝中注入环氧树脂,使裂缝封闭,修补后无明显的痕迹 2)凹槽密封法:在裂缝宽度较大时使用。处理时先沿裂缝位置凿开一条 U 形凹槽,深 10～15mm,宽 10mm,然后将槽内冲洗干净,涂刷基层处理剂,再用合成高分子密封材料嵌填密封,表面抹聚合物水泥砂浆,如图 8-24 所示 3)混合处理法:在裂缝部位注入环氧树脂,或用凹槽密封法处理完后,再沿处理部分(或全面)喷涂丙烯酸类防水涂膜,也可喷涂有机硅等憎水性材料

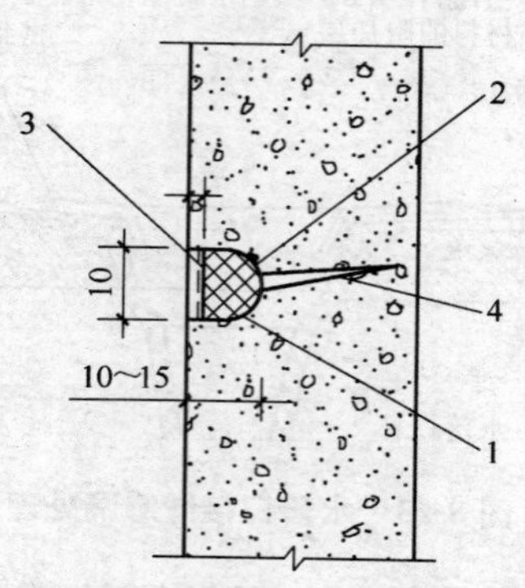

图 8-24 凹槽密封法

1. 基层处理剂 2. 密封材料 3. 聚合物水泥砂浆 4. 裂缝

技能要点 5:外墙饰面层渗漏

引起外墙饰面渗漏的原因、预防措施及治理方法见表 8-16。

表 8-16 引起外墙饰面渗漏的原因、防治方法及治理方法

项目	内容
原因分析	1)抹水泥砂浆类饰面层渗水的主要原因是基体不平,抹灰厚度厚薄不均;水泥砂浆和易性差,抹灰及勾缝一次成活,以及抹压时收水不均匀等。因此导致饰面层出现收缩不一、开裂甚至发生起壳、空鼓现象;雨水沿这些缺陷的缝隙渗入室内,造成渗漏 2)铺贴各种面砖的饰面层渗漏的主要原因是面砖质地酥松,吸水率偏高;贴上墙面后由于雨水冲刷和冻融交替,引起面砖开裂、脱落,雨水沿这些部位渗入墙内造成渗漏 3)贴面砖的饰面层,施工时勾缝不严,雨水从缝隙中进入饰面块材底部的墙面,经冻胀使块材脱落,此时墙面稍有细缝,水即沿缝渗入室内
防治方法	1)抹灰之前应将基层表面清理干净,对空头缝应用水泥砂浆垫补,勾缝应嵌灰密实,勾压平整,粘结牢固。对砖砌体中缺陷和孔洞,宜先用 108 胶水泥素浆(1∶4)涂刷一道,再用 1∶3 水泥砂浆分层嵌压平整

续表 8-16

项目	内　容
防治方法	2)饰面抹灰层应分层进行，严禁一次成活或厚薄不匀，并应在水泥初凝前收水时用力抹实压光，防止抹灰砂浆收缩不一致而出现龟裂 3)为防止雨水爬墙，宜在墙身凸出腰线和泛水檐口或窗口上楣均应做成鹰嘴，或滴水线槽，如图 8-25、图 8-26 所示 4)对不同基体材料交接处应铺钉钢丝网，防止因两种材料膨胀和导热系数不一致，而产生温度裂缝 5)基层抹灰前，应使砖砌体充分浇水湿润；如为加气混凝土底层，则应提前 1 天浇水湿透。而使用的抹灰砂浆，宜掺加适量的外加剂(如加气剂、塑化剂等)，使砂浆保持有较好的和易性和保水性 6)外墙饰面层如贴面砖时，其接缝材料及配合比见表 8-17。另外，要保证接缝部位的勾缝质量，做到灰缝均匀，挤压有度，嵌填密实，饰面整洁 7)混凝土外墙用水泥砂浆粘贴面砖时，必须设置温度伸缩缝(或称分格缝)，间距宜为 4m，以解决温度伸缩和干燥收缩问题；如墙上设有诱导缝(又称诱发缝)，伸缩缝应与诱导缝重合。另外，外墙饰面层的伸缩缝和接缝部位，均应加强浇水养护 8)为防止石板块材饰面接缝处浸水后出现的析碱与块材变色问题，必须在石板块材的接缝处采取有效的防水措施，最好的办法是采用嵌填聚硫或硅酮系列的高、中档密封材料
治理方法	1)对于由孔洞引起的外墙渗漏，一般采用防水砂浆分层堵塞的方法，并用与外墙色彩一致的丙烯酸建筑密封膏嵌平 2)对于大于 1mm 的裂缝要先进行扩缝处理。先将裂缝处凿成 10mm×10mm 的 U 形槽，用防水砂浆嵌填或直接用丙烯酸建筑密封膏嵌填，然后再选择与原饰面材料相同的色彩材料粉饰。对于小于 1mm 的裂缝，可直接用彩色聚氨酯涂料涂刷两遍，也可采用丙烯酸涂料、有机硅涂料 3)对于已局部空鼓的外墙面，要将空鼓部分凿去。重新抹面并涂刷或粘贴与原饰面相同的材料，并使色彩保持一致 4)对于大面积渗漏，应先处理裂缝、孔洞、饰面砖砖缝，然后再根据原饰面材料的品种和色彩，选择不同的处理方案，具体方法见表 8-18

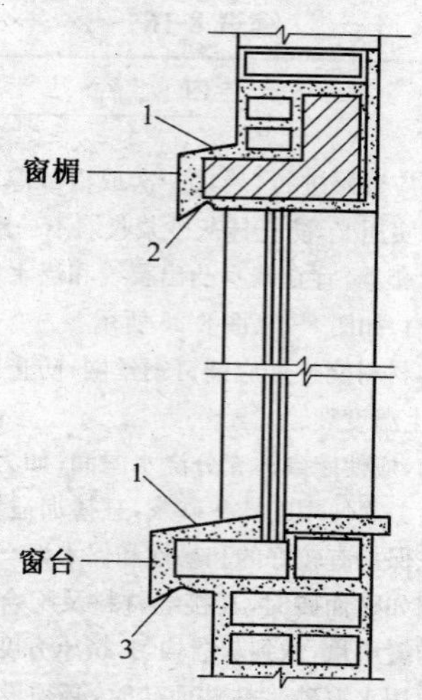

图 8-25　窗楣、窗台流水坡度及滴水线(槽)

1. 流水坡度　2. 滴水槽　3. 滴水线

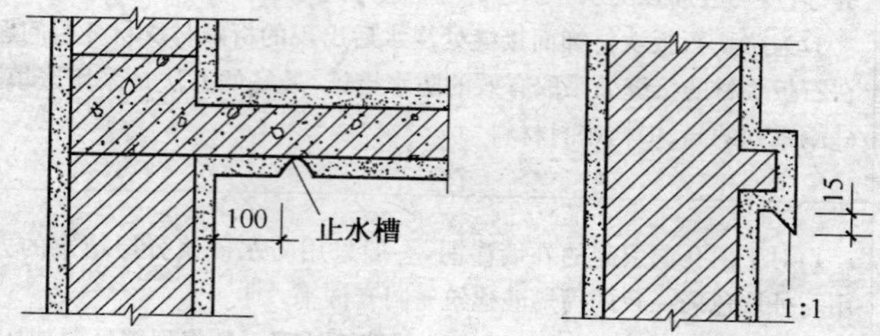

图 8-26　止水槽、凸出墙面腰线滴水线

表 8-17　接缝砂浆配合比(重量计)

缝宽(mm)	水泥	细骨料	外加剂
＜5	1	1.0～1.05	适量
5～10	1	1.0～1.5	适量
＞10	1	1.15～2	适量

表 8-18 大面积外墙渗漏治理方法

序号	原饰面材料	治理方法及材料	用量(kg/m^2)
1	水泥砂浆	涂刷有机硅水	0.5
		硅水、白水泥、聚乙烯醇制成防水浆液	1
		防水性能好的中档外墙涂料	1
2	外墙涂料	涂刷有机硅水	0.5
		重新涂刷中档外墙涂料	1
3	水刷石、干粘石 无釉外墙面砖 釉面砖 玻璃锦砖	涂刷有机硅水	0.5
		先用防水砂浆勾缝再喷涂硅水	0.5
		用防水砂浆勾缝处理	—
		用有机硅水喷涂	0.5

第五节 构筑物防水施工质量问题与防治

本节导读：

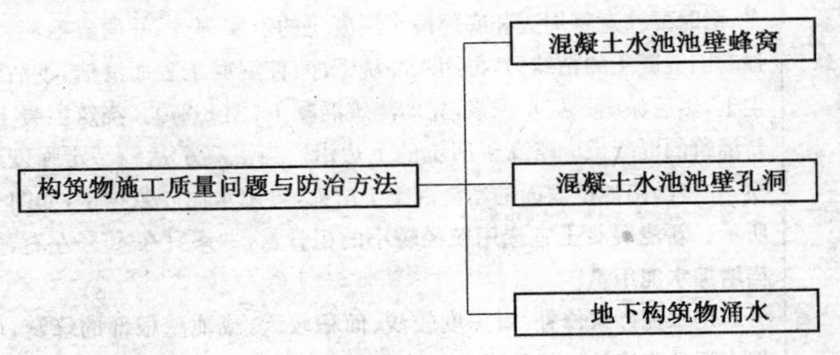

技能要点 1:混凝土水池池壁蜂窝

水池浇筑混凝土池壁最容易发生混凝土蜂窝现象，一般在池壁混凝土拆模后就可以发现。这种混凝土施工缺陷常出现在池壁和底板连接的部位、各种穿壁管道和预埋件的下部以及钢筋较密的地方。在出现蜂窝的部位，会露出明显的石子，以及石子之间无水泥砂浆填充的空隙，蜂窝的面积有大有小，深度深浅不一。作为水池的池壁如果出现严重的蜂窝，必须进行修补后方可使用。引起混凝土水池池壁蜂窝的主要原因、处理方法见表 8-19。

表 8-19　引起混凝土水池池壁蜂窝的原因、处理方法

项目	内　容
原因分析	1)池壁较薄，钢筋较密，施工操作不认真，振捣不密实 2)浇筑时混凝土坍落度过小，流动性差 3)池底和池壁接头时，新旧混凝土接槎不好，槎口未清洗干净或未事先铺垫一层同强度等级的水泥砂浆 4)池壁浇筑时施工组织不合理，每层高度的浇筑时间间隔过长，尤其是盛夏季节施工，混凝土凝结过快，先浇筑的混凝土已开始凝固，在后浇混凝土时受到阻滞而造成施工缺陷 5)池壁混凝土中的砂率过小 6)池壁模板安装质量低劣，拼缝过大，混凝土振捣时出现跑浆而又未及时处理
处理方法	1)用混凝土修补：如果蜂窝在池壁表面一定深度范围内，且蜂窝面积不大时，可用混凝土进行修补。处理时，应先将蜂窝处的松散混凝土凿去，凿时要注意将周边和底部凿至混凝土的密实部分，并凿成毛茬，以增强新旧混凝土的粘结力，再用水冲洗干净，使混凝土表面清洁，不沾浮灰尘土，然后涂刷一层水泥浆，立即浇筑混凝土(图 8-27)。浇筑混凝土时，新浇筑的混凝土应略高于凹坑的上边沿。当混凝土达到一定强度后拆模，并将凸出池壁表面的新浇混凝土凿去，再用水泥砂浆抹平，如图 8-28 所示。新浇混凝土宜选用粒径较小的粗骨料，砂率宜在 45%左右，并适当增加水泥用量 2)用水泥砂浆修补：对深度较浅、面积较大，或池壁根部的蜂窝，可采用水泥砂浆修补。修补时先将蜂窝处松散的混凝土凿去，冲洗干净，刷素水泥浆一道，然后用水泥砂浆填实修补，如图 8-29 所示。水泥砂浆的水灰比应尽可能小，以减少干缩，砂浆的稠度应视具体情况而定，水泥砂浆的配合比可采用水泥：砂＝1：2.5，并可掺入一定量的膨胀剂或促凝剂，如掺入苯乙烯丁二烯乳液，以增加与基层的粘结，并有助于减少透水

续表 8-19

项目	内　容
处理方法	性和收缩。对于水池修补砂浆中的外加剂，必须选用浸水后无毒的品种，以免将水污染。如蜂窝的面积较大，且深度较深时，应用水泥素浆和水泥砂浆分层交替抹压修补，如图 8-30 所示。当蜂窝深度较浅，但面积很大时可采用压缩空气进行喷涂修补 3)干硬砂浆捣实法：当蜂窝面积小但深度较深时，可采用干硬水泥砂浆捣实法处理。处理前，先将酥松的混凝土或浮石剔除，用水冲洗干净，在剔凿好的孔穴中刷一道素水泥浆，然后将干硬砂浆捏成与孔穴大小相适应的砂浆团塞入孔穴中，用木棒、铁锤等进行敲击捣实，外部再用防水砂浆抹平，终凝后浇水养护，如图 8-31 所示 所使用的干硬砂浆的配合比为水泥：砂子＝1：2，将水泥、砂子干拌均匀后适量加水拌制成干硬水泥砂浆（松散状态，手捏成团），可在砂浆中掺入适量的膨胀、防水、促凝等外加剂

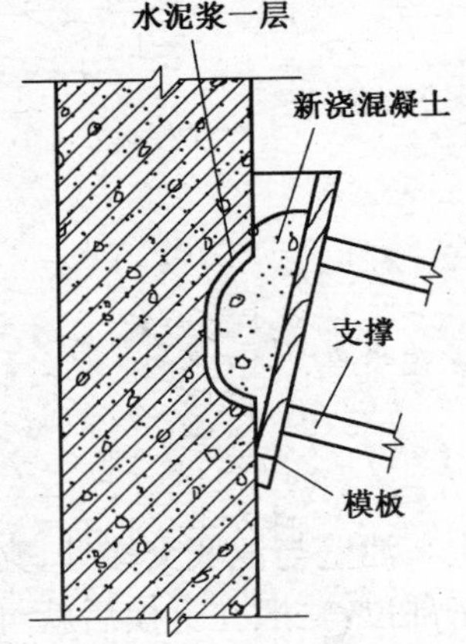

图 8-27　蜂窝用混凝土修补

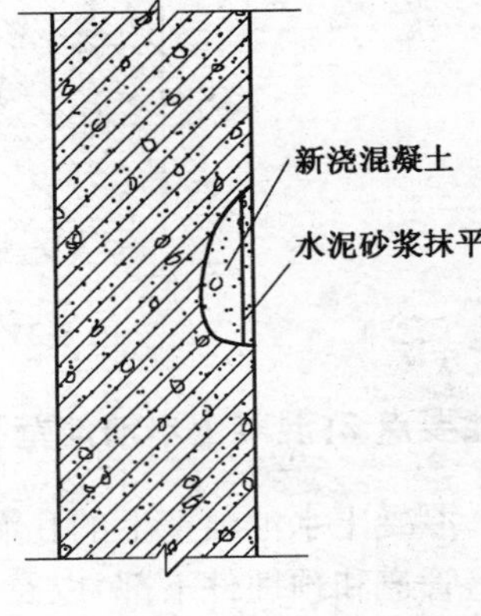

图 8-28　蜂窝用混凝土修补完成

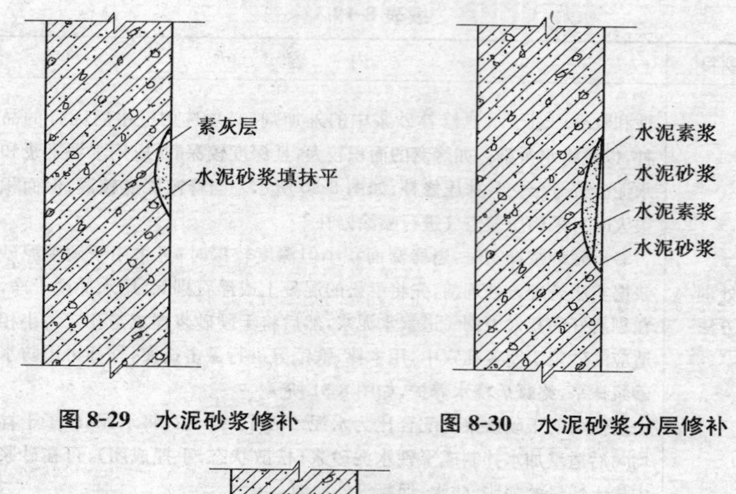

图 8-29　水泥砂浆修补　　　　图 8-30　水泥砂浆分层修补

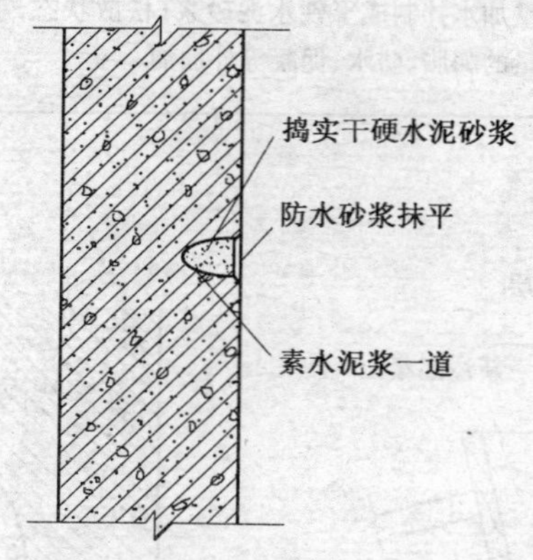

图 8-31　干硬砂浆捣实

技能要点 2:混凝土水池池壁孔洞

混凝土水池池壁上的孔洞,多发生在池壁与池底交接处、穿过池壁管道和预埋件下部,以及钢筋较密部位,一般在拆模后就可发现。在池壁上出现整块没有混凝土的对穿孔洞,对水池质量影响甚大,必须认真进行处理。引起混凝土水池池壁孔洞的主要原因、处理方法见表 8-20。

表 8-20　引起混凝土水池池壁孔洞的原因、处理方法

项目	内　容
原因分析	混凝土水池池壁出现孔洞的原因与出现蜂窝的原因相同
处理方法	1)采用掺硅水的混凝土修补水池孔洞，效果较好。修补前，将孔洞四周松散不实的混凝土、浮石用凿子剔除，直至坚实的部分，并修凿成外小里大的漏斗形，用钢丝刷清理创面，清水冲洗干净，将钢筋复位 2)堵塞孔洞用的防水混凝土系在混凝土中加入硅水，可以起到分散应力，防止应力集中，以改善混凝土内部界面效应，增强了混凝土的塑化性，使混凝土的抗渗、抗拉、耐久性得到改善。施工时先配成硅水，其配合比见表 8-21 3)在防水混凝土中水泥与硅水的配合比为 1∶0.5。施工时先按石子、水泥、砂的顺序倒入料斗干搅拌 0.5～1min，然后加入硅水继续搅拌 3min 4)填补孔洞时，先在孔洞四周边沿涂刷一道水泥浆，然后连续浇筑防水混凝土，修补时竖向分层厚度以 20～30cm 为宜，用振捣器振实，如孔洞面积较小时，可用人工插捣密实。浇水养护 14 天。必要时还可在表面抹一层掺硅水的防水水泥砂浆

表 8-21　硅水配合比例

项　目	有机硅防水剂	水
重量比	1	7～9
体积比	1	9～11

技能要点 3:地下构筑物涌水

地下构筑物种类很多，如地下人防工程、地下沟道、竖井等，这些地下构筑物一般在地下埋设较深，均为混凝土壁，要求内部不能漏水。但是在使用过程中，由于地下水压力很大，地下人防工程、地下沟道、竖井等构筑物经常出现防水失效，甚至涌水、喷射等问题，严重影响了正常使用。引起地下构筑物涌水的主要原因、处理方法见表 8-22。

表 8-22 引起地下构筑物涌水的原因、处理方法

项目	内 容
原因分析	1)地下水位发生变化,地下水的压力增大 2)混凝土墙壁施工质量不好,内部不密实,有较严重的蜂窝、狗洞,施工时又未进行有效的处理 3)混凝土接头部位处理不好,施工操作不认真,止水带受到损坏 4)构筑物不均匀下沉,造成壁部开裂,成为涌水的通路 5)对于较长的地下构筑物,由于季节性温差,引起巨大温度应力,导致混凝土裂缝
处理方法	1)901 速效堵漏剂处理:将 901 速效堵漏剂加少许水拌和成塑性状态,待其表面开始收水发干,表面光泽消失,塑性减小,手触有微热感时,迅速用手将砂浆抓起,捏成条状或球状,立即压入漏水孔洞或裂缝中,并用手向四周挤压,然后按住已塞好堵漏剂的部位,并保持 1min,待堵漏剂基本凝结硬化,即可将手拿开,表面覆盖,保持湿润 3 天 2)水溶性聚氨酯注浆材料堵漏:一般裂缝的堵漏做法是先进行基层处理,沿裂缝凿出一条深 70mm、宽 50mm 的沟槽,并将两侧剁毛。然后在缝中埋 14mm 的 PVC 空心软管,再用速凝胶泥搓成条封缝,用手指压挤密实,待胶泥刚要凝固时,慢慢向前方抽动软管,形成封闭圆孔,用 10mmPVC 软管留出注浆口。封缝完后用防水砂浆抹面,湿润养护 7 天后,就可以进行注浆。注浆前,用有颜色的水进行压水试验,检查有无渗漏,并为控制注浆压力及注浆量提供数据,然后用手揿压注浆泵,从一端向另一端隔孔压浆,注浆压力控制在 0.3～0.5MPa,在渗漏部分压浆时,要频繁压、停,使浆液与水对峙,待浆液部分凝固后再加压,当注浆压力达 0.5MPa 时,即停止注浆,拔出注浆管,24h 后拔出 PVC 软管,用速凝胶泥封堵

第九章　防水工程质量控制

第一节　施工质量控制要求

本节导读：

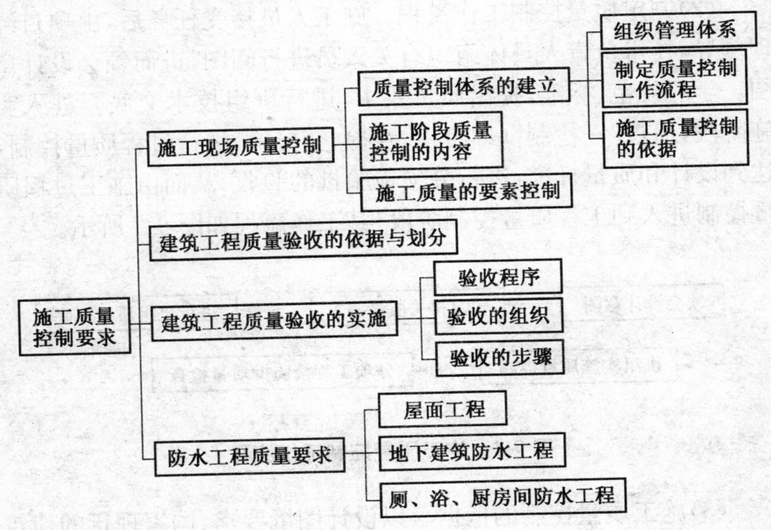

技能要点 1：施工现场质量控制

1. 质量控制体系的建立

(1)组织管理体系。施工企业的项目经理部是质量控制体系组织管理的实施部门，健全质量管理体系是保证工程质量的基础。

项目部质量管理组织体系如图 9-1 所示。

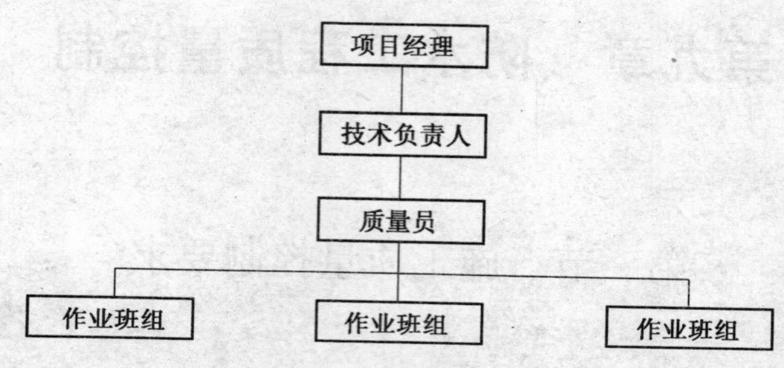

图 9-1　项目部质量管理组织体系

(2)制定质量控制工作流程。施工人员接受任务后,由项目经理领导,技术负责人具体组织有关人员进行阅图,进而领会设计意图。学习规范、标准,提出质量要求,进行班组技术交底。进入实施阶段,通过“三检制”(即自检、互检、交接检)进行过程质量控制,达到设计和质量标准,进行分项检验批的验收,从而由施工过程质量控制进入到工程质量控制阶段,其工作流程如图 9-2 所示。

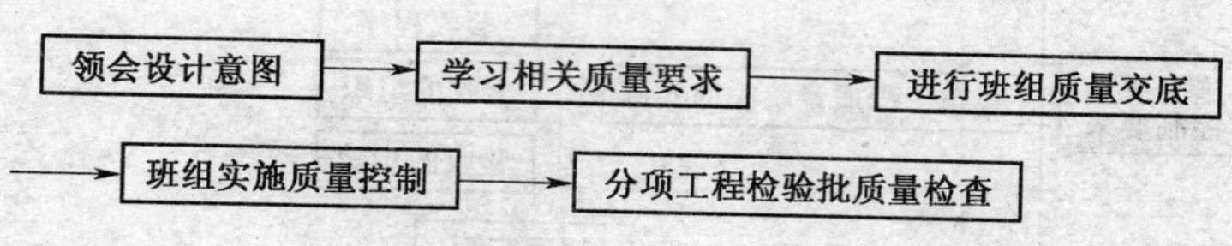

图 9-2　施工质量控制工作流程

(3)施工质量控制的依据。以设计图纸要求、国家现行的建筑工程施工质量验收规范以及行业标准、地方标准、企业内部标准为依据,建立与制定施工质量控制要求和标准,作为施工质量控制的依据,具体内容如下:

1)制定或明确施工中的材料、施工工艺、最终产品的功能和质量指标都符合设计图纸、相关质量验收规范和合同明确要求的标准。

2)在图纸和规范的基础上进一步细化质量要求、施工方法和程序、工艺操作要点、试验和检查办法等内容,便于班组实施。

3)对容易出现的质量问题,提出质量防控措施,减少出现质量问题的几率和次数。

4)采用出厂合格证、检验报告、现场试验报告的方法,来控制原材料、设备、构配件、半成品的质量,不合格的材料严禁使用在工程上。

5)完善企业施工工艺标准,明确班组质量验收工作流程。

6)完成分项工程的验收基础工作,配合分项工程验收,使每项工程质量达到国家规范标准。

2. 施工阶段质量控制的内容

施工阶段质量控制一般按工程的进展阶段进行分解控制,如图 9-3 所示。

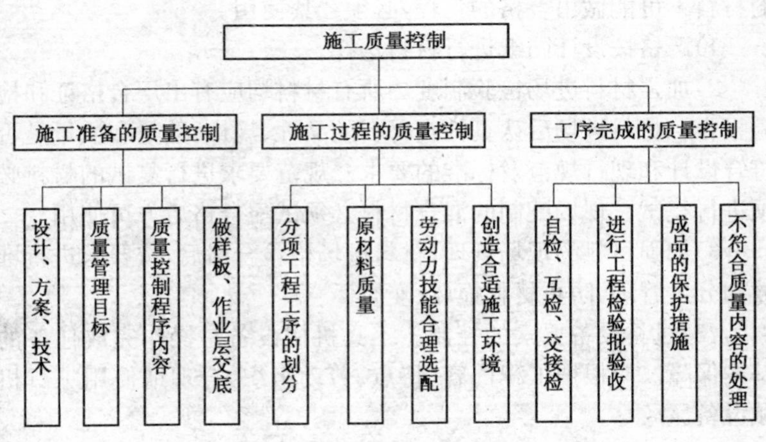

图 9-3　施工阶段质量控制内容

3. 施工质量的要素控制

影响施工质量的因素很多,从全面质量管理的角度归纳起来主要有人、材料、机械、环境和工艺方法五大要素。严格对要素控制，是确保施工质量的关键。

(1)人的要素控制。人的因素是五大要素的关键。必须对直接参与施工的指挥者、组织者，特别是操作者进行控制，调动其主观能动性，发挥个人特长，避免人为失误，从而保证施工质量。

1)根据工程特点，合理使用人力，做好技术搭配，量才而用，扬长避短。

2)加强思想教育，提高职工重视质量的自觉性和责任心。

3)进行技术培训学习，提高操作人员的技能水平。

4)建立自检、互检、交接检的检查制度，各工位质量落实到具体操作人，悬挂工位标牌，完成后在实物上盖验收专用章或记录在案。

5)将施工质量与效益挂钩，做到奖罚分明。

(2)材料要素的控制。材料是工程施工的物质基础。不合格的材料不可能做出合格的工程，必须严禁使用。

1)严格按设计图纸进行材料选择。

2)加强材料进场检验制度。所有材料均应有出厂合格证和检验报告。材料进场后认真检查材料的品种、规格、数量和质量是否符合设计和现行规范及标准的要求。规范要求进行复试的材料必须进行复试。现场配制的混合材料必须试配合格后方可使用。

3)加强材料的现场管理，材料进场检验合格后，按要求进行堆放和分发管理，防止材料损坏、变质。

(3)机具设备要素的控制。工具机械设备是操作完成任务的基本保障。应根据工程内容、特点、劳动组织，合理地使用工具机械设备。

1)按工艺要求来选择机具类型和型号。

2)按进度、劳动组合配备机具的数量和使用时间。

3)严格按各种机具的操作规程进行操作。

4)健全施工机具管理制度，定期进行维修保养，保证机具完好满足使用要求。

(4)环境要素的控制。环境要素对施工质量有不同的影响，施工时要创造一个保证质量要求的作业环境。

1)温度与湿度的控制。根据工程项目，施工时，控制施工现场的温度和湿度，努力创造一个良好的施工环境。

2)特殊气候条件的控制。做好炎热、严寒、雨季等条件下施工的质量控制工作。

3)现场工作面、工序安排应利于施工质量和产品保护。

(5)施工工艺要素的控制。在各种不同的工艺方法中，从施工内容、现场条件、技术、经济、组织等全方位分析，选择较为适合的施工工艺方案或工艺方法，达到技术上可行、经济上合理、质量上保证的目标。

技能要点2：建筑工程质量验收的依据与划分

1. 建筑工程质量验收的依据

(1)建筑设计图纸要求。

(2)国家现行《建筑工程施工质量验收统一标准》(GB 50300—2001)和相关的分部工程施工质量验收规划。

(3)各种专业、地方、企业制定的规程、标准等。

(4)合同约定的具体要求，审核报批的技术方案和协商文件等。

2. 建筑工程质量验收的划分

建筑工程质量验收通常按建筑物、构筑物及室外单位工程为单位进行细分组织验收。具体如下：

(1)建筑工程质量验收应划分为单位(子单位)工程、分部(子分部)工程、分项工程和检验批。

(2)单位工程的划分应按下列原则确定：

1)具备独立施工条件并能形成独立使用功能的建筑物及构筑物为一个单位工程。

2)建筑规模较大的单位工程，可将其能形成独立使用功能的部分为一个子单位工程。

在施工前由建设、设计、监理、施工单位商定，是否划分成子单位工程进行组织施工和验收。

(3)分部工程的划分应按下列原则确定：

1)分部工程的划分应按专业性质、建筑部位确定。

2)当分部工程较大或较复杂时，可按材料种类、施工特点、施工程序、专业系统及类别等划分为若干子分部工程。

建筑结构按主要部位划分为地基与基础、主体结构、装饰装修及屋面四个分部。

建筑设备安装工程按专业划分为建筑给排水及采暖工程、建筑电气安装工程、智能建筑工程、通风与空调工程、电梯安装工程五个分部工程。

防水工主要完成的工作为地下防水及屋面防水分部。

(4)分项工程应按主要工种、材料、施工工艺、设备类别等进行划分。

分项工程的划分，已在《建筑工程施工质量验收统一标准》(GB 50300—2001)全部列出。

分项工程是一个比较系统的概念，真正进行质量验收的并不是一个分项工程的全部，而是其中的一部分，也就是检验批。因此，分项工程的划分，实质上是检验批的划分。在施工组织设计和施工验收前预先进行划分，使检验批的划分和验收更加规范化，可操作性强。

单位(子单位)工程、分部(子分部)工程、分项工程的划分列于表 9-1 中。

表 9-1　地基与基础工程(部分)、屋面工程所属单位、分部、分项工程划分表

分部工程	子分部工程	分项工程
地基与基础工程(部分)	地下防水	防水混凝土，水泥砂浆防水层，卷材防水层，涂料防水层，金属板防水层，塑料防水层，细部构造

续表 9-1

分部工程	子分部工程	分项工程
屋面工程	卷材防水屋面	保温层,找平层,卷材防水层;细部构造
	涂膜防水屋面	保温层,找平层,涂膜防水层;细部构造
	刚性防水屋面	细石混凝土防水层,密封材料嵌缝,细部构造
	瓦屋面	平瓦屋面,油毡瓦屋面,金属板材屋面,细部构造
	隔热屋面	架空屋面,蓄水屋面,种植屋面

(5)分项工程可由一个或若干检验批组成,检验批可根据施工及质量控制和专业验收需要按楼层、施工段、变形缝等进行划分。

分项工程划分成检验批进行验收,要有利于质量控制,取得较完整的技术数据;要防止造成分项工程的大小过于悬殊。抽样方法的不规范,将影响质量验收结果的代表性、可比性。检验批的划分原则如下:

1)原材料、构配件、设备按批量划分。

2)施工按各工种、专业的楼层、施工段变形缝划分。

3)每个分项工程可以划分为 1～n 个检验批。

4)有不同层地下室的按不同层划分。

5)同一层按变形缝、区段划分。

6)小型工程一般按楼层划分。

7)安装工程按系统、组别工分。

8)划分应便于质量控制和验收。

检验批的质量检验,应根据检验项目的特点在下列抽样方案中进行选择:

1)计量、计数或计量计数方案。

2)一次、二次或多次抽样方案。

3)根据生产连续性和生产控制稳定性情况,尚可采用调整型抽样方案。

4)对重要的检验项目尚可采用简易快速的检验方法时,可选用全数检验方案。

5)经实践检验有效的抽样方案。

防水工等专业工种施工验收时,根据划分原则选择检验批抽样方案,并包含代表该项目的施工范围。

技能要点3:建筑工程质量验收的实施

1. 国家标准中的验收程序与组织

(1)验收程序。为了方便工程的质量管理,根据工程特点,把工程划分为检验批、分项、分部(子分部)和单位(子单位)工程。验收的顺序首先验收检验批,或者是分项工程质量验收,再验收分部(子分部)工程,最后验收单位(子单位)工程的质量。

对检验批、分项工程、分部(子分部)和单位(子单位)工程的质量验收,都是先由施工企业检查评定后,再由监理或建设单位进行验收。

(2)验收的组织。标准规定,检验批、分项工程、分部(子分部)和单位(子单位)工程分别由监理工程师或建设单位的项目技术负责人、总监理工程师或建设单位项目技术负责人负责组织验收。检验批、分项工程由监理工程师、建设单位项目技术负责人组织施工单位的项目专业技术负责人等进行验收。分部工程、子分部工程由总监理工程师、建设单位项目负责人组织施工单位项目负责人(项目经理)和技术、质量负责人及勘察、设计单位工程项目负责人参加验收,这是符合当前多数企业的实际情况的,这样做也突出了分部(子分部)工程的重要性。

至于一些有特殊要求的建筑设备安装工程,以及一些使用新技术、新结构的项目,应按设计和主管部门要求,组织有关人员进行验收。

(3)各项验收程序关系对照表见表9-2。

表 9-2　各项验收程序关系对照表

验收表的名称	质量自检人员	质量检查评定人员		质量验收人员
		验收组织人	参加验收人员	
施工现场质量管理检查记录表	项目经理	项目经理	项目技术负责人、分包单位负责人	总监理工程师
检验批质量验收记录表	班组长	项目专业质量检查员	班组长、分包项目技术负责人、项目技术负责人	监理工程师（建设单位项目专业技术负责人）
分项工程质量验收记录表	班组长	项目专业技术负责人	班组长、项目技术负责人、分包项目技术负责人、项目专业质量检查员	总监理工程师（建设单位项目专业技术负责人）
分部、子分部工程质量验收记录表	项目经理、分包单位项目经理	项目经理	项目技术负责人、分包项目技术负责人、勘察设计单位项目负责人、建设单位项目专业负责人	总监理工程师（建设单位项目专业技术负责人）
单位、子单位工程质量竣工验收记录	项目经理	项目经理或施工单位负责人	项目经理、分包单位项目经理、设计单位项目负责人、企业技术和质量部门	总监理工程师（建设单位项目专业技术负责人）
单位、子单位工程质量控制资料核查记录表	项目技术负责人	项目经理	分包单位项目经理、监理工程师项目负责人、企业技术和质量部门	总监理工程师（建设单位项目专业技术负责人）
单位、子单位工程安全和功能检验资料核查及主要功能抽查记录表	项目技术负责人	项目经理	分包单位项目经理、经理技术负责人、监理工程师、企业技术和质量部门	总监理工程师（建设单位项目专业技术负责人）

续表 9-2

验收表的名称	质量自检人员	质量检查评定人员		质量验收人员
		验收组织人	参加验收人员	
单位、子单位工程观感质量检查记录表	项目技术负责人	项目经理	分包单位项目经理、经理技术负责人、监理工程师、企业技术和质量部门	总监理工程师（建设单位项目专业技术负责人）

2. 施工质量验收的步骤

(1)施工单位按分项操作工艺进行班组过程自检验收。

(2)施工单位及监理（建设）单位按分项工程内容划分成检验批进行结果、结论验收。

(3)汇总分项工程和检验批进行分项验收。

(4)汇总分项工程和检验批数量，质量控制资料、安全和功能检验（检测）报告、观感质量验收，进行分部（子分部）工程验收。

(5)进行单位（子单位）工程质量控制资料核查；单位（子单位）工程安全和功能检验资料核查及主要功能抽查；单位（子单位）工程质量观感检查，并汇总分部（子分部）工程验收记录得出单位（子单位）工程综合验收结论，完成单位（子单位）工程质量竣工验收记录。

(6)有室外工程时，按室外工程划分内容，与单位（子单位）工程质量竣工验收并列完成验收。

3. 建筑工程质量验收

建筑工程施工质量验收应满足表 9-3 的规定。

表 9-3　建筑工程施工质量验收

序号	项目	内　容
1	检验批合格质量应符合的规定	1)主控项目和一般项目的质量经抽样检验合格 2)具有完整的施工操作依据、质量检查记录
2	分项工程质量验收合格应符合的规定	1)分项工程所含的检验批均应符合合格质量的规定 2)分项工程所含的检验批的质量验收记录应完整

续表 9-3

序号	项目	内　容
3	分部(子分部)工程质量验收合格应符合的规定	1)分部(子分部)工程所含分项工程的质量均应验收合格 2)质量控制资料应完整 3)地基与基础、主体结构和设备安装等分部工程有关安全及功能的检验和抽样检测结果应符合有关规定 4)观感质量验收应符合要求
4	单位(子单位)工程质量验收合格应符合的规定	1)单位(子单位)工程所含分部(子分部)工程的质量均应验收合格 2)质量控制资料应完整 3)单位(子单位)工程所含分部工程有关安全功能的检测资料应完整 4)主要功能项目的抽查结果应符合相关专业质量验收规范的规定 5)观感质量验收应符合要求 6)单位(子单位)工程质量验收,质量控制资料核查,安全和功能检验资料核查及主要功能抽查记录,观感质量检查施工质量验收统一标准中均有表样
5	各验收层次工程质量不符合要求时的处理规定	1)经返工重做或更换器具、设备的检验批,应重新进行验收 2)经有资质的检测单位检测鉴定能够达到设计要求的检验批,应予以验收 3)经有资质的检测单位检测鉴定达不到设计要求,但经原设计单位核算认可能够满足结构安全和使用功能的检验批,可予以验收 4)经返修或加固处理的分项、分部工程,虽然改变外形尺寸但仍能满足安全使用要求,可按技术处理方案和协商文件进行验收 5)通过返修或加固处理仍不能满足安全使用要求的分部工程、单位(子单位)工程,严禁验收

技能要点4:防水工程质量要求

1. 屋面工程

(1)使用的材料应符合设计要求和质量标准的规定。

(2)找平层表面应平整,不得有酥松、起砂、起皮现象。

(3)保温层的厚度、含水率和保温材料的密度应符合设计要求。

(4)涂膜防水层的厚度应符合设计要求,涂层无裂纹、皱折、流淌、鼓泡和露胎体现象。

(5)刚性防水层表面应平整、压光,不起砂,不起皮,不开裂。分格缝应平直,位置正确。

(6)卷材铺贴方法和搭接顺序应符合设计要求,搭接宽度正确,接缝严密,不得有皱折、鼓泡和翘边现象。

(7)嵌缝密封材料应与两侧基层粘牢,密封部位光滑、平直,不得有开裂、鼓泡、下塌现象。

(8)油毡瓦的基层应牢固、平整,瓦片排列整齐、平直,搭接合理,接缝严密,不得有残缺瓦片。

(9)天沟、檐沟、泛水和变形缝等构造,应符合设计要求。

(10)防水层不得有渗漏或积水现象。

(11)检查屋面有无渗漏、积水和排水系统是否畅通,应在雨后或持续淋水2h后进行。有可能做蓄水检验的屋面,其蓄水时间不应少于24h。

2. 地下建筑防水工程

(1)防水混凝土的抗压强度和抗渗压力必须符合设计要求。

(2)防水混凝土应密实,表面应平整,不得有露筋、蜂窝等缺陷;裂缝宽度应符合设计要求。

(3)水泥砂浆防水层应密实、平整、粘结牢固,不得有空鼓、裂纹、起砂、麻面等缺陷;防水层厚度应符合设计要求。

(4)卷材接缝应粘结牢固、封闭严密，防水层不得有损伤、空鼓、皱折等缺陷。

(5)涂层应粘结牢固，不得有脱皮、流淌、鼓泡、露胎、皱折等缺陷；涂层厚度应符合设计要求。

(6)塑料板防水层应铺设牢固、平整，搭接焊缝严密，不得有焊穿、下垂、绷紧现象。

(7)金属板防水层焊缝不得有裂纹、未熔合、夹渣、焊瘤、咬边、烧穿、弧坑、针状气孔等缺陷；保护涂层应符合设计要求。

(8)变形缝、施工缝、后浇带、穿墙管道等防水构造应符合设计要求。

(9)排水工程的质量要求：排水系统不淤积、不堵塞，确保排水畅通；反滤层的砂、石粒径、含泥量和层次排列应符合设计要求；排水沟断面和坡度应符合设计要求。

(10)注浆工程的质量要求：注浆孔的间距、深度及数量应符合设计要求；注浆效果及地表沉降控制应符合设计要求。

(11)地下建筑防水工程总体质量应满足设计提出的使用功能要求；其渗漏水量应符合地下工程防水等级有关标准的规定。

3. 厕、浴、厨房间防水工程

(1)厕、浴、厨房间防水层完成后不得渗漏。

(2)排水坡度应符合设计要求，不积水，排水系统畅通，地漏顶应为地面最低处。

(3)设备接缝、固定螺栓及节点柔性密封应严密，粘结牢固。

(4)刚性防水层厚度应符合设计要求，表面平整，密实、光滑无砂眼。

(5)涂膜防水层厚度应符合设计要求，涂层不裂、不皱、不鼓泡。

4. 外墙防水工程

(1)外墙面、板缝、门窗口不得渗漏。

(2)墙面找平层砂浆配合比应符合设计要求和规定，防水层厚度和做法符合设计要求。

(3)门窗口周边密封严密,粘结牢固。

第二节　防水工程质量验收标准

本节导读:

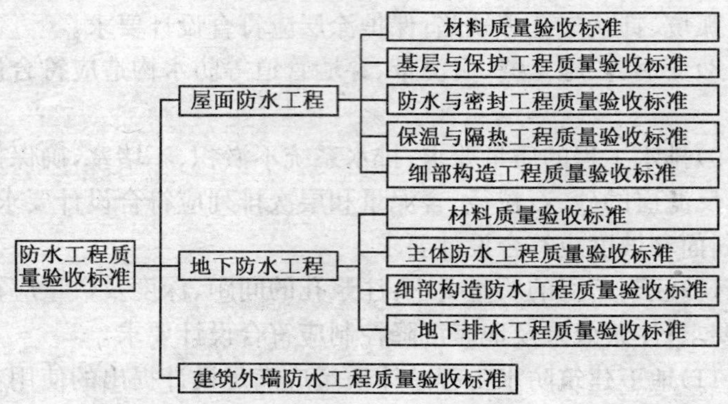

技能要点 1:屋面工程防水用材料质量验收标准

屋面防水材料进场检验项目应符合表 9-4 的规定。

表 9-4　屋面防水材料进场检验项目

序号	防水材料名称	现场抽样数量	外观质量检验	物理性能检验
1	高聚物改性沥青防水卷材	大于 1000 卷抽 5 卷、每 500～1000 卷抽 4 卷、100～499 卷抽 3 卷、100 卷以下抽 2 卷,进行规格尺寸和外观质量检验、在外观质量检验合格的卷材中,任取一卷做物理性能检验	表面平整,边缘整齐,无孔洞、缺边、裂口、胎基未浸透,矿物粒料粒度,每卷卷材的接头	可溶物含量、拉力、最大拉力时延伸率、耐热度、低温柔度、不透水性
2	合成高分子防水卷材		表面平整、边缘整齐、无气泡、裂纹、粘结疤痕、每卷卷材的接头	断裂拉伸强度、扯断伸长率、低温弯折性、不透水性

续表 9-4

序号	防水材料名称	现场抽样数量	外观质量检验	物理性能检验
3	高聚物改性沥青防水涂料	每10t为一批，不足10t按一批抽样	水乳型，无色差、凝胶、结块、明显沥青丝 溶剂型：黑色黏稠状，细腻，均匀胶状液体	固体含量、耐热性、低温柔性、不透水性、断裂伸长率或抗裂性
4	合成高分子防水涂料		反应固化型：均匀黏稠状、无凝胶、结块 挥发固化型：经搅拌后无结块，呈均匀状态	固体含量、拉伸强度、断裂伸长率、低温柔性、不透水性
5	聚合物水泥防水涂料		液体组分：无杂质、无凝胶的均匀乳液 固体组分：无杂质、无结块的粉末	固体含量、拉伸强度、断裂伸长率、低温柔性、不透水性
6	胎体增强材料	每 $3000m^2$ 为一批，不足 $3000m^2$ 的按一批抽样	表面平整，边缘整齐，无折痕、无孔洞、无污迹	拉力、延伸率
7	沥青基防水卷材用基层处理剂	每5t产品为一批，不足5t的按一批抽样	均匀液体，无结块、无凝胶	固体含量、耐热性、低温柔性、剥离强度
8	高分子胶粘剂		均匀液体，无杂质、无分散颗粒或凝胶	剥离强度、浸水168h后的剥离强度保持率
9	改性沥青胶粘剂		均匀液体，无结块、无凝胶	剥离强度
10	合成橡胶胶粘带	每1000m为一批，不足1000m的按一批抽样	表面平整，无固块、杂物、孔洞、外伤及色差	剥离强度、浸水168h后的剥离强度保持率

续表 9-4

序号	防水材料名称	现场抽样数量	外观质量检验	物理性能检验
11	改性石油沥青密封材料	每1t产品为一批,不足1t的按一批抽样	黑色均匀膏状,无结块和未浸透的填料	耐热性、低温柔性、拉伸粘结性、施工度
12	合成高分子密封材料		均匀膏状物或黏稠液体,无结皮、凝胶或不易分散的固体团状	拉伸模量、断裂伸长率、定伸粘结性
13	烧结瓦、混凝土瓦	同一批至少抽一次	边缘整齐,表面光滑,不得有分层、裂纹、露砂	抗渗性、抗冻性、吸水率
14	玻纤胎沥青瓦		边缘整齐,切槽清晰,厚薄均匀,表面无孔洞、硌伤、裂纹、皱折及起泡	可溶物含量、拉力、耐热度、柔度,不透水性、叠层剥离强度
15	彩色涂层钢板及钢带	同牌号、同规格、同镀层重量、同涂层厚度、同涂料种类和颜色为一批	钢板表面不应有气泡、缩孔、漏涂等缺陷	屈服强度、抗拉强度、断后伸长率、镀层重量、涂层厚度

技能要点 2:屋面防水基层与保护工程质量验收标准

适用于与屋面保温层、防水层相关的找坡层、找平层、隔气层、隔离层、保护层等分项工程的施工质量验收。

1. 主控项目

屋面防水基层与保护工程主控项目质量验收标准及检验方法见表 9-5。

表 9-5　主控项目质量验收标准及检验方法

序号	项目		质量标准	检验方法	检验数量
1	找坡层和找平层	材料控制	找坡层和找平层所用材料的质量及配合比,应符合设计要求	检查出厂合格证,质量检验报告和计量措施	按屋面面积每 $100m^2$ 抽查 1 处,每处应为 $10m^2$,且不得少于 3 处
		排水坡度	找坡层和找平层的排水坡度,应符合设计要求	坡度尺检查	
2	隔气层	材料控制	隔气层所用材料的质量,应符合设计要求	检查出厂合格证、质量检验报告和进厂检验报告	
		外观	隔气层不得有破损现象	观察检查	
3	隔离层	材料控制	隔离层所用材料的质量及配合比,应符合设计要求	检查出厂合格证和计量措施	
		外观	隔离层不得有破损和漏铺现象	观察检查	
4	保护层	材料控制	保护层所用材料的质量及配合比,应符合设计要求	检查出厂合格证,质量检验报告和计量措施	
		强度等级	块体材料、水泥砂浆或细石混凝土保护层的强度等级,应符合设计要求	检查块体材料、水泥砂浆或混凝土抗压强度试验报告	
		排水坡度	保护层的排水坡度,应符合设计要求	坡度尺检查	

2. 一般项目

屋面防水基层与保护工程一般项目质量验收标准及检验方法见表 9-6。

表 9-6　一般项目质量验收标准及检验方法

序号	项目		质量标准	检验方法	检验数量
1	找坡层和找平层	外观	找平层应抹平、压光，不得有酥松、起砂、起皮现象	观察检查	按屋面面积每 $100m^2$ 抽查 1 处，每处应为 $10m^2$，且不得少于 3 处
		交接处和转角处	卷材防水层的基层与突出屋面结构的交接处，以及基层的转角处，找平层应做成圆弧形，且应整齐平顺	观察检查	
		分隔缝	找平层分隔缝的宽度和间距，均应符合设计要求	观察和尺量检查	
		平整度	找坡层表面平整度的允许偏差为 7mm，找平层表面平整度的允许偏差为 5mm	2m 靠尺和塞尺检查	
2	隔气层	卷材隔气层	卷材隔气层应铺设平整，卷材搭接缝应粘结牢固，密封应严密，不得有扭曲、皱折和气泡等缺陷	观察检查	
		涂膜隔气层	涂膜隔气层应粘结牢固，表面平整，涂布均匀，不得有堆积、起泡和露底等缺陷	观察检查	
3	隔离层	铺设	塑料膜、土工布、卷材应铺设平整，其搭接宽度不应小于 50mm，不得有皱折	观察和尺量检查	
		外观	低强度等级砂浆表面应压实、平整，不得有起壳、起砂现象	观察检查	

续表 9-6

序号	项目		质量标准	检验方法	检验数量
4	保护层	块体材料保护层	块料材料保护层表面应干净，接缝应平整，周边应顺直，镶嵌应正确，应无空鼓现象	小锤轻击和观察检查	按屋面面积每 $100m^2$ 抽查 1 处，每处应为 $10m^2$，且不得少于 3 处
		水泥砂浆、细石混凝土保护层	水泥砂浆、细石混凝土保护层不得有裂纹、脱皮、麻面和起砂等现象	观察检查	
		浅色涂料与防水层	浅色涂料应与防水层粘结牢固，厚薄应均匀，不得漏涂	观察检查	
		允许偏差	保护层的允许偏差和检验方法应符合表 9-7 的规定		

表 9-7 保护层的允许偏差和检验方法

项目	允许偏差/mm			检验方法
	块体材料	水泥砂浆	细石混凝土	
表面平整度	4.0	4.0	5.0	2m 靠尺和塞尺检查
缝格平直	3.0	3.0	3.0	拉线和尺量检查
接缝高低差	1.5	—	—	直尺和塞尺检查
板块间隙宽度	2.0	—	—	尺量检查
保护层厚度	设计厚度的 10%，且不得大于 5mm			钢针插入和尺量检查

技能要点 3：屋面防水与密封工程质量验收标准

适用于卷材防水层、涂膜防水层、符合防水层和接缝密封防水等分项工程的施工质量验收。

1. 主控项目

屋面防水与密封工程主控项目质量验收标准及检验方法见表9-8。

表 9-8 主控项目质量验收标准与检验方法

序号	项目		质量标准	检验方法	检验数量
1	卷材防水层	材料控制	防水卷材及其配套材料的质量，应符合设计要求	检查出厂合格证、质量检验报告和进场检验报告	按屋面面积每 $100m^2$ 抽查 1 处，每处应为 $10m^2$，且不得少于 3 处
		渗漏及积水	卷材防水层不得有渗漏和积水现象	雨后观察或淋水、蓄水试验	
		防水构造	卷材防水层在檐口、檐沟、天沟、水落口、泛水、变形缝和伸出屋面管道的防水构造，应符合设计要求	观察检查	
2	涂膜防水层	材料控制	防水涂料和胎体增强材料的质量，应符合设计要求	检查出厂合格证、质量检验报告和进场检验报告	
		渗漏及积水	涂膜防水层不得有渗漏和积水现象	雨后观察或淋水、蓄水试验	
		防水构造	涂膜防水层在檐口、檐沟、天沟、水落口、泛水、变形缝和伸出屋面管道的防水构造，应符合设计要求	观察检查	
		防水层厚度	涂膜防水层的平均厚度应符合设计要求，且最小厚度不得小于设计厚度的80％	针测法或取样量测	

续表 9-8

序号	项目		质量标准	检验方法	检验数量
3	复合防水层	材料控制	复合防水层所用材料及其配套材料的质量，应符合设计要求	检查出厂合格证、质量检验报告和进场检验报告	按屋面面积每 $100m^2$ 抽查 1 处，每处应为 $10m^2$，且不得少于 3 处
		渗漏及积水	复合防水层不得有渗漏和积水现象	雨后观察或淋水、蓄水试验	
		防水构造	复合防水层在天沟、檐口、檐沟、水落口、泛水、变形缝和伸出屋面管道的防水构造，应符合设计要求	观察检查	
4	接缝密封防水	质量控制	密封材料及其配套材料的质量，应符合设计要求	检查产品出厂合格证、质量检验报告和进场检验报告	按每 50m 抽查 1 处，每处应为 5m，且不得少于 3 处
		外观要求	密封材料嵌填应密实、连续、饱满，粘结牢固，不得有气泡、开裂、脱落等缺陷	观察检查	

2. 一般项目

屋面防水与密封工程一般项目质量验收标准及检验方法见表 9-9。

表 9-9　一般项目质量验收标准与检验方法

序号	项目		质量标准	检验方法	检验数量
1	卷材防水层	卷材的搭接	卷材的搭接缝应粘结或焊接牢固，密封应严密，不得扭曲、皱折和翘边	观察检查	按屋面面积每 $100m^2$ 抽查 1 处，每处应为 $10m^2$，且不得少于 3 处
		防水层收头	卷材防水层的收头应与基层粘结，钉压应牢固，密封应严密	观察检查	

续表 9-9

序号	项目		质量标准	检验方法	检验数量
1	卷材防水层	铺贴方向	卷材防水层的铺贴方向应正确，卷材搭接宽度的允许偏差为－10mm	观察和尺量检查	按屋面面积每$100m^2$抽查1处，每处应为$10m^2$，且不得少于3处
		排汽构造	屋面排汽构造的排汽道应纵横贯通，不得堵塞；排气管应安装牢固，位置应正确，封闭应严密	观察检查	
2	涂膜防水层	基层的粘结	涂膜防水层与基层应粘结牢固，表面应平整，涂布应均匀，不得有流淌、皱折、起泡和露胎体等缺陷	观察检查	
		防水层收头	涂膜防水层的收头应用防水涂料多遍涂刷	观察检查	
		辅贴胎体增强材料	铺贴胎体增强材料应平整顺直，搭接尺寸应准确，应排除气泡，并应与涂料粘结牢固；胎体增强材料搭接宽度的允许偏差为－10mm	观察和量尺检查	
3	复合防水层	粘结	卷材与涂膜应粘结牢固，不得有空鼓和分层现象	观察检查	按屋面面积每$100m^2$抽查1处，每处应为$10m^2$，且不得少于3处
		防水层厚度	复合层的总厚度应符合设计要求	针测法或取样量测	

续表 9-9

序号	项目		质量标准	检验方法	检验数量
4	接缝密封防水	基层要求	密封防水部位的基层应符合下列要求： 1)基层应牢固，表面应平整、密实，不得有裂缝、蜂窝、麻面、起皮和起砂现象 2)基层应清洁、干燥，并应无油污、无灰尘 3)嵌入的背衬材料与接缝壁间不得留有空隙 4)密封防水部位的基层宜涂刷基层处理剂，涂刷应均匀，不得漏涂	观察检查	按每 50m 抽查 1 处，每处应为 5m，且不得少于 3 处
		宽度和深度	接缝宽度和密封材料的嵌填深度应符合设计要求，接缝宽度的允许偏差为±10%	尺量检查	
		外观要求	嵌填的密封材料表面应平滑，缝边应顺直，应无明显不平和周边污染现象	观察检查	

技能要点 4：屋面保温与隔热工程质量验收标准

适用于板状材料、纤维材料、喷涂硬泡聚氨酯、现浇泡沫混凝土保温层和种植、架空、蓄水隔热层分项工程的施工质量验收。

1. 屋面保温层

(1)主控项目。屋面保温工程主控项目质量验收标准及检验方法见表 9-10。

表 9-10 主控项目质量验收标准与检验方法

序号	项目		质量标准	检验方法	检验数量
1	板状材料保温层	材料控制	板状材料保温材料的质量,应符合合设计要求	检查出厂合格证、质量检验报告和进场检验报告	按屋面面积每 100m²抽查 1 处,每处应为 10m²,且不得少于 3 处
		保温层厚度	板状材料保温层的厚度应符合设计要求,其正偏差应不限,负偏差应为 5%,且不得大于 4mm	钢针插入和尺量检查	
		热桥部位处理	屋面热桥部位处理应符合设计要求	观察检查	
2	纤维材料保温层	材料控制	纤维保温材料的质量,应符合设计要求	检查出厂合格证、质量检验报告和进场检验报告	按屋面面积每 100m²抽查 1 处,每处应为 10m²,且不得少于 3 处
		保温层厚度	纤维材料保温层的厚度应符合设计要求,其正偏差应不限,毡不得有负偏差,板负偏差应为 4%,且不得大于 3mm	钢针插入和尺量检查	
		热桥部位处理	屋面热桥部位处理应符合设计要求	观察检查	
3	喷涂硬泡聚酯保温层	材料控制	喷涂硬泡聚氨酯所用原材料的质量及配合比,应符合设计要求	检查原材料出厂合格证、质量检验报告和计量措施	
		保温层厚度	喷涂硬泡聚氨酯保温层的厚度应符合设计要求,其正偏差应不限,不得有负偏差	钢针插入和尺量检查	
		热桥部位处理	屋面热桥部位处理应符合设计要求	观察检查	

表 9-10

序号	项目		质量标准	检验方法	检验数量
4	现浇泡沫混凝土保温层	材料控制	现浇泡沫混凝土所用原材料的质量及配合比，应符合设计要求	检查原材料出厂合格证、质量检验报告和计量措施	按屋面面积每 $100m^2$ 抽查 1 处，每处应为 $10m^2$，且不得少于 3 处
		保温层厚度	现浇泡沫混凝土保温层的厚度应符合设计要求，其正负偏差应为 5%，且不得大于 5mm	钢针插入和尺量检查	
		热桥部位处理	屋面热桥部位处理应符合设计要求	观察检查	

(2)一般项目。屋面保温工程一般项目质量验收标准及检验方法见表 9-11。

表 9-11　一般项目质量验收标准与检验方法

序号	项目		质量标准	检验方法	检验数量
1	板状材料保温层	材料铺设	板状保温材料铺设应紧贴基层，应铺平垫稳，拼缝应严密，粘贴应牢固	观察检查	按屋面面积每 $100m^2$ 抽查 1 处，每处应为 $10m^2$，且不得少于 3 处
		固定件	固定件的规格、数量和位置均应符合设计要求；垫片应与保温层表面齐平	观察检查	
		表面平整度	板状材料保温层表面平整度的允许偏差为 5mm	2m 靠尺和塞尺检查	
		接缝高低差	板状材料保温层接缝高低差的允许偏差为 2mm	直尺和塞尺检查	

续表 9-11

序号	项目		质量标准	检验方法	检验数量
2	纤维材料保温层	材料铺设	纤维保温材料铺设应紧贴基层，拼缝应严密，表面应平整	观察检查	按屋面面积每 $100m^2$ 抽查 1 处，每处应为 $10m^2$，且不得少于 3 处
		固定件	固定件的规格、数量和位置应符合设计要求	垫片应与保温层表面齐平	
		铺钉要求	装配式骨架和水泥纤维板应铺钉牢固，表面应平整；龙骨间距和板材厚度应符合设计要求	观察和尺量检查	
		玻璃棉制品	具有抗水蒸气渗透外覆面的玻璃棉制品，其外覆面应朝向室内，拼缝应用防水密封胶带封严	观察检查	
3	喷涂硬泡聚酯保温层	喷涂硬泡聚氨酯	喷涂硬泡聚氨酯应分遍喷涂，粘结应牢固，表面应平整，找坡应正确	观察检查	
		表面平整度	喷涂硬泡聚氨酯保温层表面平整度的允许偏差为 5mm	2mm 靠尺和塞尺检查	
4	现浇泡沫混凝土保温层	粘结	现浇泡沫混凝土应分层施工，粘结应牢固，表面应平整，找坡应正确	观察检查	
		裂缝	现浇泡沫混凝土不得有贯通性裂缝，以及疏松、起砂、起皮现象	观察检查	
		表面平整度	现浇泡沫混凝土保温层表面平整度的允许偏差为 5mm	2mm 靠尺和塞尺检查	

2. 屋面隔热层

(1)主控项目。屋面隔热工程主控项目质量验收标准及检验方法见表 9-12。

表 9-12 主控项目质量验收标准与检验方法

序号	项目		质量标准	检验方法	检验数量
1	种植隔热层	材料控制	种植隔热层所用材料的质量,应符合设计要求	检查出厂合格证和质量检验报告	按屋面面积每 100m² 抽查 1 处,每处应为 10m²,且不得少于 3 处
		排水层	排水层应与排水系统连通	观察检查	
		泄水孔	挡墙或挡板泄水孔的留设应符合设计要求,并不得堵塞	观察和尺量检查	
2	架空隔热层	材料控制	架空隔热制品的质量,应符合设计要求	检查材料或构件合格证和质量检验报告	
		铺设	架空隔热制品的铺设应平整、稳固,缝隙勾填应密实	观察检查	
3	蓄水隔热层	材料控制	防水混凝土所用材料的质量及配合比,应符合设计要求	检查出厂合格证、质量检验报告、进场检验报告和计量措施	
		抗压强度和抗渗性能	防水混凝土的抗压强度和抗渗性能,应符合设计要求	检查混凝土抗压和抗渗试验报告	
		蓄水池	蓄水池不得有渗漏现象	蓄水至规定高度观察检查	

(2)一般项目。屋面隔热工程一般项目质量验收标准及检验方法见表9-13。

表9-13 一般项目质量验收标准与检验方法

<table>
<tr><th>序号</th><th colspan="2">项目</th><th>质量标准</th><th>检验方法</th><th>检验数量</th></tr>
<tr><td rowspan="4">1</td><td rowspan="4">种植隔热层</td><td>陶粒铺设</td><td>陶粒应铺设平整，均匀，厚度应符合设计要求</td><td>观察和尺量检查</td><td rowspan="11">按屋面面积每100m²抽查1处，每处应为10m²，且不得少于3处</td></tr>
<tr><td>排水板铺设</td><td>排水板应铺设平整，接缝方法应符合国家现行有关标准的规定</td><td>观察和尺量检查</td></tr>
<tr><td>过滤层土工布铺设</td><td>过滤层土工布应铺设平整、接缝严密，其搭接宽度的允许偏差为−10mm</td><td>观察和尺量检查</td></tr>
<tr><td>种植土铺设</td><td>种植土应铺设平整、均匀，其厚度的允许偏差为±5%，且不得大于30mm</td><td>尺量检查</td></tr>
<tr><td rowspan="3">2</td><td rowspan="3">架空隔热层</td><td>与山墙或女儿墙距离</td><td>架空隔热制品距山墙或女儿墙不得小于250mm</td><td>观察和尺量检查</td></tr>
<tr><td>架空隔热层</td><td>架空隔热层的高度及通风屋脊、变形缝做法，应符合设计要求</td><td>观察和尺量检查</td></tr>
<tr><td>接缝高低差</td><td>架空隔热制品接缝高低差的允许偏差为3mm</td><td>直尺和塞尺检查</td></tr>
<tr><td rowspan="4">3</td><td rowspan="4">蓄水隔热层</td><td>面层质量</td><td>防水混凝土表面应密实、平整，不得有蜂窝、麻面、露筋等缺陷</td><td>观察检查</td></tr>
<tr><td>表面裂缝宽度</td><td>防水混凝土表面的裂缝宽度不应大于0.2mm，并不得贯通</td><td>刻度放大镜检查</td></tr>
<tr><td>蓄水池</td><td>蓄水池上所留设的溢水口、过水孔、排水管、溢水管等，其位置、标高和尺寸均应符合设计要求</td><td>观察和尺量检查</td></tr>
<tr><td>蓄水池结构</td><td colspan="2">蓄水池结构的允许偏差和检验方法应符合表9-14的规定</td></tr>
</table>

表 9-14　蓄水池结构的允许偏差和检验方法

项目	允许偏差/mm	检验方法
长度、宽度	+15，−10	尺量检查
厚度	±5	
表面平整度	5	2m 靠尺和塞尺检查
排水坡度	符合设计要求	坡度尺检查

技能要点 5:屋面细部构造工程质量验收标准

适用于檐口、檐沟和天沟、女儿墙和山墙、水落口、变形缝、伸出屋面管道、屋面出入口、反梁过水孔、设施基座、屋脊、屋顶窗等分项工程的施工质量验收。

1. 主控项目

屋面细部构造工程主控项目质量验收标准及检验方法见表 9-15。

表 9-15　主控项目质量验收标准与检验方法

序号	项目		质量标准	检验方法	检验数量
1	檐口	防水构造	檐口的防水构造应符合设计要求	观察检查	每个检验批应全数进行检验
		排水坡度	檐口的排水坡度应符合设计要求；檐口部位不得有渗漏和积水现象	坡度尺检查和雨后观察或淋水试验	
2	檐沟和天沟	防水构造	檐沟、天沟的防水构造应符合设计要求	观察检查	
		排水坡度	檐沟、天沟的排水坡度应符合设计要求；沟内不得有渗漏和积水现象	坡度尺检查和雨后观察或淋水试验	

续表 9-15

<table>
<tr><th>序号</th><th colspan="2">项目</th><th>质量标准</th><th>检验方法</th><th>检验数量</th></tr>
<tr><td rowspan="3">3</td><td rowspan="3">女儿墙和山墙</td><td>防水构造</td><td>女儿墙和山墙的防水构造应符合设计要求</td><td>观察检查</td><td rowspan="12">每个检验批应全数进行检验</td></tr>
<tr><td>排水坡度</td><td>女儿墙和山墙的压顶向内排水坡度不应小于5%，压顶内侧下端应做成鹰嘴或滴水槽</td><td>观察和坡度尺检查</td></tr>
<tr><td>根部要求</td><td>女儿墙和山墙的根部不得有渗漏和积水现象</td><td>雨后观察或淋水试验</td></tr>
<tr><td rowspan="2">4</td><td rowspan="2">水落口</td><td>防水构造</td><td>水落口的防水构造应符合设计要求</td><td>观察检查</td></tr>
<tr><td>上口位置</td><td>水落口杯上口应设在沟底的最低处；水落口处不得有渗漏和积水现象</td><td>雨后观察或淋水、蓄水试验</td></tr>
<tr><td rowspan="2">5</td><td rowspan="2">变形缝</td><td>防水构造</td><td>变形缝的防水构造应符合设计要求</td><td>观察检查</td></tr>
<tr><td>渗漏和积水</td><td>变形缝处不得有渗漏和积水现象</td><td>雨后观察或淋水试验</td></tr>
<tr><td rowspan="2">6</td><td rowspan="2">伸出屋面管道</td><td>防水构造</td><td>伸出屋面管道的防水构造应符合设计要求</td><td>观察检查</td></tr>
<tr><td>渗漏和积水</td><td>伸出屋面管道根部不得有渗漏和积水现象</td><td>雨后观察或淋水试验</td></tr>
<tr><td rowspan="2">7</td><td rowspan="2">屋面出入口</td><td>防水构造</td><td>屋面出入口的防水构造应符合设计要求</td><td>观察检查</td></tr>
<tr><td>渗漏和积水</td><td>屋面出入口处不得有渗漏和积水现象</td><td>雨后观察或淋水试验</td></tr>
<tr><td rowspan="2">8</td><td rowspan="2">反梁过水孔</td><td>防水构造</td><td>反梁过水孔的防水构造应符合设计要求</td><td>观察检查</td></tr>
<tr><td>渗漏和积水</td><td>反梁过水孔处不得有渗漏和积水现象</td><td>雨后观察或淋水试验</td><td></td></tr>
</table>

续表 9-15

序号	项目		质量标准	检验方法	检验数量
9	设施基座	防水构造	设施基座的防水构造应符合设计要求	观察检查	每个检验批应全数进行检验
		渗漏和积水	设施基座处不得有渗漏和积水现象	雨后观察或淋水试验	
10	屋脊	防水构造	屋脊的防水构造应符合设计要求	观察检查	
		渗漏和积水	屋脊处不得有渗漏现象	雨后观察或淋水试验	
11	屋顶窗	防水构造	屋顶窗的防水构造应符合设计要求	观察检查	
		渗漏和积水	屋顶窗及其周围不得有渗漏现象	雨后观察或淋水试验	

2. 一般项目

屋面细部构造工程一般项目质量验收标准及检验方法见表9-16。

表 9-16 一般项目质量验收标准与检验方法

序号	项目		质量标准	检验方法	检验数量
1	檐口	粘贴要求	檐口 800mm 范围内的卷材应满粘	观察检查	每个检验批应全数进行检验
		卷材收头	卷材收头应在找平层的凹槽内用金属压条钉压固定，并应用密封材料封严	观察检查	
		涂膜收头	涂膜收头应用防水涂料多遍涂刷	观察检查	
		端部	檐口端部应抹聚合物水泥砂浆，其下端应做成鹰嘴和滴水槽	观察检查	

续表 9-16

序号	项目		质量标准	检验方法	检验数量
2	檐沟和天沟	附加层铺设	檐沟、天沟附加层铺设应符合设计要	观察和尺量检查	每个检验批应全数进行检验
		收头	檐沟防水层应由沟底翻上至外侧顶部，卷材收头应用金属压条钉压固定，并应用密封材料封严；涂膜收头应用防水涂料多遍涂刷	观察检查	
		檐沟外侧	檐沟外侧顶部及侧面均应抹聚合物水泥砂浆，其下端应做成鹰嘴或滴水槽	观察检查	
3	女儿墙和山墙	泛水和附加层	女儿墙和山墙的泛水高度及附加层铺设应符合设计要求	观察和尺量检查	
		卷材铺设	女儿墙和山墙的卷材应满粘，卷材收头应用金属压条钉压牢固，并应用密封材料封严	观察检查	
		涂膜涂刷	女儿墙和山墙的涂膜应直接涂刷至压顶下，涂膜收头应用防水涂料多遍涂刷	观察检查	
4	水落口	数量和位置	水落口的数量和位置应符合设计要求；水落口杯应安装牢固	观察和手扳检查	
		铺设	水落口周围直径 500mm 范围内坡度不应小于 5%，水落口周围的附加层铺设应符合设计要求	观察和尺量检查	
		深入尺寸	防水层及附加层深入水落口杯内不应小于 50mm，并应粘结牢固	观察和尺量检查	

续表 9-16

序号	项目		质量标准	检验方法	检验数量
5	变形缝	泛水和附加层	变形缝的泛水高度和附加层铺设应符合设计要求	观察和尺量检查	每个检验批应全数进行检验
		防水层高度	防水层应铺贴或涂刷至泛水墙的顶部	观察检查	
		等高变形缝	等高变形缝顶部宜加扣混凝土或金属盖板。混凝土盖板的接缝应用密封材料封严；金属盖板应铺钉牢固，搭接缝应顺流水方向，并应做好防锈处理	观察检查	
		高低跨变形缝	高低跨变形缝在高跨墙面上的防水卷材封盖和金属盖板，应用金属压条钉压牢固，并应用密封材料封严	观察检查	
6	伸出屋面管道	泛水和附加层	伸出屋面管道的泛水高度及附加层铺设，应符合设计要求	观察和尺量检查	
		防水层高度	伸出屋面管道周围的找平层应抹出高度不小于30mm的排水坡	观察和尺量检查	
		收头	卷材防水层收头应用金属箍固定，并应用密封材料封严；涂膜防水层收头应用防水涂料多变涂刷	观察检查	

续表 9-16

序号	项目		质量标准	检验方法	检验数量
7	屋面出入口	垂直出入口	屋面垂直出入口防水层收头应压在压顶圈下，附加层铺设应符合设计要求	观察检查	每个检验批应全数进行检验
		水平出入口	屋面水平出入口防水层收头应压在混凝土踏不下，附加层铺设和护墙应符合设计要求	观察检查	
		防水高度	屋面出入口的泛水高度不应小于 250mm	观察和尺量检查	
8	反梁过水孔	尺寸要求	反梁过水孔的孔底标高、孔洞尺寸或预埋管管径，均应符合设计要求	尺量检查	
		施工要求	反梁过水孔的孔洞四周应涂刷防水涂料；预埋管道两端周围与混凝土接触处应留凹槽，并应用密封材料封严	观察检查	
9	设施基座	与结构层相连时	设施基座与结构层相连时，防水层应包裹设施基座的上部，并应在地脚螺栓周围做密封处理	观察检查	
		直接放置在防水层上时	设施基座直接放置在防水层上时，设施基座下部应增设附加层，必要时应在其上浇筑细石混凝土，其厚度不应小于 50mm	观察检查	
		施工要求	需经常维护的设施基座周围和屋面出入口至设施之间的人行道，应铺设块体材料或细石混凝土保护层	观察检查	

续表 9-16

序号	项目		质量标准	检验方法	检验数量
10	屋脊	平脊和斜脊铺设	脊和斜脊铺设应顺直，应无起伏现象	观察检查	每个检验批应全数进行检验
		脊瓦铺设	脊瓦应搭盖正确，间距应均匀，封固应严密	观察和手扳检查	
11	屋顶窗	固定要求	屋顶窗用金属排水板、窗框固定铁脚应与屋面连接牢固	观察检查	
		铺贴要求	屋顶窗用窗口防水卷材应铺贴平整，粘结应牢固	观察检查	

技能要点 6：地下工程防水用材料质量验收标准

地下工程用防水材料进场抽样检验应符合表 9-17 的规定。

表 9-17　屋面防水材料进场抽样检验

序号	防水材料名称	抽样数量	外观质量检验	物理性能检验
1	高聚物改性沥青防水卷材	大于 1000 卷抽 5 卷、每 500～1000 卷抽 4 卷、100～499 卷抽 3 卷、100 卷以下抽 2 卷，进行规格尺寸和外观质量检验、在外观质量检验合格的卷材中，任取一卷做物理性能检验	断裂、折皱、孔洞、剥离、边缘不整齐，胎体露白、未浸透，撒布材料粒度、颜色，每卷卷材的接头	可溶物含量、拉力、延伸率、低温柔度、热老化后低温柔度、不透水性
2	合成高分子防水卷材		折痕、杂质、胶块、凹痕，每卷卷材的接头	断裂拉伸强度、断裂伸长率、低温弯折性、不透水性，撕裂强度

续表 9-17

序号	防水材料名称	抽样数量	外观质量检验	物理性能检验
3	有机防水涂料	每5t为一批,不足5t按一批抽样	均匀黏稠体,无凝胶,无结块	潮湿基面粘结强度,涂膜抗渗性,浸水168h后拉伸强度,浸水168h后断裂伸长率,耐水性
4	无机防水涂料	每10t为一批,不足10t按一批抽样	液体组分:无杂质、无凝胶的均匀乳液 固体组分:无杂质、无结块的粉末	抗折轻度,粘结强度,抗渗性
5	膨润土防水材料	每100卷为一批,不足100卷按一批抽样;100卷以下抽5卷,进行尺寸偏差和外观质量检验。在外观质量检验合格的卷材中,任取一卷做物理性能检验	表面平整、厚度均匀,无破洞、破边,无残留断针,针刺均匀	单位面积质量,膨润土膨胀指数,渗透系数、流失量
6	混凝土建筑接缝用密封胶	每2t为一批,不足2t按一批抽样	细腻、均匀膏状物或黏稠液体,无气泡、结皮和凝胶现象	流动性、挤出性、定伸粘结性
7	橡胶止水带	每月同标记的止水带产量为一批抽样	尺寸公差;开裂,缺胶,海绵状,中心孔偏心,凹痕,气泡,杂质,明疤	拉伸强度,扯断伸长率,撕裂强度
8	腻子型遇水膨胀止水条	每5000m为一批,不足5000m按一批抽样	尺寸公差;柔软、弹性均质,色泽均匀,无明显凹凸	硬度,7d膨胀率,最终膨胀率,耐水性

续表 9-17

序号	防水材料名称	抽样数量	外观质量检验	物理性能检验
9	遇水膨胀止水胶	每 5t 为一批,不足 5t 按一批抽样	细腻、黏稠、均匀膏状物,无气泡、结皮和凝胶	表干时间,拉伸强度,体积膨胀倍率
10	弹性橡胶密封垫材料	每月同标记的密封垫材料产量为一批抽样	尺寸公差;开裂,缺胶,凹痕,气泡,杂质,明疤	硬度,伸长率,拉伸强度,压缩永久变形
11	遇水膨胀橡胶密封垫胶料	每月同标记的膨胀胶产量为一批抽样	尺寸公差;开裂,缺胶,凹痕,气泡,杂质,明疤	硬度,拉伸强度,扯断伸长率,体积膨胀倍率,低温弯折
12	聚合物水泥防水砂浆	每 10t 为一批,不足 10t 按一批抽样	干粉类:均匀,无结块;乳胶类:液料经搅拌后均匀无沉淀,粉料均匀、无结块	7d 粘结强度,7d 抗渗性,耐水性

技能要点 7:地下主体防水工程质量验收标准

1. 地下防水混凝土工程

(1)防水混凝土抗压强度试件,应在混凝土浇筑地点随机取样后制作,并应符合下列规定:

1)同一工程、同一配合比的混凝土,取样频率与试件留置组数应符合现行国家标准《混凝土结构工程施工质量验收规范(2010版)》(GB 50204—2002)的有关规定。

2)抗压强度试验应符合现行国家标准《普通混凝土力学性能试验方法标准》(GB/T 50081—2002)的有关规定。

3)结构构件的混凝土强度评定应符合现行国家标准《混凝土强度检验评定标准》(GB/T 50107—2010)的有关规定。

(2)防水混凝土抗渗性能应采用标准条件下养护混凝土抗渗

试件的试验结果评定，试件应在混凝土浇筑地点随机取样后制作，并应符合下列规定：

1)连续浇筑混凝土每 $500m^2$ 应留置一组 6 个抗渗试件，且每项工程不得少于两组；采用预拌混凝土的抗渗试件，留置组数应视结构的规模和要求而定。

2)抗渗性能试验应符合现行国家标准《普通混凝土长期性能和耐久性能试验方法标准》(GB/T 50082—2009)的有关规定。

(3)大体积防水混凝土的施工应采取材料选择、温度控制、保温保湿等技术措施。在设计许可的情况下，掺粉煤灰混凝土设计强度等级的龄期宜为 60d 或 90d。

(4)地下防水混凝土工程主控项目质量验收标准及检验方法见表 9-18。

表 9-18　主控项目质量验收标准与检验方法

序号	项目	质量标准	检验方法	检验数量
1	原材料、配合比及坍落度	防水混凝土的原材料、配合比及坍落度必须符合设计要求	检查产品合格证、产品性能检测报告、计量措施和材料进场检验报告	按混凝土外露面积每 $100m^2$ 抽查 1 处，每处 $10m^2$，且不得少于 3 处
2	抗压强度和抗渗性能	防水混凝土的抗压强度和抗渗性能必须符合设计要求	检查混凝土抗压强度、抗渗性能检验报告	
3	细部设置与构造	防水混凝土结构的施工缝、变形缝、后浇带、穿墙管、埋设件等设置和构造必须符合设计要求	观察检查和检查隐蔽工程验收记录	

地下防水混凝土一般项目质量验收标准及检验方法见表 9-19。

表 9-19 一般项目质量验收标准与检验方法

序号	项目	质量标准	检验方法	检验数量
1	表面及预埋件	防水混凝土结构表面应坚实、平整，不得有露筋、蜂窝等缺陷；埋设件位置应准确	观察检查	按混凝土外露面积每 100m² 抽查 1 处，每处 10m²，且不得少于 3 处
2	表面缝宽	防水混凝土结构表面的裂缝宽度不应大于 0.2mm，且不得贯通	用刻度放大镜检查	
3	允许偏差	防水混凝土结构厚度不应小于 250mm，其允许偏差应为＋8mm、－5mm；主体结构迎水面钢筋保护层厚度不应小于 50mm，其允许偏差应为±5mm	尺量检查和检查隐蔽工程验收记录	

2. 地下砂浆防水层工程

(1)地下砂浆防水层工程主控项目质量验收标准及检验方法见表 9-20。

表 9-20 主控项目质量验收标准与检验方法

序号	项目	质量标准	检验方法	检验数量
1	材料控制	防水砂浆的原材料及配合比必须符合设计规定	检查产品合格证、产品性能检测报告、计量措施和材料进场检验报告	按施工面积每 100m² 抽查 1 处，每处 10m²，且不得少于 3 处
2	粘结度和抗渗性能	防水砂浆的粘结强度和抗渗性能必须符合设计规定	检查砂浆粘结强度、抗渗性能检验报告	
3	水泥砂浆防水层与基层之间的粘合	水泥砂浆防水层与基层之间应结合牢固，无空鼓现象	观察和用小锤轻击检查	

(2)地下砂浆防水层工程一般项目质量验收标准及检验方法见表9-21。

表9-21 一般项目质量验收标准与检验方法

序号	项目	质量标准	检验方法	检验数量
1	防水层表面	水泥砂浆防水层表面应密实、平整,不得有裂纹、起砂、麻面等缺陷	观察检查	按施工面积每100m²抽查1处,每处10m²,且不得少于3处
2	施工缝	水泥砂浆防水层施工缝留槎位置应正确,接槎应按层次顺序操作,层层搭接紧密	观察检查和检查隐蔽工程验收记录	
3	平均厚度	水泥砂浆防水层的平均厚度应符合设计要求,最小厚度不得小于设计厚度的85%	用针测法检查	
4	允许偏差	水泥砂浆防水层表面平整度的允许偏差应为5mm	用2m靠尺和楔形塞尺检查	

3.地下卷材防水层工程

(1)地下卷材防水层工程主控项目质量验收标准及检验方法见表9-22。

表9-22 主控项目质量验收标准与检验方法

序号	项目	质量标准	检验方法	检验数量
1	防水卷材质量	卷材防水层所用卷材及其配套材料必须符合设计要求	检查产品合格证、产品性能检测报告和材料进场检验报告	按铺贴面积每100m²抽查1处,每处10m²,且不得少于3处
2	细部做法	卷材防水层在转角处、变形缝、施工缝、穿墙管的部位的做法必须符合设计要求	观察检查和检查隐蔽工程验收记录	

(2)地下卷材防水层工程一般项目质量验收标准及检验方法见表 9-23。

表 9-23　一般项目质量验收标准与检验方法

序号	项目	质量标准	检验方法	检验数量
1	搭接缝	卷材防水层的搭接缝应粘贴或焊接牢固，密封严密，不得有扭曲、折皱、翘边和起泡等缺陷	观察检查	应按铺贴面积每 $100m^2$ 抽查 1 处，每处 $10m^2$，且不得少于 3 处
2	卷材接槎	采用外防外贴法铺贴卷材防水层时，立面卷材接槎的搭接宽度，高聚物改性沥青类卷材应为 150mm，合成高分子类卷材应为 100mm，且上层卷材应盖过下层卷材	观察和尺量检查	
3	保护层与防水层的结合	侧墙卷材防水层的保护层与防水层应结合紧密，保护层厚度应符合设计要求	观察和尺量检查	
4	搭接宽度	卷材搭接宽度的允许偏差应为－10mm	观察和尺量检查	

4. 地下涂膜防水层工程

(1)地下涂膜防水层工程主控项目质量验收标准及检验方法见表 9-24。

表 9-24　主控项目质量验收标准与检验方法

序号	项目	质量标准	检验方法	检验数量
1	材料控制	涂料防水层所用的材料及配合比必须符合设计要求	检查产品合格证、产品性能检测报告、计量措施和材料进场检验报告	按涂层面积每 $100m^2$ 抽查 1 处，每处 $10m^2$，且不得少于 3 处

续表 9-24

序号	项目	质量标准	检验方法	检验数量
2	防水层厚度	涂料防水层的平均厚度应符合设计要求，最小厚度不得小于设计厚度的90%	用针测法检查	按涂层面积每 $100m^2$ 抽查1处，每处 $10m^2$，且不得少于3处
3	细部做法	涂料防水层在转角处、变形处、施工缝、穿墙管等部位做法必须符合设计要求	观察检查和检查隐蔽工程验收记录	

(2)地下涂膜防水层工程一般项目质量验收标准及检验方法见表 9-25。

表 9-25 一般项目质量验收标准与检验方法

序号	项目	质量标准	检验方法	检验数量
1	外观要求	涂料防水层应与基层粘结牢固，涂刷均匀，不得流淌、鼓泡、漏槎	观察检查	按涂层面积每 $100m^2$ 抽查1处，每处 $10m^2$，且不得少于3处
2	夹铺胎体增强材料	涂层间夹铺胎体增强材料时，应使防水涂料浸透胎体覆盖完全，不得有胎体外露现象	观察检查	
3	侧墙防水层	侧墙涂料防水层的保护层与防水层应结合紧密，保护层厚度应符合设计要求	观察检查	

技能要点8：地下细部构造防水工程质量验收标准

1. 主控项目

地下细部构造防水工程主控项目质量验收标准及检验方法见表 9-26。

表 9-26　主控项目质量验收标准及检验方法

序号	项目		质量标准	检验方法	检验数量
1	施工缝	材料控制	施工缝用止水带、遇水膨胀止水条或止水胶、水泥基渗透结晶型防水涂料和预埋注浆管必须符合设计要求	检查产品合格证，产品性能检测报告和材料进场检测报告	每个检验批应全数进行检验
		防水构造	施工缝防水构造必须符合设计要求	观察检查和检查隐蔽工程验收记录	
2	变形缝	材料控制	变形缝用止水带、填缝材料和密封材料必须符合设计要求	检查产品合格证，产品性能检测报告和材料进场检测报告	
		防水构造	变形缝防水构造必须符合设计要求	观察检查和检查隐蔽工程验收记录	
		中埋式止水带	中埋式止水带埋设位置应准确，其中间空心圆环与变形缝的中心线应重合	观察检查和检查隐蔽工程验收记录	
3	后浇带	后浇带用材料	后浇带用膨胀止水条或止水胶、预埋注浆管、外贴式止水带必须符合设计要求	检查产品合格证，产品性能检测报告和材料进场检测报告	
		补偿收缩混凝土用材料	补偿收缩混凝土的原材料及配合比必须符合设计要求	检查产品合格证，产品性能检测报告、计量措施和材料进场检测报告	

续表 9-26

序号	项目		质量标准	检验方法	检验数量
3	后浇带	防水构造	后浇带防水构造必须符合设计要求	观察检查和检查隐蔽工程验收记录	每个检验批应全数进行检验
		补偿收缩混凝土	采用掺膨胀剂的补偿收缩混凝土，其抗压强度、抗渗性能和限制膨胀率必须符合设计要求	检查混凝土抗压强度、抗渗性能和水中养护 14d 后的限制膨胀率检验报告	
4	穿墙管	材料控制	穿墙管用遇水膨胀止水条和密封材料必须符合设计要求	检查产品合格证，产品性能检测报告和材料进场检验报告	
		防水构造	穿墙管防水构造必须符合设计要求	观察检查和检查隐蔽工程验收记录	
5	埋设件	材料控制	埋设件用密封材料必须符合设计要求	检查产品合格证，产品性能检测报告和材料进场检验报告	
		防水构造	埋设件防水构造必须符合设计要求	观察检查和检查隐蔽工程验收记录	
6	预留通道接头	材料控制	预留通道接头用中埋式止水带、遇水膨胀止水条或止水胶、预埋注浆管、密封材料和可卸式止水带必须符合设计要求	检查产品合格证，产品性能检测报告和材料进场检验报告	
		防水构造	预留通道接头防水构造必须符合设计要求	观察检查和检查隐蔽工程验收记录	
		中埋式止水带	中埋式止水带埋设位置应准确，其中间空心圆环与通道接头中心线应重合	观察检查和检查隐蔽工程验收记录	

续表 9-26

序号	项目		质量标准	检验方法	检验数量
7	桩头	材料控制	桩头用聚合物水泥防水砂浆、水泥基渗透结晶型防水涂料、遇水膨胀止水条或止水胶和密封材料必须符合设计要求	检查产品合格证，产品性能检测报告和材料进场检验报告	每个检验批应全数进行检验
		防水构造	桩头防水构造必须符合设计要求	观察检查和检查隐蔽工程验收记录	
		渗漏要求	桩头混凝土应密实，如发现渗漏水应及时采取封堵措施	观察检查和检查隐蔽工程验收记录	
8	孔口	材料控制	孔口用防水材料、防水涂料和密封材料必须符合设计要求	检查产品合格证，产品性能检测报告和材料进场检验报告	
		防水构造	孔口防水构造必须符合设计要求	观察检查和检查隐蔽工程验收记录	
9	坑、池	材料及坍落度	坑、池防水混凝土的原材料、配合比及坍落度必须符合设计要求	检查产品合格证，产品性能检测报告、计量措施和材料进场检验报告	
		防水构造	坑、池防水构造必须符合设计要求	观察检查和检查隐蔽工程验收记录	
		蓄水试验	坑、池、储水库内部防水层完成后，应进行蓄水试验	观察检查和检查隐蔽工程验收记录	

2. 一般项目

地下细部构造防水工程一般项目质量验收标准及检验方法见表 9-27。

表 9-27　一般项目质量验收标准及检验方法

序号	项目		质量标准	检验方法	检验数量
1	施工缝	施工缝要求	墙体水平施工缝应留设在高出底板表面不小于 300mm 的墙体上。拱、板与墙结合的水平施工缝，宜留在拱、板与墙交接处以下 150～300mm 处；垂直施工缝应避开地下水和裂隙水较多的地段，并宜与变形缝相结合	观察检查和检查隐蔽工程验收记录	每个检验批应全数进行检验
		混凝土抗压强度	在施工缝处继续浇筑混凝土时，已浇筑的混凝土抗压强度不应小于 1.2MPa	观察检查和检查隐蔽工程验收记录	
		水平施工缝	水平施工缝浇筑混凝土前，应将其表面浮浆和杂物清除，然后铺设净浆、涂刷混凝土界面处理剂或水泥基渗透结晶型防水涂料，再铺 30～50mm 厚的 1:1 水泥砂浆，并及时浇筑混凝土	观察检查和检查隐蔽工程验收记录	
		垂直施工缝	垂直施工缝浇筑混凝土前，应将其表面清理干净，再涂刷混凝土界面处理剂或水泥基渗透结晶型防水涂料，并及时浇筑混凝土	观察检查和检查隐蔽工程验收记录	
		止水带	中埋式止水带及外贴式止水带埋设位置应准确，固定应牢靠	观察检查和检查隐蔽工程验收记录	
		止水条	遇水膨胀止水条应具有缓膨胀性能；止水条与施工缝基面应密贴，中间不得有空鼓、脱离等现象；止水条应牢固地安装在缝表面或预留凹槽内；止水条采用搭接连接时，搭接宽度不得小于 30mm	观察检查和检查隐蔽工程验收记录	

续表 9-27

序号	项目		质量标准	检验方法	检验数量
1	施工缝	止水胶	遇水膨胀止水胶应采用专用注胶器挤出粘结在施工缝表面，并做到连续、均匀、饱满，无气泡和孔洞，挤出宽度及厚度应符合设计要求；止水胶挤出成形后，固化期内应采取临时保护措施；止水胶固化前不得浇筑混凝土	观察检查和检查隐蔽工程验收记录	
		预埋注浆管	预埋注浆管应设置在施工缝断面中部，注浆管与施工缝基面应密贴并固定牢靠，固定间距宜为 200～300mm；注浆导管与注浆管的连接应牢固、严密，导管埋入混凝土内的部分应与结构钢筋绑扎牢固，导管的末端应临时封堵严密	观察检查和检查隐蔽工程验收记录	
2	变形缝	止水带要求	中埋式止水带的接缝应设在边墙较高位置上，不得设在结构转角处；接头宜采用热压焊接，接缝应平整、牢固，不得有裂口和脱胶现象	观察检查和检查隐蔽工程验收记录	
		止水带形状	中埋式止水带在转弯处应做成圆弧形；顶板、底板内止水带应安装成盆状，并宜采用专用钢筋套或扁钢固定	观察检查和检查隐蔽工程验收记录	
		外贴式止水带	外贴式止水带在变形缝与施工缝相交部位宜采用十字配件；外贴式止水带在变形缝转角部位宜采用直角配件。止水带埋设位置应准确，固定应牢靠，并与固定止水带的基层密贴，不得出现空鼓、翘边等现象	观察检查和检查隐蔽工程验收记录	

续表 9-27

序号	项目		质量标准	检验方法	检验数量
2	变形缝	可卸式止水带	安设于结构内侧的可卸式止水带所需配件应一次配齐，转角处应做成45°坡角，并增加紧固件的数量	观察检查和检查隐蔽工程验收记录	每个检验批应全数进行检验
		嵌填密封材料	嵌填密封材料的缝内两侧基面应平整、洁净、干燥，并应涂刷基层处理剂；嵌缝底部应设置背衬材料；密封材料嵌填应严密、连续、饱满，粘结牢固	观察检查和检查隐蔽工程验收记录	
		施工准备	变形缝处表面粘贴卷材或涂刷涂料前，应在缝上设置隔离层和加强层	观察检查和检查隐蔽工程验收记录	
3	后浇带	保护措施	补偿收缩混凝土浇筑前，后浇带部位和外贴式止水带应采取保护措施	观察检查	
		接缝要求	后浇带两侧的接缝表面应先清理干净，再涂刷混凝土界面处理剂或水泥基渗透结晶型防水涂料；后浇混凝土的浇筑时间应符合设计要求	观察检查和检查隐蔽工程验收记录	
		施工要求	遇水膨胀止水条、遇水膨胀止水胶、预埋注浆管和外贴式止水带的施工应符合规范规定	观察检查和检查隐蔽工程验收记录	
		养护要求	后浇带混凝土应一次浇筑，不得留设施工缝；混凝土浇筑后应及时养护，养护时间不得少于28d	观察检查和检查隐蔽工程验收记录	

续表 9-27

序号	项目		质量标准	检验方法	检验数量
4	穿墙管	固定式穿墙管	固定式穿墙管应加焊止水环或环绕遇水膨胀止水圈，并作好防腐处理；穿墙管应在主体结构迎水面预留凹槽，槽内应用密封材料嵌填密实	观察检查和检查隐蔽工程验收记录	每个检验批应全数进行检验
		套管式穿墙管	套管式穿墙管的套管与止水环及翼环应连续满焊，并作好防腐处理；套管内表面应清理干净，穿墙管与套管之间应用密封材料和橡胶密封圈进行密封处理，并采用法兰盘及螺栓进行固定	观察检查和检查隐蔽工程验收记录	
		施工要求	穿墙盒的封口钢板与混凝土结构墙上预埋的角钢应焊严，并从钢板上的预留浇注孔注入改性沥青密封材料或细石混凝土，封填后将浇注孔口用钢板焊接封闭	观察检查和检查隐蔽工程验收记录	
			当主体结构迎水面有柔性防水层时，防水层与穿墙管连接处应增设加强层	观察检查和检查隐蔽工程验收记录	
5	埋设件	施工要求	埋设件应位置准确，固定牢靠；埋设件应进行防腐处理	观察、尺量和手扳检查	
			埋设件端部或预留孔、槽底部的混凝土厚度不得小于250mm；当混凝土厚度小于250mm时，应局部加厚或采取其他防水措施	尺量检查和检查隐蔽工程验收记录	
			结构迎水面的埋设件周围应预留凹槽，凹槽内应用密封材料填实	观察检查和检查隐蔽工程验收记录	

续表 9-27

序号	项目		质量标准	检验方法	检验数量
5	埋设件	螺栓、凹槽	用于固定模板的螺栓必须穿过混凝土结构时，可采用工具式螺栓或螺栓加堵头，螺栓上应加焊止水环。拆模后留下的凹槽应用密封材料封堵密实，并用聚合物水泥砂浆抹平	观察检查和检查隐蔽工程验收记录	每个检验批应全数进行检验
		防水层	预留孔、槽内的防水层应与主体防水层保持连续	观察检查和检查隐蔽工程验收记录	
		密封材料	密封材料嵌填应密实、连续、饱满，粘结牢固	观察检查和检查隐蔽工程验收记录	
6	预留通道接头	预处理	预留通道先浇混凝土结构、中埋式止水带和预埋件应及时保护，预埋件应进行防锈处理	观察检查	
		施工要求	遇水膨胀止水条、遇水膨胀止水胶、预埋注浆管的施工应符合规范的规定	观察检查和检查隐蔽工程验收记录	
		密封材料	密封材料嵌填应密实、连续、饱满，粘结牢固	观察检查和检查隐蔽工程验收记录	
		膨胀螺栓要求	用膨胀螺栓固定可卸式止水带时，止水带与紧固件压块以及止水带与基面之间应结合紧密。采用金属膨胀螺栓时，应选用不锈钢材料或进行防锈处理	观察检查和检查隐蔽工程验收记录	
		外部要求	预留通道接头外部应设保护墙	观察检查和检查隐蔽工程验收记录	

续表 9-27

序号	项目		质量标准	检验方法	检验数量
7	桩头	顶面、侧面和四周	桩头顶面和侧面裸露处应涂刷水泥基渗透结晶型防水涂料,并延伸到结构底板垫层150mm处;桩头四周300mm范围内应抹聚合物水泥防水砂浆过渡层	观察检查和检查隐蔽工程验收记录	每个检验批应全数进行检验
		结构底板防水层	结构底板防水层应做在聚合物水泥防水砂浆过渡层上并延伸至桩头侧壁,其与桩头侧壁接缝处应采用密封材料嵌填	观察检查和检查隐蔽工程验收记录	
		受力钢筋根部	桩头的受力钢筋根部应采用遇水膨胀止水条或止水胶,并应采取保护措施	观察检查和检查隐蔽工程验收记录	
		施工要求	遇水膨胀止水条、遇水膨胀止水胶的施工应符合规范的规定	观察检查和检查隐蔽工程验收记录	
		密封材料	密封材料嵌填应密实、连续、饱满,粘结牢固	观察检查和检查隐蔽工程验收记录	
8	孔口	出入口	人员出入口高出地面不应小于500mm;汽车出入口设置明沟排水时,其高出地面宜为150mm,并应采取防雨措施	观察和尺量检查	

续表 9-27

序号	项目		质量标准	检验方法	检验数量
8	孔口	施工要求	窗井的底部在最高地下水位以上时，窗井的墙体和底板应作防水处理，并宜与主体结构断开。窗台下部的墙体和底板应做防水层	观察检查和检查隐蔽工程验收记录	每个检验批应全数进行检验
			窗井或窗井的一部分在最高地下水位以下时，窗井应与主体结构连成整体，其防水层也应连成整体，并应在窗井内设置集水井。窗台下部的墙体和底板应做防水层	观察检查和检查隐蔽工程验收记录	
		窗井内、外	窗井内的底板应低于窗下缘 300mm。窗井墙高出室外地面不得小于 500mm；窗井外地面应做散水，散水与墙面间应采用密封材料嵌填	观察检查和尺量检查	
		密封材料	密封材料嵌填应密实、连续、饱满，粘结牢固	观察检查和检查隐蔽工程验收记录	
9	坑、池	施工要求	坑、池、储水库宜采用防水混凝土整体浇筑，混凝土表面应坚实、平整，不得有露筋、蜂窝和裂缝等缺陷	观察检查和检查隐蔽工程验收记录	
			坑、池底板的混凝土厚度不应小于 250mm；当底板的厚度小于 250mm 时，应采取局部加厚措施，并应使防水层保持连续	观察检查和检查隐蔽工程验收记录	
		施工后	坑、池施工完后，应及时遮盖和防止杂物堵塞	观察检查	

技能要点 9:地下排水工程质量验收标准

1. 主控项目

地下排水工程主控项目质量验收标准及检验方法见表 9-28。

表 9-28　主控项目质量验收标准及检验方法

<table>
<tr><th>序号</th><th colspan="2">项目</th><th>质量标准</th><th>检验方法</th><th>检验数量</th></tr>
<tr><td rowspan="2">1</td><td rowspan="2">渗排水、盲沟排水</td><td>盲沟反滤层</td><td>盲沟反滤层的层次和粒径组成必须符合设计要求</td><td>检查砂、石试验报告和隐蔽工程验收记录</td><td rowspan="6">按铺设面积每 100m^2 抽查 1 处，每处 10m^2，且不得少于 3 处</td></tr>
<tr><td>集水管</td><td>集水管的埋置深度和坡度必须符合设计要求</td><td>观察和尺量检查</td></tr>
<tr><td rowspan="2">2</td><td rowspan="2">隧道排水、坑道排水</td><td>盲沟反滤层</td><td>盲沟反滤层的层次和粒径组成必须符合设计要求</td><td>检查砂、石试验报告</td></tr>
<tr><td>排水系统</td><td>隧道、坑道排水系统必须通畅</td><td>观察检查</td></tr>
<tr><td rowspan="2">3</td><td rowspan="2">塑料排水板排水</td><td>材料控制</td><td>塑料排水板和土工布必须符合设计要求</td><td>检查产品合格证、产品性能检测报告</td></tr>
<tr><td>排水层</td><td>塑料排水板排水层必须与排水系统连通，不得有堵塞现象</td><td>观察检查</td></tr>
</table>

2. 一般项目

地下排水工程一般项目质量验收标准及检验方法见表 9-29。

表 9-29　一般项目质量验收标准及检验方法

序号	项目		质量标准	检验方法	检验数量
1	渗排水、盲沟排水	渗排水构造	渗排水构造应符合设计要求	观察检查和检查隐蔽工程验收记录	按 10% 抽查，其中按两轴线间或 10 延米为 1 处，且不得少于 3 处
		渗排水层铺设	渗排水层的铺设应分层、铺平、拍实	观察检查和检查隐蔽工程验收记录	
		盲沟排水构造	盲沟排水构造应符合设计要求	观察检查和检查隐蔽工程验收记录	
		集水管连接	集水管采用平接式或承插接口应连接牢固，不得扭曲变形和错位	观察检查	
		横向导水管	盲沟、盲管及横向导水管的管径、间距、坡度应符合设计要求	观察和尺量检查	
2	隧道排水、坑道排水	排水沟	隧道或坑道内排水明沟及离壁式衬砌外排水沟，其断面尺寸及坡度应符合设计要求	观察和尺量检查	
		施工要求	盲管应与岩壁或初期支护密贴，并应固定牢固；环向、纵向盲管接头宜于盲管相配套	观察检查	
			贴壁式、复合式衬砌的盲沟与混凝土衬砌接触部位用做隔浆层	观察检查和检查隐蔽工程验收记录	
3	塑料排水板排水	排水层构造	塑料排水板排水层的构造做法应符合规范要求	观察检查和检查隐蔽工程验收记录	
		塑料排水板	塑料排水板的搭接宽度和搭接方法应符合规范要求	观察和尺量检查	
		土工布	土工布铺设应平整、无折皱；土工布的搭接宽度和搭接方法应符合规范规定	观察和尺量检查	

技能要点10:建筑外墙防水工程质量验收标准

1. 建筑外墙防水材料

建筑外墙防水材料现场抽样数量和复验项目应按表9-30的要求执行。

表9-30 建筑外墙防水材料现场抽样数量和复验项目

序号	材料名称	现场抽样数量	复验项目	
			外观质量	主要性能
1	普通防水砂浆	每10m³为一批,不足10m³按一批抽样	均匀,无凝结团状	应满足表9-31的要求
2	聚合物水泥防水砂浆	每10t为一批,不足10t按一批抽样	包装完好无损,标明产品名称、规格、生产日期、生产厂家、产品有效期	应满足表9-32的要求
3	防水涂料	每5t为一批,不足5t按一批抽样		应满足表9-33、9—34、9—35的要求
4	防水透气膜	每3000m²为一批,不足3000m²按一批抽样		应满足表9-36的要求
5	密封材料	每1t为一批,不足1t按一批抽样	均匀膏状物,无结皮、凝胶或不易分散的固体团状	应满足表9-37～9-40的要求
6	耐碱玻璃纤维网布	每3000m²为一批,不足3000m²按一批抽样	均匀,无团状,平整,无褶皱	应满足表9-41的要求
7	热镀锌电焊网	每3000m²为一批,不足3000m²按一批抽样	网面平整,网孔均匀,色泽基本均匀	应满足表9-42的要求

表9-31 普通防水砂浆主要性能

项目	稠度(mm)	终凝时间(h)	抗渗压力(MPa)	拉伸粘结强度(MPa)	收缩率(%)
			28d	14d	28d
指标	50,70,90	≥8,≥12,≥24	≥0.6	≥0.20	≤0.15

表 9-32 聚合物水泥防水砂浆主要性能

项目		指标	
		干分类	乳液类
凝结时间	初凝(min)	≥45	≥45
	终凝(h)	≤12	≤24
抗渗压力(MPa)	7d	≥1.0	
粘结强度(MPa)	7d	≥.0	
抗压强度(MPa)	28d	≥24.0	
抗折强度(MPa)	28d	≥8.0	
收缩率(%)	28d	≤0.15	
压折比		≤3	

表 9-33 聚合物水泥防水涂料主要性能

项目	固体含量(%)	拉伸强度(无处理)(MPa)	断裂伸长率(无处理)(%)	低温柔性(Φ10mm 棒)	粘结强度(无处理)(MPa)	不透水性(0.3MPa,30min)
指标	≥70	≥.2	≥200	-10℃,无裂纹	≥0.5	不透水

表 9-34 聚合物乳液防水涂料主要性能

项目		指标	
		Ⅰ类	Ⅱ类
拉伸强度(MPa)		≥1.0	≥1.5
断裂延伸率(%)		≥300	
低温柔性(绕 Φ10mm 棒,棒弯 180°)		-10℃,无裂纹	-20℃,无裂纹
不透水性(0.3MPa,30min)		不透水	
固体含量(%)		≥65	
干燥时间(h)	表干时间	≤4	
	实干时间	≤8	

表 9-35 聚氨酯防水涂料主要性能

项 目	指 标			
	单组分		多组分	
	Ⅰ类	Ⅱ类	Ⅰ类	Ⅱ类
拉伸强度(MPa)	≥1.90	≥2.45	≥1.90	≥2.45
断裂延伸率(%)	≥550	≥450	≥450	≥450
低温弯折性(℃)	≤−40		≤−35	
不透水性(0.3MPa,30min)	不透水		不透水	
固体含量(%)	≥80		≥92	
表干时间(h)	≤12		≤8	
实干时间(h)	≤24		≤24	

表 9-36 防水透气膜主要性能

项 目		指 标	
		Ⅰ类	Ⅱ类
水蒸气透过量[g/(m² · 24h),23℃]		≥1000	
不透水性(mm,2h)		≥1000	
最大拉力(N/50mm)		≥100	≥250
断裂伸长率(%)		≥35	≥10
撕裂性能(N,钉杆法)		≥40	
热老化(80℃,168h)	拉力保持率(%)	≥80	
	断裂伸长率保持率(%)		
	水蒸气透过量保持率(%)		

表 9-37 硅酮建筑密封胶主要性能

项 目		指 标			
		25HM	20HM	25LM	20LM
下垂度(mm)	垂直	≤3			
	水平	无变形			

续表 9-37

项目	指标			
	25HM	20HM	25LM	20LM
表干时间(h)	≤3			
挤出性(mL/min)	≥80			
弹性恢复率(%)	≥80			
拉伸模量(MPa)	＞0.4(23℃时) 或＞0.6(－20℃时)		≤0.4(23℃时) 且≤0.6(－20℃时)	
定伸粘结性	无破坏			

表 9-38 聚氨酯建筑密封胶主要性能

项目		指标		
		20HM	25LM	20LM
流动性	下垂度(N 型)(mm)	≤3		
	流平性(L 型)	光滑平整		
表干时间(h)		≤24		
挤出性(mL/min)		≥80		
适用期(h)		≥1		
弹性恢复率(%)		≥70		
拉伸模量(MPa)		＞0.4(23℃时) 或＞0.6(－20℃时)	≤0.4(23℃时) 且≤0.6(－20℃时)	
定伸粘结性		无破坏		

注:挤出性仅适用于单组分产品;适用期仅适用于多组分产品。

表 9-39 聚硫建筑密封胶主要性能

项目		指标		
		20HM	25LM	20LM
流动性	下垂度(N 型)(mm)	≤3		
	流平性(L 型)	光滑平整		

续表 9-39

项　目	指　　标		
	20HM	25LM	20LM
表干时间(h)	≤24		
拉伸模量(MPa)	>0.4(23℃时) 或>0.6(−20℃时)	≤0.4(23℃时) 且≤0.6(−20℃时)	
适用期(h)	≥2		
弹性恢复率(%)	≥70		
定伸粘结性	无破坏		

注：挤出性仅适用于单组分产品；适用期仅适用于多组分产品。

表 9-40　丙烯酸酯建筑密封胶主要性能

项　　目	指　　标		
	12.5E	12.5P	7.5P
下垂度(mm)	≤3		
表干时间(h)	≤1		
挤出性(mL/min)	≥100		
弹性恢复率(%)	≥40	报告实测值	
定伸粘结性	无破坏	—	
低温柔性(℃)	−20	−5	

表 9-41　耐碱玻璃纤维网布主要性能

项目	单位面积质量 (g/m^2)	耐碱断裂强力 (经、纬向) (N/50mm)	耐碱断裂 强力保留率 (经、纬向)(%)	断裂伸长率 (经、纬向)(%)
指标	≥130	≥900	≥75	≤4.0

表 9-42　热镀锌电焊网主要性能

项目	工艺	丝径(mm)	网孔大小 (mm)	焊点抗拉力 (N)	镀锌层质量 (g/m^2)
指标	热镀锌电焊网	0.90±0.04	12.7×12.7	>65	≥122

2. 建筑外墙防水施工

(1)主控项目。建筑外墙防水工程主控项目质量验收标准及检验方法见表 9-43。

表 9-43　主控项目质量验收标准及检验方法

序号	项目		质量标准	检验方法	检验数量
1	砂浆防水层	材料控制	砂浆防水层的原材料、配合比及性能指标,应符合设计要求	检查出厂合格证、质量检验报告、配合比实验报告和抽样复检报告	按照外墙面面积 $500m^2$ ～ $1000m^2$ 为一个检验批,不足 $500m^2$ 时也应划分为一个检验批;每个检验批每 $100m^2$ 应至少抽查一处,每处不得小于 $10m^2$,且不得少于 3 处;节点构造应全部进行检查
		防水层要求	砂浆防水层不得有渗漏现象	雨后或持续淋水 30min 后观察检查	
			砂浆防水层与基层之间及防水层各层之间应结合牢固,不得有空鼓	观察和用小锤轻击检查	
		细部做法	砂浆防水层在门窗洞口、伸出外墙管道、预埋件、分隔缝及收头等部位的节点做法,应符合设计要求	观察检查和检查隐蔽工程验收记录	
2	涂膜防水层	材料控制	防水层所用防水涂料及配套材料应符合设计要求	检查出厂合格证、质量检验报告和抽样复验报告	
		施工要求	涂膜防水层不得有渗漏现象	雨后或持续淋水 30min 后观察检查	
		细部做法	涂膜防水层在门窗洞口、伸出外墙管道、预埋件及收头等部位的节点做法,应符合设计要求	观察检查和检查隐蔽工程验收记录	

续表 9-43

序号	项目		质量标准	检验方法	检验数量
3	防水透气膜防水层	材料控制	防水透气膜及其配套材料应符合设计要求	检查出厂合格证、质量检验报告和抽样复验报告	按照外墙面面积 500m² ～1000m² 为一个检验批，不足500m²时也应划分为一个检验批；每个检验批每 100m²应至少抽查一处，每处不得小于 10m²，且不得少于 3 处；节点构造应全部进行检查
		施工要求	防水透气膜防水层不得有渗漏现象	雨后或持续淋水 30min 后观察检查	
		细部做法	防水透气膜在门窗洞口、伸出外墙管道、预埋件及收头等部位的节点做法，应符合设计要求	观察检查和检查隐蔽工程验收记录	

(2)一般项目。建筑外墙防水工程一般项目质量验收标准及检验方法见表 9-44。

表 9-44 一般项目质量验收标准及检验方法

序号	项目		质量标准	检验方法	检验数量
1	砂浆防水层	材料控制	砂浆防水层表面应密实、平整，不得有裂纹、起砂、麻面等缺陷	观察检查	按照外墙面面积 500m² ～1000m² 为一个检验批，不足500m²时也应划分为一个检验批；每个检验批每 100m²应至少抽查一处，每处不得小于 10m²，且不得少于 3 处；节点构造应全部进行检查
		防水层要求	砂浆防水层留槎位置应正确，接槎应按层次顺序操作，应做到层层搭接紧密	观察检查	
		细部做法	砂浆防水层的平均厚度应符合设计要求，最小厚度不得小于设计值的 80%	观察和尺量检查	

续表 9-44

序号	项目		质量标准	检验方法	检验数量
2	涂膜防水层	材料控制	涂膜防水层的平均厚度应符合设计要求，最小厚度不应小于设计值的80%	针测法或割取20mm×20mm实样用卡尺测量	按照外墙面面积500m²～1000m²为一个检验批，不足500m²时也应划分为一个检验批；每个检验批每100m²应至少抽查一处，每处不得小于10m²，且不得少于3处；节点构造应全部进行检查
		施工要求	涂膜防水层应与基层粘结牢固，表面平整，涂刷均匀，不得有流淌、皱褶、鼓泡、露胎体和翘边等缺陷	观察检查	
3	防水透气膜防水层	材料控制	防水透气膜的铺贴应顺直，与基层应固定牢固，膜表面不得有皱褶、伤痕、破裂等缺陷	观察检查	
		施工要求	防水透气膜的铺贴方向应正确，纵向搭接缝应错开，搭接宽度的负偏差不应大于10mm	观察和尺量检查	
		细部做法	防水透气膜的搭接缝应粘结牢固，密封严密；收头应与基层粘结并固定牢固，缝口应封严，不得有翘边现象	观察检查	

第十章　防水工程工料计算

第一节　工程量计算

本节导读：

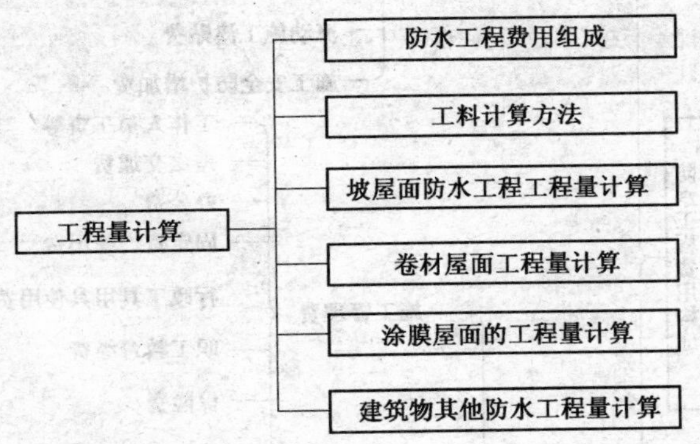

技能要点 1:防水工程费用组成

防水工程费用是建设工程单位或总承包单位(又称甲方)与建筑防水施工专业公司(又称乙方)签订防水工程施工合同时确定防水工程造价的依据,它由直接费、间接费、法定利润和税金组成,如图 10-1 所示。

技能要点 2:工料计算方法

计算各分项工程的人工工日数及相应的材料需用量,应先根

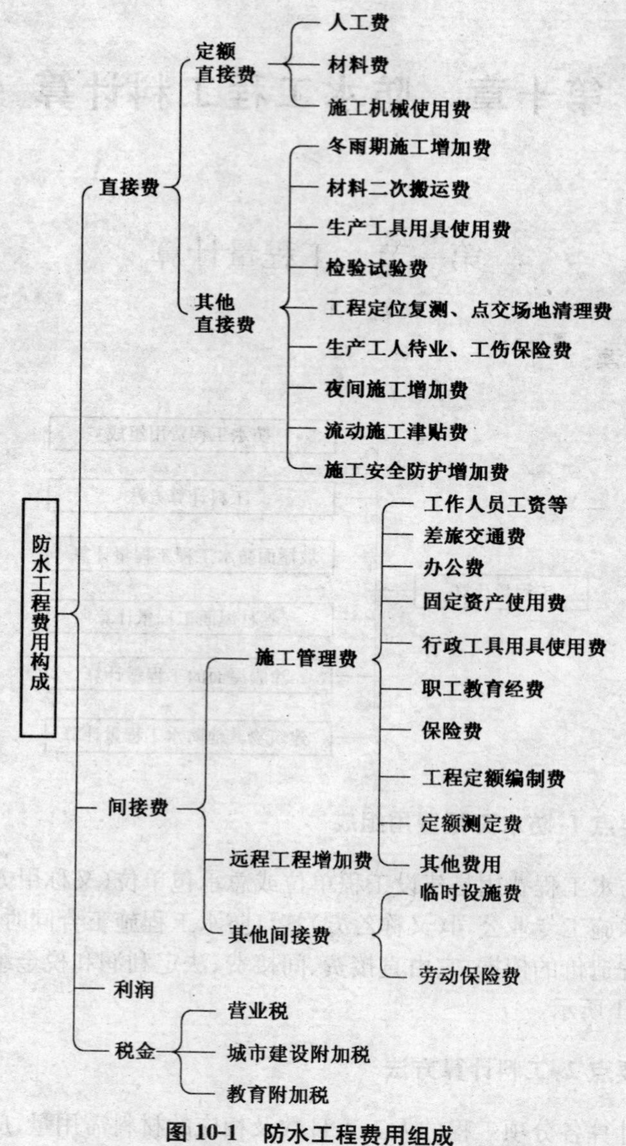

图 10-1 防水工程费用组成

据工程量计算法则计算出各分项工程的工程量数，再根据预算定额中所列的综合人工定额、材料定额和机械台班定额，按下列基本公式计算出人工工日数、材料需用量和机械台班需用量。

人工工日数＝工程量×综合人工定额

工作天数＝人工工日数/每天工作人数（每天按一班 8h 工作计算）

材料需用量＝工程量×相应材料定额

机械台班数＝工程量×台班定额

在运用上列计算式时，工程量的计算单位必须与定额上所示计量单位一致。

预算定额应采用最新版的全国统一标准定额，缺项部分可参照各省、市现行的预算定额。

技能要点 3：坡屋面防水工程工程量计算

坡屋面按图 10-2 中尺寸的水平投影面积乘以屋面坡度系数（见表 10-1），以平方米计算。不扣除房上烟囱、风帽底座、风道、屋面小气窗、斜沟等所占面积，屋面小气窗的出檐部亦也不增加。

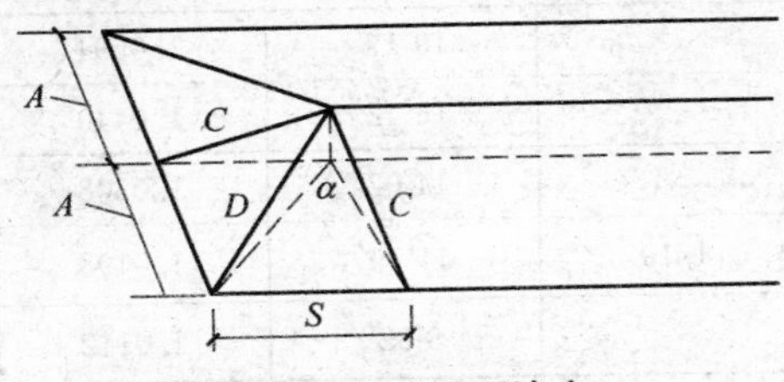

图 10-2　坡屋面坡度

注：1. 两坡排水屋面面积为屋面水平投影面积乘以延尺系数 C。

2. 四坡排水屋面斜脊长度＝$A\times D$（当 $S=A$ 时）。

3. 沿山墙泛水长度＝$A\times C$。

技能要点 4：卷材屋面工程量计算

（1）卷材屋面按图 10-2 所示尺寸的水平投影面积乘以规定的坡度系数（见表 10-1）以平方米计算。但不扣除房上烟囱、风帽底座、风道、屋面小气窗、斜沟等所占面积，屋面的女儿墙的弯起部分可按 250mm 计算，天窗弯起部分可按 500mm 计算。

表 10-1　屋面坡度系数

坡度 *B* (*A*=1)	坡度 *B*/2*A*	坡度角度 (α)	延尺系数 *C* (*A*=1)	隅延尺系数 *D* (*A*=1)
1	1/2	45°	1.4142	1.7321
0.75		36°52′	1.2500	1.6008
0.70		35°	1.2207	1.5779
0.666	1/3	33°40′	1.2015	1.5620
0.65		33°01′	1.1926	1.5564
0.60		30°58′	1.1662	1.5362
0.577		30°	1.1547	1.5270
0.55		28°49′	1.1413	1.5170
0.50	1/4	26°34′	1.1180	1.5000
0.45		24°14′	1.0966	1.4839
0.40	1/5	21°48′	1.0770	1.4697
0.35		19°17′	1.0594	1.4569
0.30		16°42′	1.0440	1.4457
0.25		14°02′	1.0308	1.4362
0.20	1/10	11°19′	1.0198	1.4283
0.15		8°32′	1.0112	1.4221
0.125		7°8′	1.0078	1.4191
0.100	1/20	5°42′	1.0050	1.4177
0.083		4°45′	1.0035	1.4166
0.066	1/30	3°49′	1.0022	1.4157

(2)卷材屋面的附加层、接缝、收头、找平层的嵌缝、冷底子油已计入定额内，不另计算。

技能要点 5:涂膜屋面的工程量计算

涂膜屋面的工程量计算同卷材屋面。涂膜屋面的油膏嵌玻璃布盖缝、屋面分格缝，以延长米计算。

屋面涂膜防水层的胶料用量可参考表 10-2 和表 10-3。

表 10-2　水乳型或溶剂型薄质涂料用量参考

层次	一层做法	二层做法		
	一毡两涂（一毡四胶）	二布三涂（二布六胶）	一布一毡三涂（一布一毡六胶）	一布一毡三涂（一布一毡八胶）
加筋材料	聚酯毡	玻纤布二层	聚酯毡、玻纤布各一层	聚酯毡、玻纤布各一层
胶料量（kg/m^2）	2.4	3.2	3.4	5.0
总厚度（mm）	1.5	1.8	2.0	3.0
第一遍（kg/m^2）	刷胶料 0.6	刷胶料 0.6	刷胶料 0.6	刷胶料 0.6
第二遍（kg/m^2）	铺毡一层 毡面刷胶 0.4	铺玻纤布一层 布面刷胶 0.3	铺毡一层 毡面刷胶 0.3	刷胶料 0.6
第三遍（kg/m^2）	刷胶料 0.5	刷胶料 0.4	刷胶料 0.5	刷胶料 0.4 铺毡一层 刷胶料 0.3
第四遍（kg/m^2）	刷胶料 0.5	刷胶料 0.4 铺玻纤布一层 刷胶料 0.3	刷胶料 0.4 铺玻纤布一层 刷胶料 0.3	刷胶料 0.6
第五遍（kg/m^2）	—	刷胶料 0.4	刷胶料 0.5	刷胶料 0.4 铺玻纤布一层 布面刷胶 0.3
第六遍（kg/m^2）	—	刷胶料 0.4	刷胶料 0.4	刷胶料 0.6
第七遍（kg/m^2）	—	—	—	刷胶料 0.6
第八遍（kg/m^2）	—	—	—	刷胶料 0.6

表 10-3　反应型薄质涂料用量参考

<table>
<tr><th rowspan="2">层次</th><th colspan="2">纯涂层</th><th>一层做法</th></tr>
<tr><th>二胶</th><th>三胶</th><th>一布二胶
(一布三胶)</th></tr>
<tr><td>加筋材料</td><td>—</td><td>—</td><td>聚酯毡或化纤毡</td></tr>
<tr><td>胶料总量(kg/m²)</td><td>1.2～1.5</td><td>1.8～2.2</td><td>2.4～2.8</td></tr>
<tr><td>总厚度(mm)</td><td>1.0</td><td>1.5</td><td>2.0</td></tr>
<tr><td>第一遍(kg/m²)</td><td>刮胶料 0.6～0.7</td><td>刮胶料 0.9～1.1</td><td>刮胶料 0.8～0.9</td></tr>
<tr><td>第二遍(kg/m²)</td><td>刮胶料 0.6～0.8</td><td>刮胶料 0.9～1.1</td><td>刮胶料 0.4～0.5
铺毡一层
刮胶料 0.4～0.5</td></tr>
<tr><td>第三遍(kg/m²)</td><td>—</td><td>—</td><td>刮胶料 0.8～0.9</td></tr>
</table>

技能要点 6:建筑物其他防水工程量计算

(1)建筑物地面防水、防潮层,按主墙间净空间面积计算,扣除凸出地面的构筑物、设备基础等所占的面积,不扣除柱、垛、间壁墙、烟囱及 0.3m² 以内孔洞所占面积。与墙面连接处高度在 500mm 以内者按展开面积计算,并入平面工程量内,超出 500mm 时,按立面防水层计算。

(2)建筑物墙基防水、防潮层,外墙长度按中心线,内墙按净长乘以宽度以平方米计算。

(3)构筑物及建筑物地下室防水层,按实铺面积计算,但不扣除 0.3m² 以内孔洞所占面积。平面与立面交接处的防水层,其上卷高度超过 500mm 时,按立面防水层计算。

(4)防水卷材的附加层、接缝、收头、冷底子油等人工材料均已计入定额内,不另计算。

(5)变形缝按延长米计算。

(6)施工立面面积计算。施工立面面积包括天沟、女儿墙、检查孔、天窗、烟囱等，应按轴线长度，乘以图 10-2 所示的高度，以平方米计算并累计。

第二节 工作内容及工料定额

本节导读：

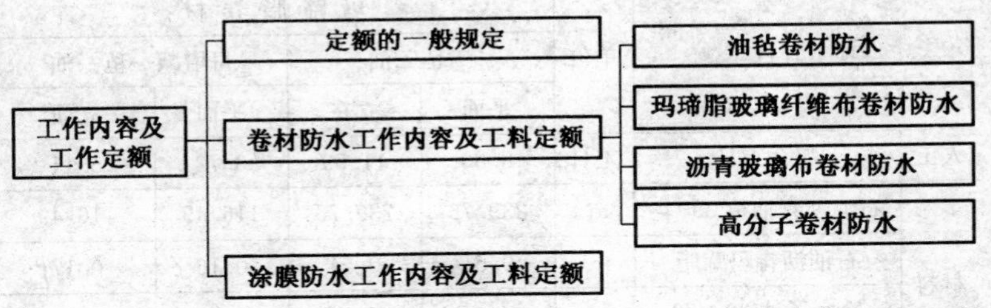

技能要点 1：定额的一般规定

(1)高分子卷材厚度，再生橡胶卷材按 1.5mm，其他均按 1.2mm 取定。

(2)防水工程也适用于楼地面、墙基、构筑物、水池、水塔及室内厕所、浴室等防水，建筑物±0.00 以下的防水、防潮工程按防水工程相应项目计算。

(3)三元乙丙丁基橡胶卷材屋面防水，按相应三元乙丙橡胶卷材屋面防水项目计算。

(4)氯丁冷胶"二布三涂"项目，其"三涂"是指涂料构成防水层数并非指涂刷遍数；每一层"涂层"刷两遍至数遍不等。

(5)基础定额中沥青、玛蹄脂均指石油沥青、石油沥青玛蹄脂。

(6)变形缝填缝：建筑油膏聚氯乙烯胶泥断面取定 3cm×2cm；油浸木丝板取为 2.5cm×15cm；纯铜板止水带系 2mm 厚，展开宽 45cm；氯丁橡胶宽 30cm，涂刷式氯丁胶贴玻璃止水片宽 35cm，其余均为 15cm×30cm。如设计断面不同时，用料可以换算，人工不变。

技能要点 2:卷材防水工作内容及工料定额

1. 油毡卷材防水

工作内容:配制涂刷冷底子油、熬制玛蹄脂,防水薄弱处贴附加层,铺贴玛蹄脂卷材。玛蹄脂卷材防水工料定额见表 10-4。

表 10-4　100m² 玛蹄脂卷材防水工料定额

项目		单位	玛蹄脂卷材			
			二毡三油		每增减一毡一油	
			平面	立在	平面	立面
人工	综合工日	工日	8.86	11.59	3.72	5.11
材料	石油沥青油毡 350#	m²	239.76	239.76	116.49	116.49
	石油沥青玛蹄脂	m²	0.51	0.54	0.16	0.17
	冷底子油 30：70	kg	48.48	48.48	—	—
	木柴	kg	227.70	240.90	66.00	70.40

2. 玛蹄脂玻璃纤维布卷材防水

工作内容:基层清理,配制、冷刷冷底子油;熬制玛蹄脂,防水薄弱处贴附加层,铺贴玛蹄脂玻璃纤维布。玛蹄脂玻璃纤维布防水工料定额见表 10-5。

表 10-5　100m² 玛蹄脂玻璃纤维布防水工料定额

项目		单位	玛蹄脂玻璃纤维布			
			二布三油		每增减一布一油	
			平面	立面	平面	立面
人工	综合工日	工日	9.68	14.40	4.49	6.36
材料	玻璃纤维布 1.8mm 厚	m²	250.30	250.30	116.49	116.49
	石油沥青玛蹄脂	m²	0.51	0.54	0.16	0.17
	冷底子油 30：70	kg	48.48	48.48	—	—
	木柴	kg	227.70	240.90	66.00	70.40

3. 沥青玻璃布卷材防水

工作内容：基层清理，配制、涂刷冷底子油；熬制沥青，防水薄弱处贴附加层，铺贴沥青玻璃布。沥青玻璃布卷材防水工料定额见表10-6。

表10-6　100m²沥青玻璃布卷材防水工料定额

项目		单位	沥青玻璃布卷材			
			二布三油		每增减一布一油	
			平面	立面	平面	立面
人工	综合工日	工日	9.67	14.38	4.50	6.34
材料	玻璃纤维布	m²	250.30	250.30	121.76	121.76
	石油沥青30#	m²	489.72	524.70	151.58	163.24
	冷底子油30：70	kg	48.48	48.48	—	—
	木柴	kg	201.30	214.50	57.20	61.60

4. 高分子卷材防水

工作内容：涂刷基层处理剂，防水薄弱处涂聚氨酯涂膜加强。铺贴卷材，卷接缝贴卷材条加强，收头。

高分子卷材防水工料定额见表10-7、表10-8。

表10-7　100m²氯化聚乙烯-橡胶共混卷材防水工料定额

项目		单位	氯化聚乙烯-橡胶共混卷材	
			平面	立面
人工	综合工日	工日	19.34	24.99
材料	氯化聚乙烯-橡胶共混卷材	m²	124.53	124.53
	氯丁冷胶	kg	20.20	20.20
	BX-12粘结剂	kg	45.45	45.45
	BX-12乙组份880mL	瓶	32.28	32.28
	CSPE嵌缝油膏330mL	支	29.83	29.83
	二甲苯	kg	27.00	27.00

续表 10-7

项目		单位	氯化聚乙烯-橡胶共混卷材	
			平面	立面
人工	综合工日	工日	19.34	24.99
材料	乙酸乙酯	kg	5.05	5.05
	铁钉	kg	0.23	0.23
	钢筋 ϕ10 以内	kg	4.38	4.38
	107 胶素水泥浆	m^3	0.01	0.01
	聚氨酯甲料	kg	5.42	5.42
	聚氨酯乙料	kg	8.13	8.13

表 10-8 100m² 三元乙丙橡胶、再生橡胶卷材防水工料定额

项目		单位	三元乙丙橡胶卷材		再生橡胶卷材	
			冷粘满铺			
			平面	立面	平面	立面
人工	综合工日	工日	19.34	24.99	19.34	24.99
材料	三元乙丙橡胶卷材	m^2	124.17	124.17	—	—
	再生橡胶卷材	m^2	—	—	124.17	124.17
	氯丁胶粘结剂	kg	—	—	63.93	63.93
	CSPE 嵌缝油膏 330mL	支	29.83	29.83	29.83	29.83
	二甲苯	kg	27.00	27.00	27.00	27.00
	乙酸乙酯	kg	5.05	5.05	5.05	5.05
	铁钉	kg	0.23	0.23	0.23	0.23
	钢筋 φ10 以内	kg	4.38	4.38	4.38	4.38
	107 胶素水泥浆	m^3	0.01	0.01	0.01	0.01
	丁基粘结剂	kg	17.60	17.60	—	—
	聚氨酯甲料	kg	9.97	9.97	9.97	9.97
	聚氨酯乙料	kg	21.77	21.77	21.77	21.77

技能要点 3:涂膜防水工作内容及工料定额

1. 苯乙烯涂料、刷冷底子油

工作内容:清理基层、刷涂料。

苯乙烯涂料、刷冷底子油工料定额见表 10-9。

表 10-9　100m² 苯乙烯涂料、刷冷底子油工料定额

项　　目		单位	苯乙烯涂料三遍		刷冷底子油	
			平面	立面	平面	立面
人工	综合工日	工日	2.21	2.21	1.57	1.33
材料	苯乙烯涂料	kg	50.50	52.00	—	—
	冷底子油 30∶70	kg	—	—	48.48	—
	冷底子油 50∶50	kg	—	—	—	36.36
	木柴	kg	—	—	16.50	20.90

2. 焦油玛琋脂、塑料油膏、氯偏共聚乳胶、聚氨酯

工作内容:

1)焦油玛琋脂、塑料油膏:配制冷底子油,熬制玛琋脂或油膏,涂刷油膏或玛琋脂。

2)氯偏共聚乳胶,成品涂刷。

3)聚氨酯:涂刷底胶及附加层,刷聚氨酯两道,并盖石渣保护层(或刚性连接层)。

焦油玛蹄脂、塑料油膏、氯偏共聚乳胶、聚氨酯工料定额见表 10-10。

表 10-10　100m² 焦油玛琋脂、塑料油膏、氯偏共聚乳胶、聚氨酯工料定额

项　　目		单位	焦油玛蹄脂	塑料油膏	氯偏共聚乳胶	聚氨酯
			涂刷厚度、遍数			
			3mm	两遍	三遍	两遍
人工	综合工日	工日	3.53	2.12	1.63	6.66
材料	冷底子油 30∶70	kg	48.48	—	—	—

续表 10-10

项目		单位	焦油玛琋脂	塑料油膏	氯偏共聚乳胶	聚氨酯
			涂刷厚度、遍数			
			3mm	两遍	三遍	两遍
材料	焦油玛琋脂	m^3	0.32	—	—	—
	木柴	kg	148.50	—	—	—
	塑料油膏	kg	—	182.16	—	—
	氯偏共聚乳胶	kg	—	585.12	21.00	—
	磷酸三钠溶液 10%	kg	—	—	0.59	—
	聚乙烯醇溶液 10%	kg	—	—	0.95	—
	二甲苯	kg	—	—	—	12.95
	石渣	m^3	—	—	—	0.31
	聚氨酯甲料	kg	—	—	—	107.64
	聚氨酯乙料	kg	—	—	—	168.41

3. 石油沥青

工作内容：熬制石油沥青，配制冷底子油，刷冷底子油一遍，涂刷沥青。

石油沥青工料定额见表 10-11。

表 10-11 100m² 石油沥青工料定额

项目		单位	石油沥青一遍			每增加石油沥青一遍		
			平面	混凝土抹灰面立面	砖墙立面	平面	混凝土抹灰面立面	砖墙立面
人工	综合工日	工日	1.87	2.25	2.54	0.66	0.88	1.03
材料	冷底子油 30：70	kg	48.48	48.48	48.48	—	—	—
	石油沥青 30#	kg	186.56	198.22	221.54	144.43	163.24	186.56
	木柴	kg	86.90	91.30	100.60	57.20	61.60	61.60

4. 石油沥青玛琋脂

工作内容：配制冷底子油并刷一遍，熬制石油沥青玛琋脂。

石油沥青玛琋脂工料定额见表10-12。

表10-12 100m² 石油沥青玛琋脂工料定额

项目		单位	刷石油沥青玛琋脂一遍			每增加石油沥青玛琋脂一遍		
			平面	混凝土抹灰面立面	砖墙立面	平面	混凝土抹灰面立面	砖墙立面
人工	综合工日	工日	1.77	2.29	2.58	0.69	0.88	1.02
材料	冷底子油 30：70	kg	48.48	48.48	48.48	—	—	—
	石油沥青玛琋脂	kg	0.18	0.25	0.28	0.15	163.24	186.56
	木柴	kg	91.30	122.10	130.90	61.60	66.00	74.80

5. 防水砂浆

工作内容：清理基层，调制砂浆，抹水泥砂浆。

防水砂浆工料定额见表10-13。

表10-13 100m² 防水砂浆工料定额

项目		单位	防水砂浆			
			平面	立面	五层做法	
					平面	立面
人工	综合工日	工日	9.22	13.96	17.43	22.64
材料	水泥砂浆 1：2	m³	2.04	2.04	1.01	1.01
	防水粉	kg	55.00	55.00	—	—
	素水泥浆	m³	—	—	0.61	0.61
	水	m³	3.80	3.80	3.80	3.80

6. 水乳型普通乳化沥青涂料、水性石棉质沥青

工作内容：清理基层，调配涂料，铺贴附加层；贴布（聚酯布或玻璃纤维布），刷涂料（最后两遍掺水泥做保护层）。

水乳型普通乳化沥青涂料、水性石棉质沥青工料定额见表10-14。

表 10-14　100m² 水乳型普通乳化沥青涂料、水性石棉质沥青工料定额

项目		单位	水乳型普通乳化沥青涂料二布三涂		水乳型水性石棉质沥青一布二涂	
			平面	立面	平面	立面
人工	综合工日	工日	9.60	16.07	7.33	11.52
材料	聚酯布 100g/m²	m²	243.04	243.04	—	—
	普通乳化沥青（水乳型）	kg	260.00	260.00	—	—
	水泥	kg	13.77	13.77	61.20	61.20
	网络玻璃纤维布	m²	—	—	124.91	124.91
	水性石棉质沥青（水乳型）	kg	—	—	832.00	832.00

7. 水乳型再生胶沥青聚酯布、水乳型阴离子合成胶乳化沥青聚酯布、水乳型阳离子氯丁胶乳化沥青聚酯布、溶剂型再生胶沥青聚酯布

工作内容：清理基层，调配涂料，贴附加层；刷涂料（最后两遍水泥做保护层），贴聚酯布。

工料定额见表10-15、表10-16、表10-17、表10-18。

表 10-15　水乳型再生胶沥青聚酯布工料定额

项目		单位	水乳型再生胶沥青聚酯布			
			二布三涂		每增一布一涂	
			平面	立面	平面	立面
人工	综合工日	工日	9.60	16.07	3.89	4.55
材料	聚酯布 100g/m²	m²	243.04	243.04	118.13	118.13
	再生胶沥青（水乳型）	kg	260.00	260.00	104.00	104.00
	水泥	kg	13.77	13.77	—	—

表 10-16 水乳型阴离子合成胶乳化沥青聚酯布工料定额

项目		单位	水乳型阴离子合成胶乳化沥青聚酯布			
			二布三涂		每增一布一涂	
			平面	立面	平面	立面
人工	综合工日	工日	7.33	11.52	3.89	4.55
材料	聚酯布 100g/m²	m²	243.04	243.04	118.13	118.13
	阴离子合成胶乳化沥青（水乳型）	kg	260.00	260.00	104.00	104.00
	水泥	kg	13.77	13.77	—	—

表 10-17 水乳型阳离子氯丁胶乳化沥青聚酯布工料定额

项目		单位	水乳型阳离子氯丁胶乳化沥青聚酯布			
			二布三涂		每增一布一涂	
			平面	立面	平面	立面
人工	综合工日	工日	7.33	11.52	3.89	4.55
材料	聚酯布 100g/m²	m²	243.04	243.04	118.13	118.13
	阳离子合成乳胶化沥青（水乳型）	kg	208.00	208.00	156.00	156.00
	水泥	kg	15.30	15.30	—	—

表 10-18 溶剂型再生胶沥青聚酯布工料定额

项目		单位	溶剂型再生胶沥青聚酯布			
			二布三涂		每增一布一涂	
			平面	立面	平面	立面
人工	综合工日	工日	9.60	16.07	3.89	4.55
材料	聚酯布 100g/m²	m²	243.04	243.04	118.13	118.13
	再生胶沥青（溶剂型）	kg	312.00	312.00	156.00	156.00
	水泥	kg	20.40	20.40	—	—

参考文献

[1] 中华人民共和国住房和城乡建设部 中华人民共和国国家质量监督检验检疫总局．房屋建筑制图统一标准(GB/T 50001—2010)[S]．北京：中国计划出版社．2010.

[2] 中华人民共和国住房和城乡建设部 中华人民共和国国家质量监督检验检疫总局．建筑制图标准(GB/T 50104—2010)[S]．北京：中国计划出版社．2010.

[3] 中华人民共和国住房和城乡建设部 中华人民共和国国家质量监督检验检疫总局．建筑结构制图标准(GB/T 50105—2010)[S]．北京：中国计划出版社，2010.

[4] 中华人民共和国住房和城乡建设部 中华人民共和国国家质量监督检验检疫总局．总图制图标准(GB/T 50103—2010)[S]．北京：中国计划出版社，2010.

[5] 中华人民共和国住房和城乡建设部国家质量监督检验检疫总局. 屋面工程技术规范(GB 50345—2012)[S]. 北京：中国建筑工业出版社，2012.

[6] 中华人民共和国住房和城乡建设部. 屋面工程质量验收规范(GB 50207—2012)[S]. 北京：中国建筑工业出版社，2012.

[7] 中华人民共和国住房和城乡建设部. 地下工程防水技术规范(GB 50108—2008)[S]. 北京：中国计划出版社，2009.

[8] 中华人民共和国住房和城乡建设部. 地下防水工程质量验收规范(GB 50208—2011)[S]. 北京：中国建筑工业出版社，2012.

[9] 中华人民共和国住房和城乡建设部. 建筑外墙防水工程技术规程(JGJ/T 235—2011)[S]. 北京：中国建筑工业出版社，2011.

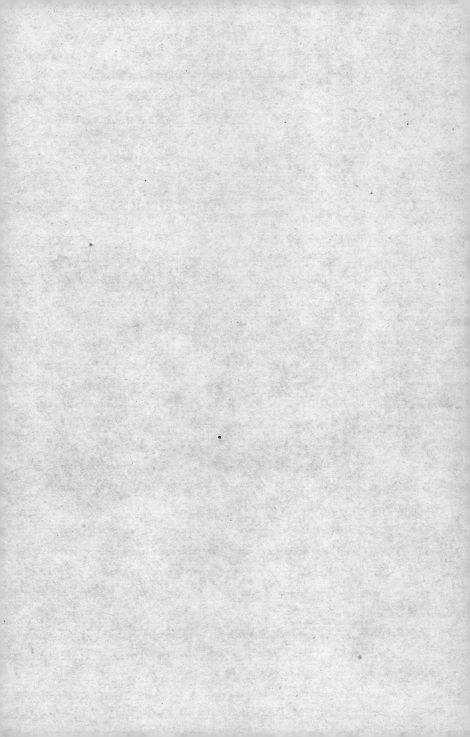